普通高等教育高职高专家具设计与制造专业系列教材

江功南 | 主编

江功南 潘速圆 张禹增 谌学君 王明刚 徐红玲 | 编著

家具制作图及其工艺文件

FURNITURE

中国轻工业出版社

图书在版编目（CIP）数据

家具制作图及其工艺文件/江功南主编. —北京：中国轻工业出版社，2024.8

普通高等教育高职高专家具设计与制造专业“十二五”规划教材

ISBN 978-7-5019-8241-7

Ⅰ.①家… Ⅱ.①江… Ⅲ.①家具-生产工艺-高等职业教育-教材 Ⅳ.①TS664.05

中国版本图书馆CIP数据核字（2011）第088605号

责任编辑：古 倩 陈 萍

策划编辑：古 倩 责任终审：孟寿萱 封面设计：锋尚设计

版式设计：宋振全 责任校对：吴大朋 责任监印：张 可

出版发行：中国轻工业出版社（北京鲁谷东街5号，邮编：100040）

印 刷：北京君升印刷有限公司

经 销：各地新华书店

版 次：2024年8月第1版第7次印刷

开 本：787×1092 1/16 印张：14

字 数：340千字

书 号：ISBN 978-7-5019-8241-7 定价：49.00元

邮购电话：010-85119873

发行电话：010-85119832 010-85119912

网 址：http://www.chlip.com.cn

Email：club@chlip.com.cn

241276J2C107ZBW

前　言

从1991年出版《家具制图》至今，家具制图的知识就一直是家具设计人员、家具技术（工艺）人员、家具生产管理人员等必须具备的基本知识和技能。在《家具制图》和《家具生产工艺》之间，还有着一门日益发展并完善的家具知识和技能：家具生产工艺文件。家具生产工艺文件是家具生产组织的开端，是家具行业发展的最为重要的技术支撑部分，同一生产线，不同的工艺制作路线就会有不同的收益效果。如果说机器设备是硬件条件，那么生产管理活动就是软件条件，而生产管理活动的核心内容就是生产工艺流程的设计和安排，也就是家具生产工艺文件的设计和安排。单靠经验来管理是远远不够的，如何制定一个科学的、合理和高效的产品工艺流程是问题的关键所在。随着目前国内家具生产和管理体制日益完善，工艺设计的地位和作用将会日渐突出。而且一流的生产设备只有同优秀的工艺设计相结合才能发挥其最大的功效。

中国改革开放和社会主义市场经济体制建立的这30年，给中国家具工业带来了前所未有的发展，使家具的款式、材料、结构、工艺、设计理念和管理机制有了极大的变化，目前，我国的家具生产正在逐步向零部件和产品的规格化、系列化、标准化和生产专业化方向发展，这也同时促使了家具工艺设计不断发展并完善。作者1990年就读于家具设计与制造专业，并一直在家具生产前线上工作了十三年之久，后转在家具教育行业工作也有五年。其间，作者意识到现代家具行业一直缺乏一门在《家具制图》和《家具生产工艺》之间的技术和制作应用书籍，这才促使作者撰写了这本教材。

本书的内容有：家具制图的基本知识、家具图样图形的表达方式、效果图、三视图、开料表、零部件加工图、五金配件清单、安装示意图、加工工艺流程等的制作。填补了《家具制图》和《家具生产工艺》之间的家具技术文件制作的知识空白。

《家具制作图及其工艺文件》是家具专业主干专业课程《家具制图》和《家具生产工艺》之间的衔接知识，特别适用于家具设计、家具生产工艺等加工专业的学习，也可供相关的家具与室内装饰专门化课程选用，同时可供从事本专业的技术人员和青年工人阅读参考。

本教材的特点是：

（1）紧扣家具专业培养目标，围绕相关职业岗位的需求，以家具制图及其工艺文件制作为主线，注重结构设计、工艺文件制作等基本知识和基本技能的传授。

（2）为培养学生的职业岗位能力、创业能力和再学习能力，紧紧围绕教学基本要求确定的相关知识点和技能点，并根据本课程相关职业岗位的需要编写，力求做到理论有度，够用就好的原则，重视家具制图及其工艺文件技能能力培养。在教材内容的安排上，重点使学生掌握实木、板式家具生产工艺的制作方法，对生产工艺过程和具体实木、板式工艺文件案例制作，要求讲解详细透彻。

本书填补了传统的家具设计、工艺教材体系空白，以家具行业生产中当前正在应用的成熟技术为主，以适当介绍现代家具企业常用的工艺技术知识为辅，做到实用为主。同时，教材适当介绍了一些家具常用的材料、结构、技术、工艺。整个教材内容全面丰富、信息量大、深浅适度、繁简相宜，具有一定的科学性和先进性，便于教师讲解和学生自学。

在这本教材的调研、策划编写过程中得到了东莞职业技术学院何风梅、肖飞、刘方伟、邓海静等老师，顺德职业技术学院彭亮、刘晓红、孙亮、王明刚、吴素爱、王永广老师，08级家具工艺班黄培青、颜伟龙、李福、陈权、李顺等师生，及中山职业技术学院潘质宏、李伟东等老师的大力支持和帮助，谨致谢意。

由于编者水平及经验有限，不足之处在所难免，恳请使用本书的广大读者提出批评与指正。

编者

2011年3月

目　录

第一章　家具制图

学习目的：了解家具制图的基本知识，掌握家具图样的表达要领，为家具工艺文件制作采用规范化的家具制图标准。

学习内容：

家具制图最基本的内容：图纸幅面和格式、字体、图线、尺寸注法；家具图样的表达方法。

学习要求：

了解家具制图最基本的内容：图纸幅面和格式、字体、图线、尺寸注法的标准要求及家具图样画法使用。

通专结合点：

1. 培养系统性了解家具制图的要求，掌握家具制图最基本的内容：图纸幅面和格式、字体、图线、尺寸注法的要求，家具图样的表达方法。

2. 培养学生查阅资料的能力，了解现代家具制图的最新发展动向。

第一节　家具制图基本知识

本节主要介绍技术制图、家具制图标准的部分有关内容以及制图的一些基本方法。我们不但要掌握家具制图最基本的内容，熟悉家具制图标准，同时，更应该将家具制图的知识运用到家具工艺文件制作中去，才能正确无误地表达家具生产、结构、工艺设计的意图。

一、图纸幅面和格式

（一）基本幅面

《家具制图》标准中常见的图纸幅面代号及尺寸见表 1－1 的规定，一般工艺文件制作时应用最多的是 A4 号幅面。除此以外还有加长幅面，这里就不作介绍。A0、A1、A2、A3、A4 五种幅面之间的尺寸关系见图 1－1。A0、A1、A2、A3、A4 这五种，相邻代号的图纸幅面相差一倍，即 A0 图纸对折裁开即是两张 A1 图纸，A3 图纸对折裁开即是两张 A4 图纸。

表 1－1　　**基本幅面代号尺寸**　　单位：mm

幅面代号	A0	A1	A2	A3	A4
尺寸 B×L	841×1189	594×841	420×594	297×420	210×297

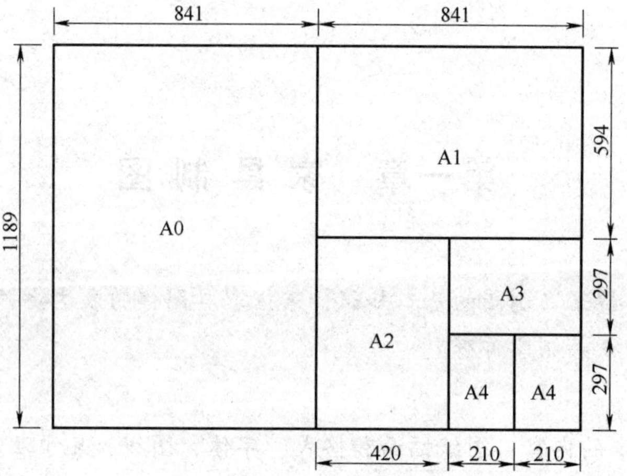

图 1－1　各基本幅面图纸的关系

（二）图框格式

《家具制图》标准规定：图纸可以根据需要横放或竖放。在图纸上必须用粗实线画出图框，其格式分为不留装订边和留有装订边两种，但同一产品图样只能采用一种格式，图形、尺寸、技术说明等必须在图框线内。

不留装订边的图纸，其图框格式见图 1－2 所示。

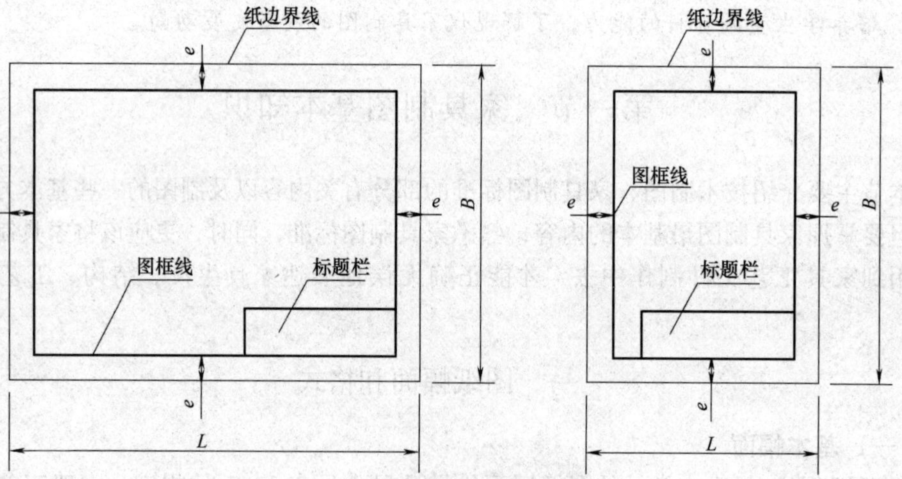

图 1－2　不留装订边的图纸图框格式

留有装订边的图纸，其图框格式见图 1－3 所示，图内尺寸按表 1－2。

表 1－2　　第三选择幅面　　单位：mm

幅面代号	A0	A1	A2	A3	A4
e	20		10		
c	10			5	
a	25				

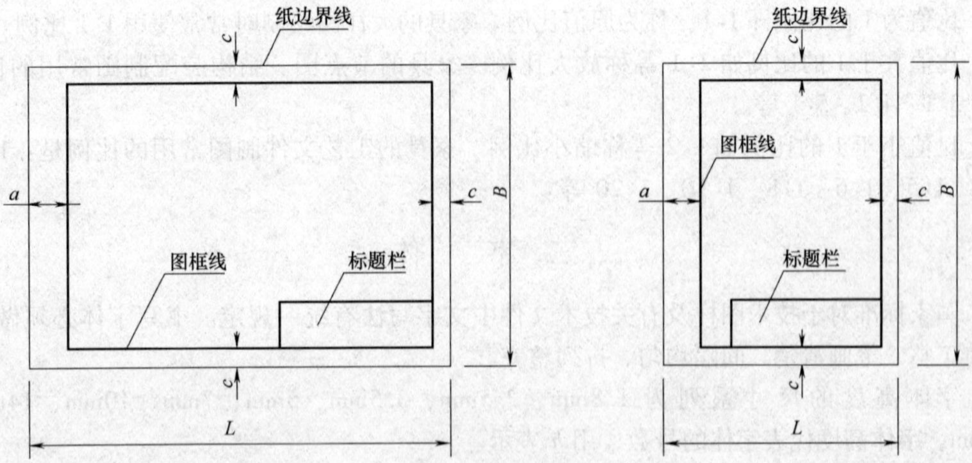

图 1－3　留装订边的图纸图框格式

（三）标题栏

每张图纸上都必须画出标题栏。其位置应在图纸的右下角，标题栏外框应用粗实线，中间分格线用细实线画出。

二、比　　例

家具图通常是按一定的比例来绘制的。比例指绘制图形与其所表达的实物相应要素的线性尺寸之比。国家标准《比例》对技术图样的绘图比例和标注方法作了规定，用“:”表示比例符号。

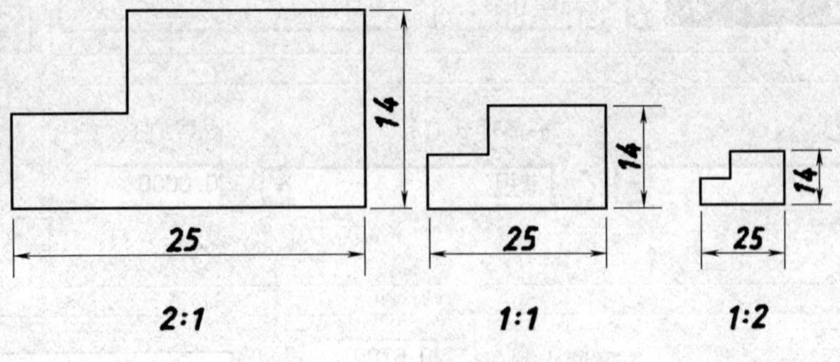

图 1－4　比例和尺寸的关系

图 1－4 中间的图即为原值比例 1:1 画的图形，左右各为 2:1 和 1:2 图形，注意无论图形大小，标注尺寸总是按实际大小标出的。

比例一般应标注在标题栏中比例一栏内。必要时可在视图名称的下方（局部详图为右侧）标注比例，如图 1－5 所示。

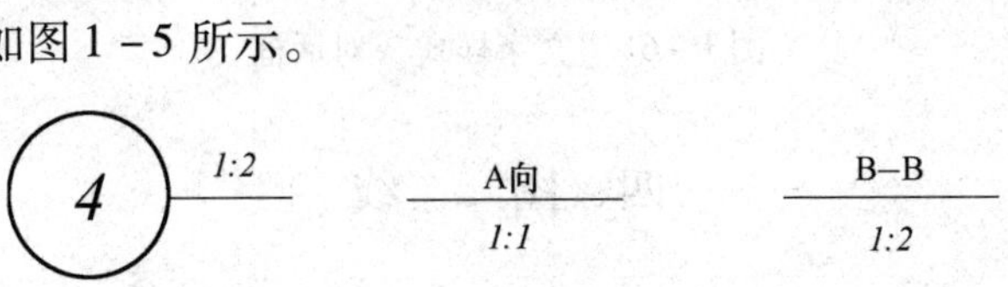

图 1－5　图样中比例的注写

比值为 1 的比例即 1∶1，称为原值比例。家具的大样图绘制时常常使用 1∶1 比例。

比值大于 1 的比例如 2∶1 等称放大比例。家具的节点图、结构装配制图常用的比例是：3∶1、4∶1、5∶1 等。

比值小于 1 的比例如 1∶2 等称缩小比例。家具的工艺文件制图常用的比例是：1∶3、1∶4、1∶5、1∶6、1∶8、1∶10、1∶20 等。

三、字　　体

国家标准对于技术图样及有关技术文件中文字写法有统一规定。书写字体必须做到：字体工整，笔画清楚、间隔均匀、排列整齐。

字体高度的尺寸系列为 1.8mm、2.5mm、3.5mm、5mm、7mm、10mm、14mm、20mm。字体高度代表字体的号数，用 h 表示。

图样中书写的字体都必须做到：字体端正、笔画清楚、排列整齐、间隔均匀。家具制图中字体的号数，即字体的高度（单位：mm）通常分为 20、14、10、7、5、3.5、2.5 七种。

汉字应写成长仿宋体，并要采用国家公布推行的简化字。汉字高度不应小于 3.5mm，其字宽一般为 $h/\sqrt{2}$。

数字和字母有正体和斜体两种字体；斜体字头向右倾斜，其角度与水平线呈 75°。

长仿宋体在 CAD 中可通过如图 1－6 所示调整“文字样式”对话框得到。

图 1－6　“文字样式”对话框

四、图　　线

（一）图线种类

家具制图标准规定图线的种类和粗细如表 1－3。

表 1-3 家具制图标准规定图线的种类和粗细

图线名称	图线线型	图线宽度
实线		b（0.25~1mm）
粗实线		1.5b~2b
虚线		b/3 或更细
粗虚线		1.5b~2b
细实线		b/3 或更细
点画线		b/3 或更细
双点画线		b/3 或更细
折断线		b/3 或更细
波浪线		b/3 或更细

（二）图线用法

图线的用法，见表 1-4。图线用法示例见图 1-7。

表 1-4 图线的用法

序号	图线名称	应用范围	图例
1	粗实线	剖切符号	图 1-37
		局部详图可见轮廓线	图 1-7
		局部详图标志	图 1-7
		局部详图中连接件简化画法	图 1-47
		图框线及标题栏外框	
2	实线	基本视图可见轮廓	图 1-7
		局部详图索引标志	图 1-44
3	细实线	尺寸线及尺寸界线	图 1-7
		引出线	图 1-7
		剖面线	
		各种人造板、成型空芯板的内轮廓线	图 1-7
		小圆中心线、简化画法表示连接件位置线	
		圆滑过渡的交线	
		重合剖面轮廓线	
		表格的分格线	图 1-7
4	虚线	看不见的轮廓线	图 1-7
5	点画线	对称中心线	图 1-7
		回转体轴线	图 1-23
		半剖视分界线	图 1-7
		可动零、部件的外轨迹线	
6	双点画线	假想轮廓线	图 1-7
		表示可动部分在极限位置或中间位置时的轮廓线	

续表

序号	图线名称	应用范围	图例
7	折断线	假想断开线	图1－7
		阶梯剖视的分界线	图1－37
8	波浪线	假想断开线	图1－38
		回转体断开线	图1－23
		局部剖视的分界线	图1－38

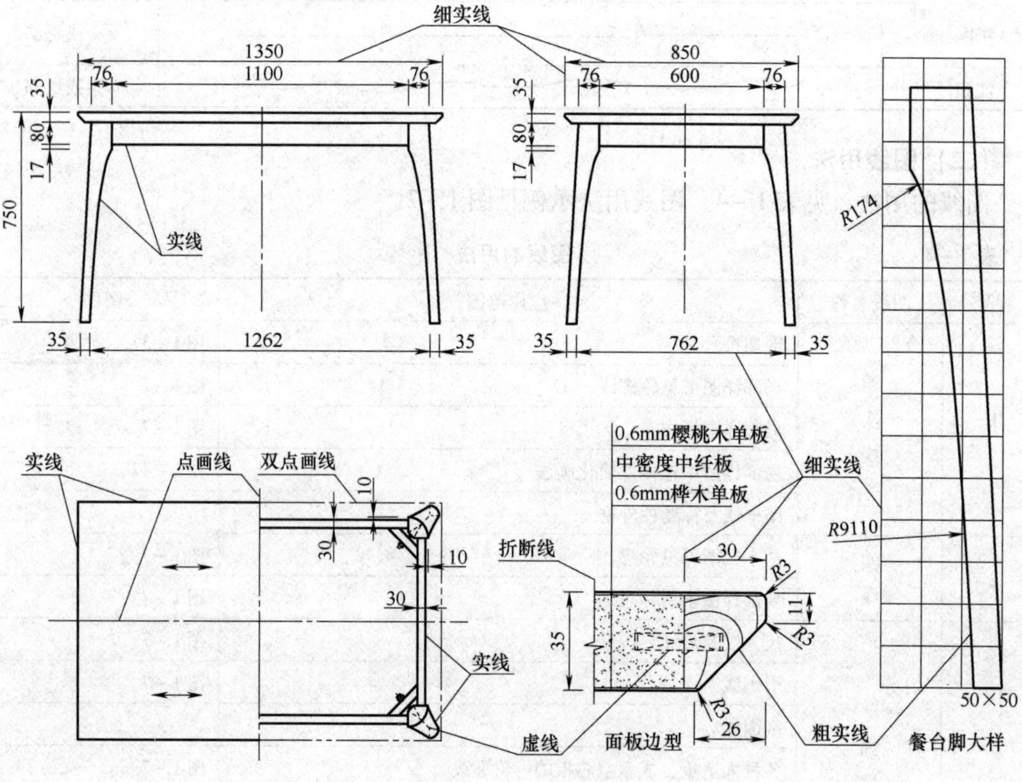

图1－7　图线的用法示例

（三）图层的组织及命名

CAD系统用图层的组织及命名见图1－8。

五、尺寸注法

（一）尺寸线、尺寸界线、尺寸起止符号及尺寸数字

家具制图标准中规定图样的尺寸标注一律以毫米为单位，图纸上不必注出“毫米”或“mm”。

（1）一个完整的尺寸一般包括尺寸线、尺寸界线、尺寸起止符号及尺寸数字等尺寸要素，见图1－9。

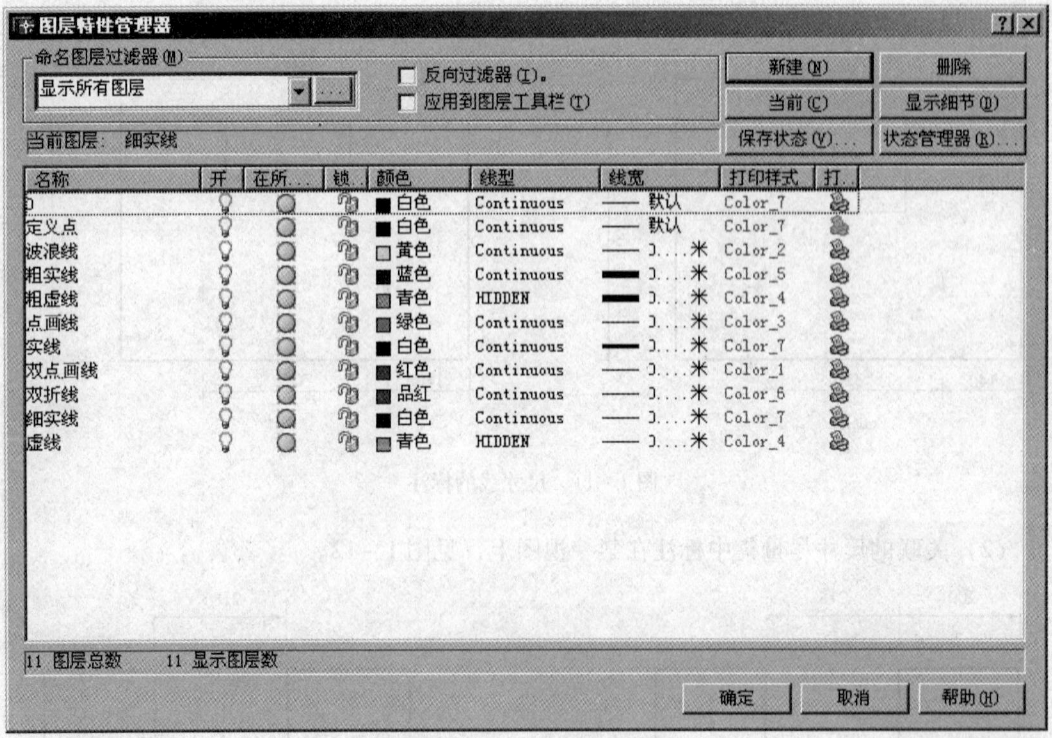

图 1-8 图层的组织及命名

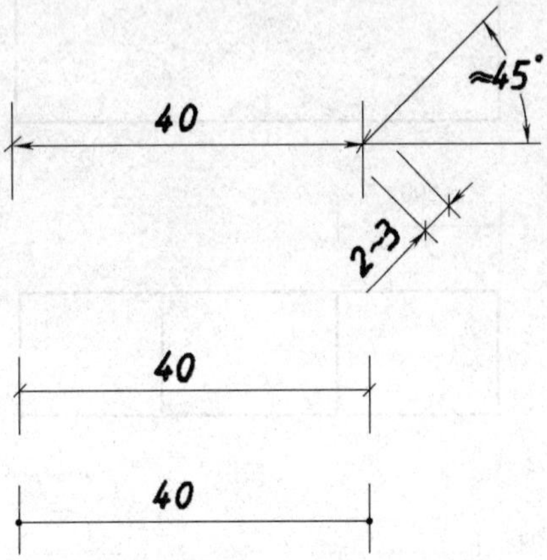

图 1-9 尺寸基本要素

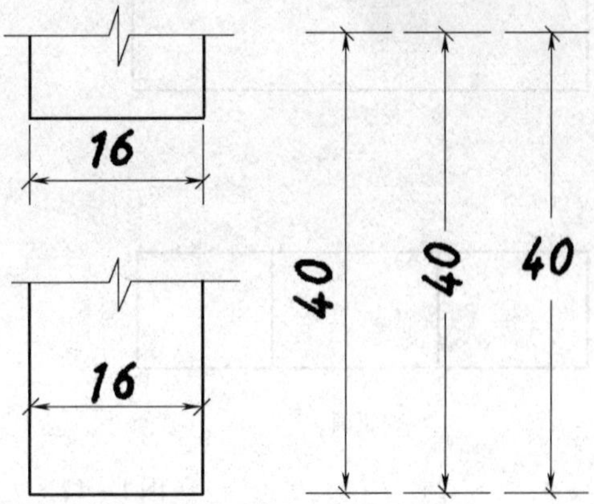

图 1-10 尺寸数字注写方法

尺寸线一般平行于所注写对象的度量方向。尺寸界线与之垂直，都用细实线画出。尺寸起止符号用一长约 2~3mm 的细实线，与尺寸界线顺时针方向转 45°左右（图 1-9）。家具制图标准中起止符号也允许用小圆点、箭头表示。尺寸界线一般从轮廓线引出，必要时也可以轮廓线作为尺寸界线使用，如图 1-10 中下图的尺寸“16”。尺寸数字一般应注写在尺寸线中部上方（图 1-10），也可将尺寸线断开，中间注写尺寸数字。

尺寸线用细实线绘制。尺寸线不能用其他图线代替，一般也不得与其他图线重合或画在其他图线的延长线上，标注线性尺寸时，尺寸线必须与所标注的线段平行，见图 1－11。

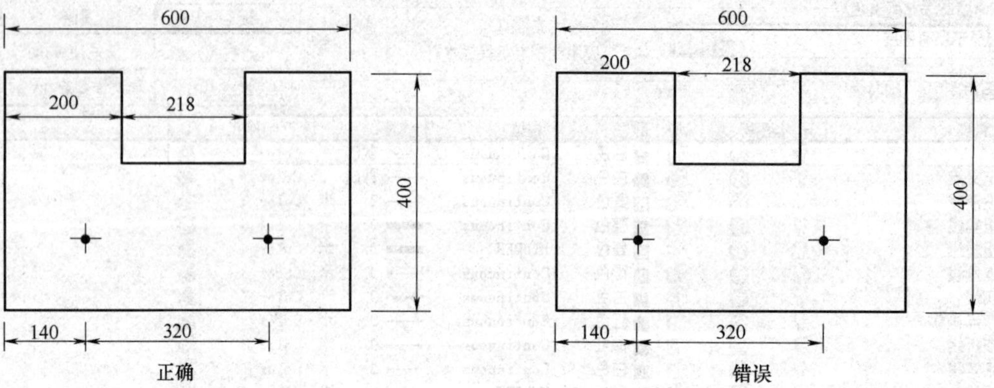

图 1－11　尺寸线的标注

（2）关联的尺寸尽量集中标注在某一视图上，见图 1－12。

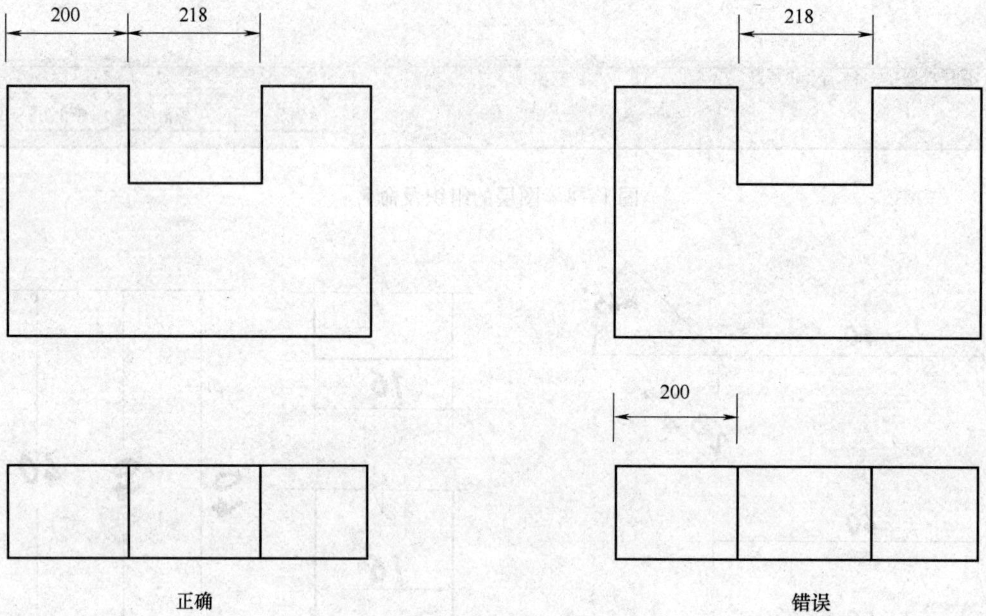

图 1－12　关联尺寸线的标注

（3）同一方向上连续标注的几个尺寸应尽量配置在少数几条线上，见图 1－13。

（4）尺寸应尽可能注在视图外，尺寸线与尺寸界线不要交叉，一般大的尺寸应注在外边，小尺寸注在里边，且排列要整齐，见图 1－14。

（5）当尺寸线处于不同方向时，尺寸数字的注写方法见图 1－15。其中垂直方向上尺寸数字一般应自下向上注写。也可水平书写，但要将尺寸线断开，尺寸数字写中间。各种倾斜方向尺寸数字写法见图 1－15。图 1－15（a）中垂直方向偏左 30°左右范围内，因尺寸数字易写颠倒，一般应避免在这种方向范围内注尺寸，不可避免时则采用如图1－15（a）中注法。断开尺寸线中间水平写尺寸数字，如标准位置较小如图 1－15（b），则可

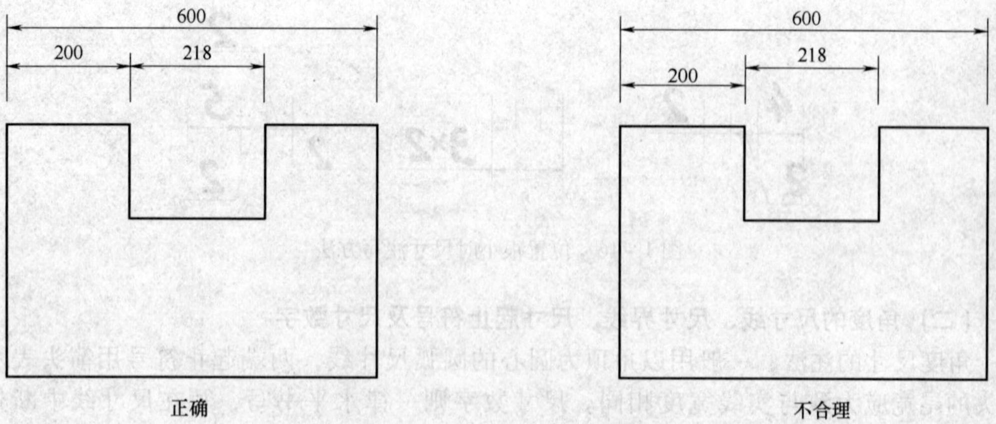

图 1－13　关联尺寸线的标注

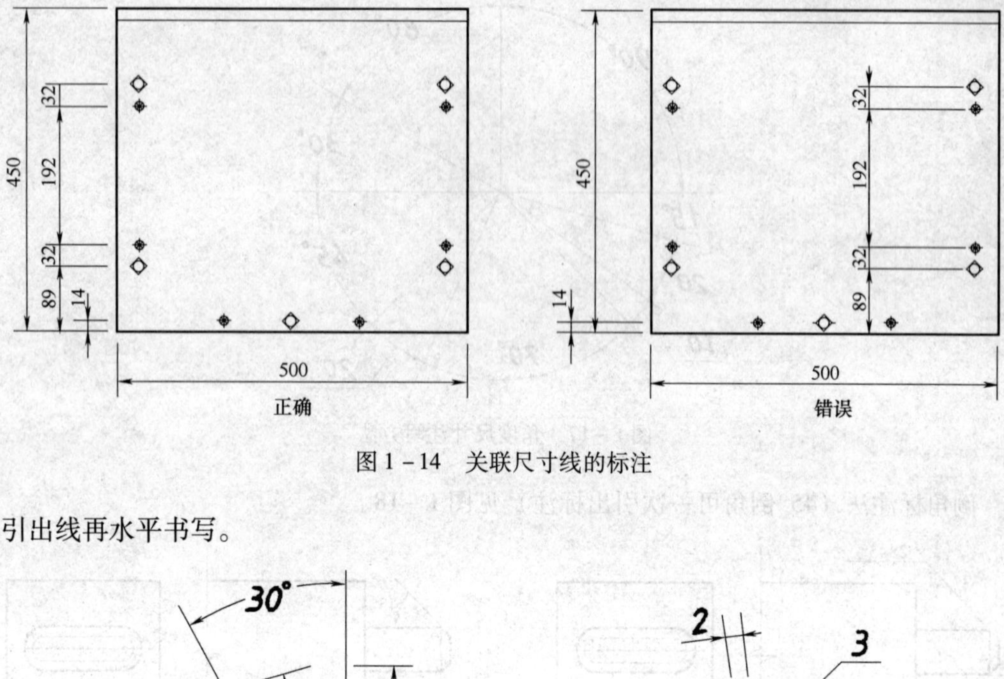

图 1－14　关联尺寸线的标注

画引出线再水平书写。

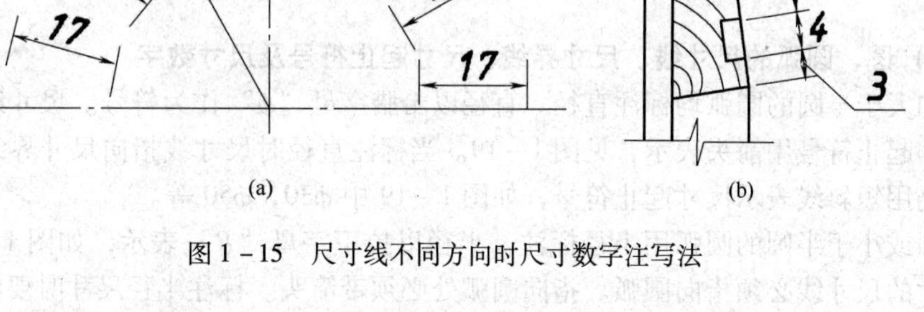

图 1－15　尺寸线不同方向时尺寸数字注写法

一般水平或垂直方向上因注写位置较小时可按图 1－16 形式注写。

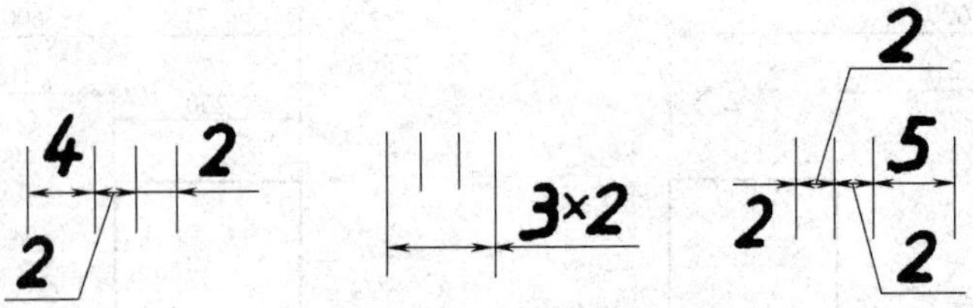

图 1 – 16 位置很小时尺寸注写方法

(二) 角度的尺寸线、尺寸界线、尺寸起止符号及尺寸数字

角度尺寸的注法，一般用以角顶为圆心的圆弧尺寸线，两端起止符号用箭头表示，箭头的尾宽应大致与实线宽度相同。尺寸数字则一律水平书写，写在尺寸线中断处。如图 1 – 17 所示。

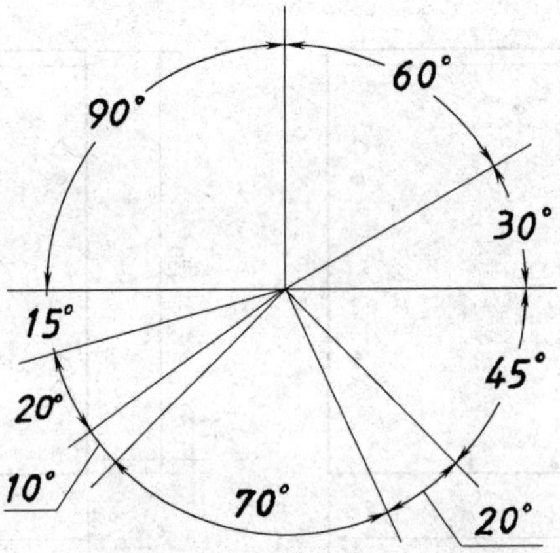

图 1 – 17 角度尺寸注写方法

倒角标注法（45°倒角可一次引出标注）见图 1 – 18。

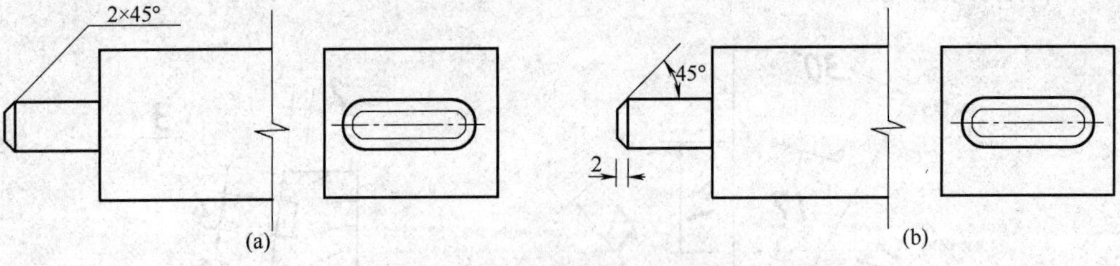

图 1 – 18 倒角尺寸注写方法

(三) 圆、圆弧的尺寸线、尺寸界线、尺寸起止符号及尺寸数字

圆和大于半圆的圆弧均标注直径。直径以希腊字母“ϕ”作为符号。尺寸线指向圆弧线，尺寸起止符号用箭头表示，见图 1 – 19。当标注直径时尺寸线指向尺寸界线或轮廓直线时，仍用短斜线表示尺寸起止符号，如图 1 – 19 中 ϕ30，ϕ50 等。

半圆或小于半圆的圆弧用半径标注。半径以拉丁字母“R”表示，如图 1 – 20 所示。半径尺寸的尺寸线必须指向圆弧。指向圆弧处必须带箭头。标注半径尺寸时要注意尺寸线可长可短，但方向必须过圆弧圆心。如图 1 – 21（a）的错误即尺寸线方向未过圆心；另

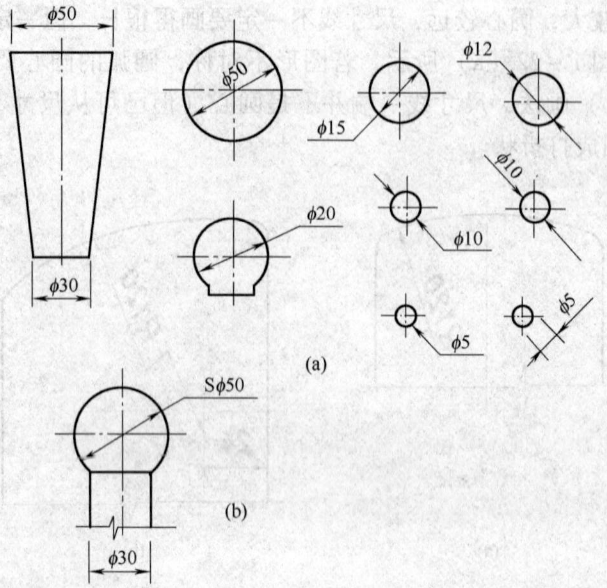

图 1－19 圆与大于半圆的尺寸注法

外尺寸线也不能正好通过圆弧连接点，见图 1－21（b）。

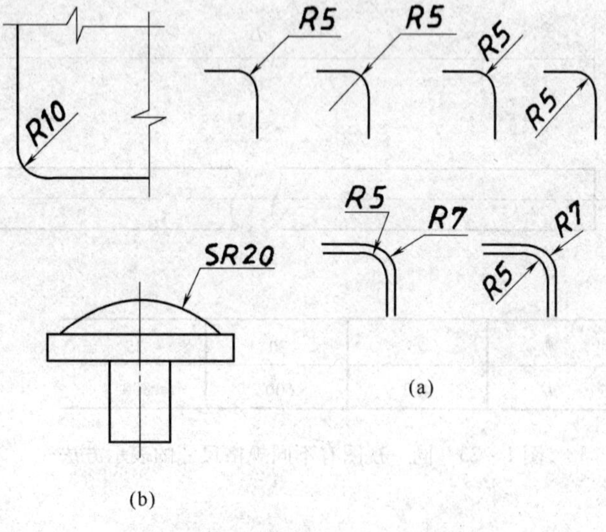

图 1－20 半圆与小于半圆的尺寸注法

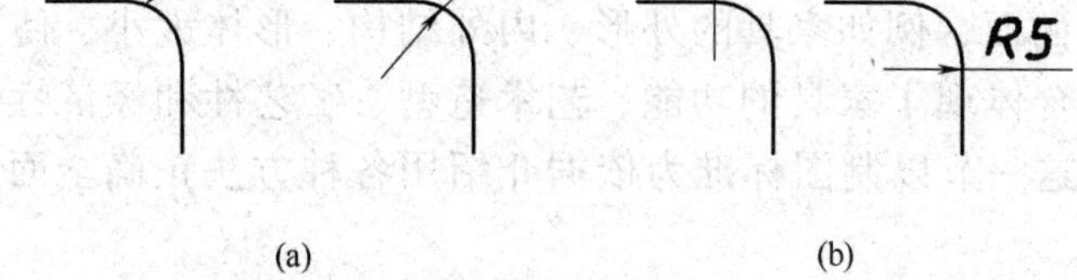

图 1－21 半径尺寸两种错误注法

如果圆弧半径较大，圆心较远，尺寸线不一定要画得很长，但一定要注意尺寸线方向要自圆心引出，如图 1－22（a）所示。若图形不对称，圆弧的圆心要求标出位置，这时可如图 1－22 中（b）画法，尺寸线一端并不是圆心（但已可从尺寸 24 明确在画出的直线上），尺寸线则画成打折状。

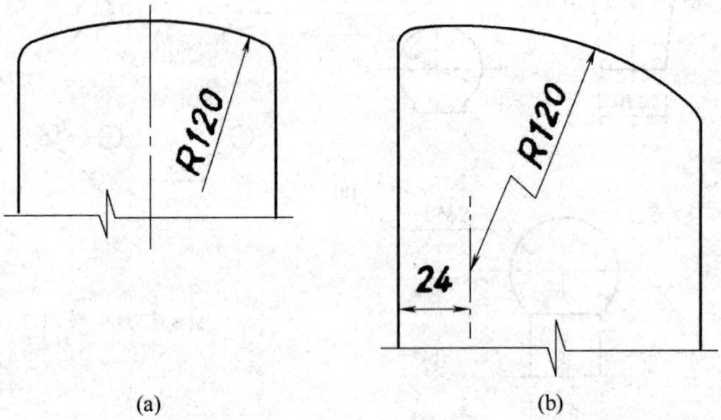

图 1－22　大半径尺寸的注法

同一视图有不同规格尺寸时，可用相应字母表示尺寸代号，同时用表格列出尺寸，见图 1－23。

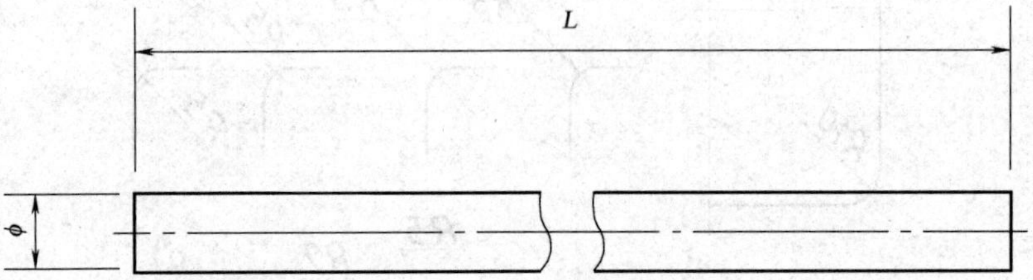

ϕ	25	30	35
L	450	600	800

图 1－23　同一视图有不同规格尺寸的表示方法

第二节　家具图样图形表达方法

家具工艺文件制作中各个阶段需要绘制相应的图样。工艺设计人员通过图样表达家具结构设计的方方面面，例如家具的外形、内外结构、形体大小、使用材料和表面装饰等。这些要求综合体现了家具的功能、艺术造型、工艺性和经济性等。当然图样中首要的还是图形。这一节以制图标准为依据介绍用各种方法正确全面地表达家具的形状和结构。

一、视　图

（一）基本视图

1. 基本视图的名称和视图位置

《家具制图》标准规定视图的画法采用正投影第一角画法，即观察者—家具—投影面。

用正投影方法按三个投影方向得到三个视图，即主视图、俯视图和左视图。这三个视图是应用最多的，但为了满足不同需要，国家标准还提供了右视图、仰视图、后视图，这6个表达物体外形的视图称为基本视图。物体与6个投影面的关系和投影面的展开见图1－24。

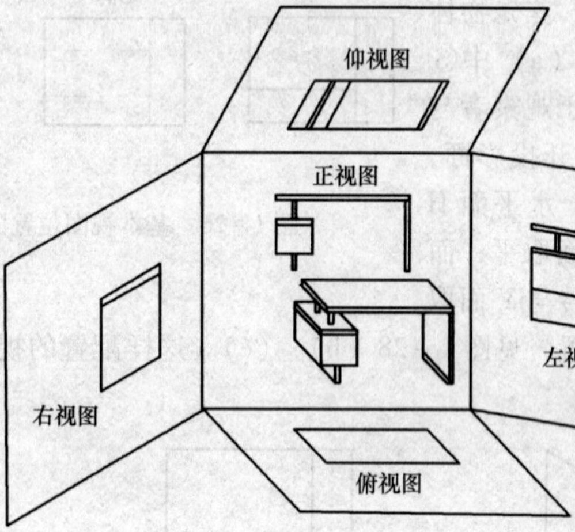

图1－24　基本视图及其排列位置

6个基本视图应按图1－25所示位置配置，视图不注名称。如果由于图形安排上

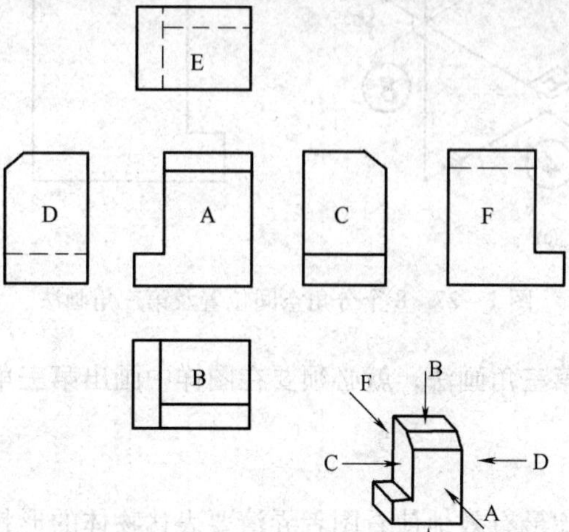

图1－25　基本视图及其排列位置

的特殊需要，不能按图1－25所示视图位置配置时，也可以按图1－26那样配置。其中主、俯、左三个基本视图一般不动，其他视图视需要安排在适当位置。用箭头指出投影方向，并用字母标出。在相应的基本视图上方用同一字母标注“x向”，以示视图名称。

2. 第三角画法

以上的画法是我国国家标准规定的统一画法，也就是第一角画法。物体所处的空间位置如图1－27（a）中①所示空间，即第一分角空间。有时我们会见到另一种画法，例如同样上述立体的三个视图按图1－27所示配置，这就是“第三角画法”。首先物体是置于第三分角内，见图1－27（a）中③那一个空间。投影时投影面是处于观察者与物体之间的，然后按规定方向展开投影面，展开方法见图1－28（a）所示。水平面H在顶上，绕OX轴向上旋转与V面取平；而侧面W绕OZ轴（$-Z$）向前旋转与V面取平，这样得到三个基本视图的位置，见图1－28（b）、（c）。这样配置的视图也可不标注视图名称。

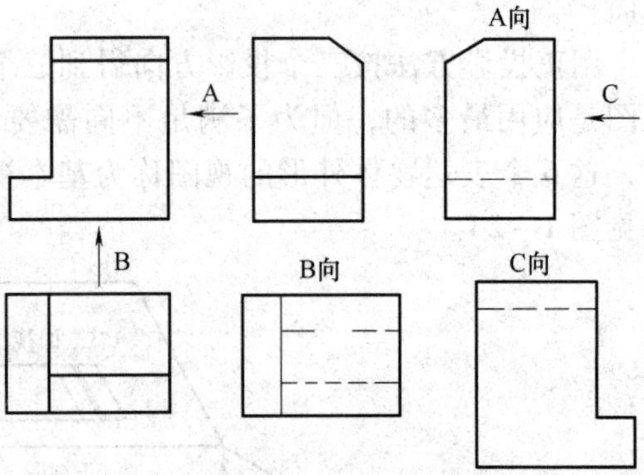

图1－26 基本视图位置的变化

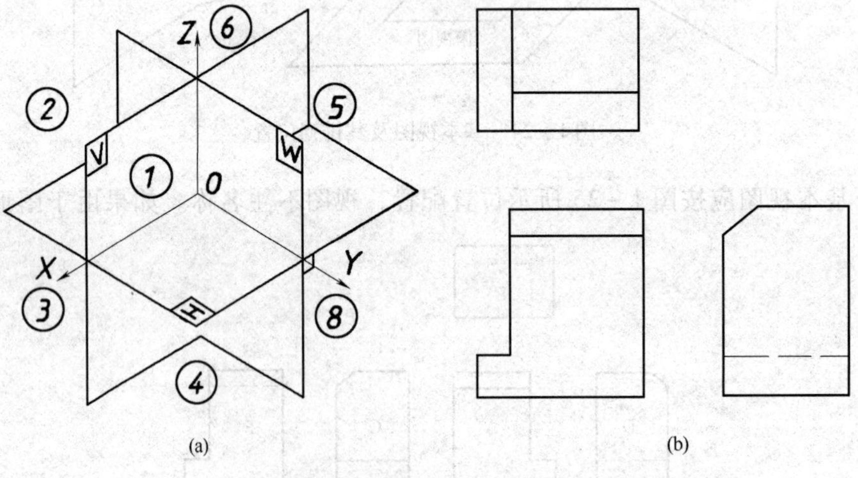

图1－27 8个分角空间位置及第三角画法

图样必要时如采用第三角画法，就必须要在图样中画出第三角投影的识别符号，识别符号的画法见图1－29。

3. 主视图的选择

主视图的选择应考虑最有效地使看图者弄清要表达物体的形状特点，其次还要考虑便于加工，避免为要与加工时图形与工件的方向一致而需颠倒图纸看图。

反映形体特征是主视图最主要的选择原则。对物体来说，常常是以“正面”作

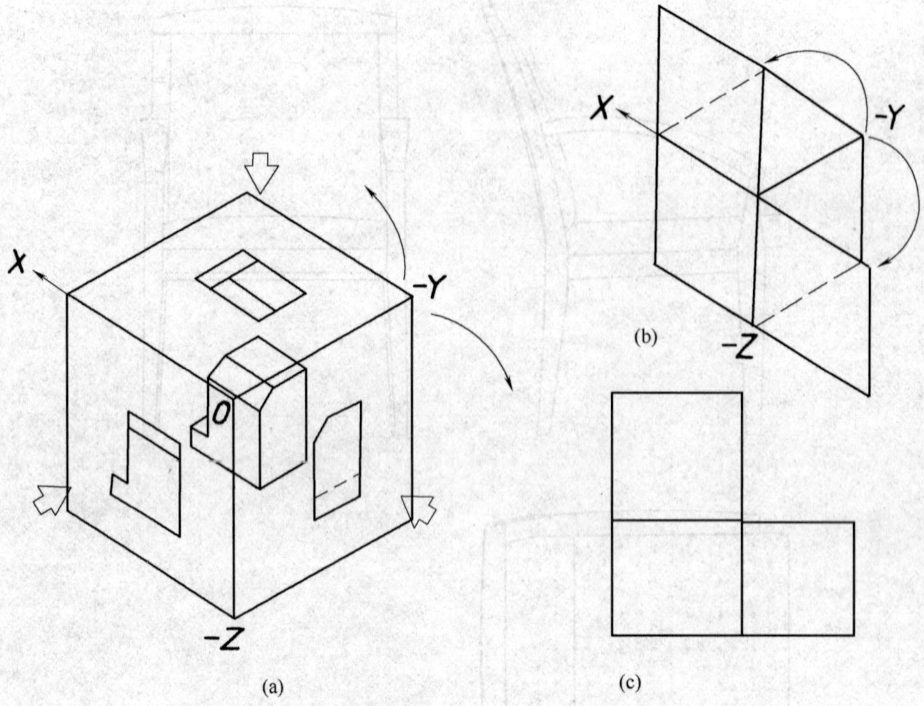

图 1 - 28 第三角视图的由来及投影面展开图

为主视图投影方向，如建筑物等。但物体多种多样，物体的正面有时不一定能反映该物体的形状特征，这方面的例子很多，家具中也有一部分品种，最为突出的就是椅子、茶几之类。如图 1 - 30 所示椅子，就是以其侧面作为主视图。

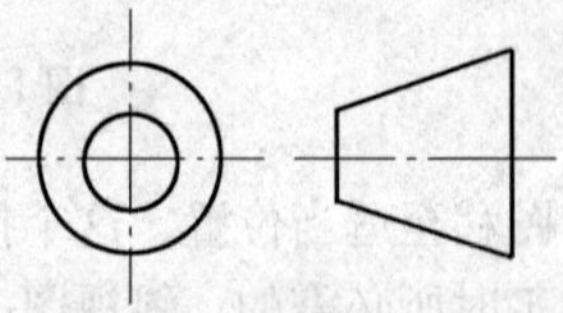

图 1 - 29 第三角画法识别符号

椅子最重要的是其功能，而椅子功能在许多方面决定于座面和椅背的倾斜角度和高度等，显然只有侧面才能反映；其次从造型变化上说，也是侧面常常更多地反映椅子的造型特征。

4. 视图数量的确定

要表达一件家具或其中某一部件零件，应该画几个视图合适，这要取决于物体本身的复杂程度，原则是要无遗漏地表达清楚形体的方方面面，其次是要便于看图和简便画图，也就是要避免重复表达。从这个原则来说，不一定都要画三个视图，而是视复杂程度而定，如图 1 - 31（a）中挂裤架的框挂棍零件，依靠一些尺寸标注如直径、长度，深度，仅用一个视图表达，既简单又清晰。

有的家具用三个基本视图表达还不够，例如柜台、讲台等。如图 1 - 31（b）挂裤架的侧木枋零件，其正面的凹槽和后面的孔就都需要单独的视图来表达。

（二）斜视图

当物体某些部分因倾斜于基本投影面，而用基本视图表达不能反映其表面实际形状和尺寸，遇到最多的是处于垂直斜面位置的表面。如图 1 - 32 所示会议椅上某一斜面是处于正垂面位置。这时设想用一新投影面平行于要表达的平面，然后进行投影，将所得到的投

图 1－30　主视图的选择原则——反映形体直观特征

影图移至适当位置，这个投影图就称为斜视图。它反映了该平面的真实形状，这恰是实际加工时所必需的。斜视图一定要有相应的标注，见图 1－32。

图 1－32 上，用一带字母的箭头表示投影方向，在斜视图上方用同一字母带上一个“向”字表示图名，如“B 向”。

画斜视图时注意它的形状和尺寸。如图 1－32 中，主视图中只反映了该平面长向尺寸 38mm，而另一深向尺寸 40mm 要从 B 向视图中量得，该平面中间的孔尺寸也一样。一般来说，斜视图方向应与原基本视图上要表达的平面积聚性方向一致而便于看图。

（三）局部视图

局部视图是仅画出部分的视图，其投影方向还是基本视图投影方向。为了避免重复表达，不需要画整个视图，而仅要表达个别局部形状时，就采用局部视图表达方法，如图 1－33中“A 向”、“B 向”。当部件左右两端有造型需要表达，这时就可按图 1－33 那样用局部视图表示。

当局部视图或斜视图图形呈封闭图形时，可仅画出封闭的要表达的图形，如图 1－32、图 1－33 所示。如果和整体不能分割，就要用折断线如双折线或波浪线画出表达的局部视图范围。

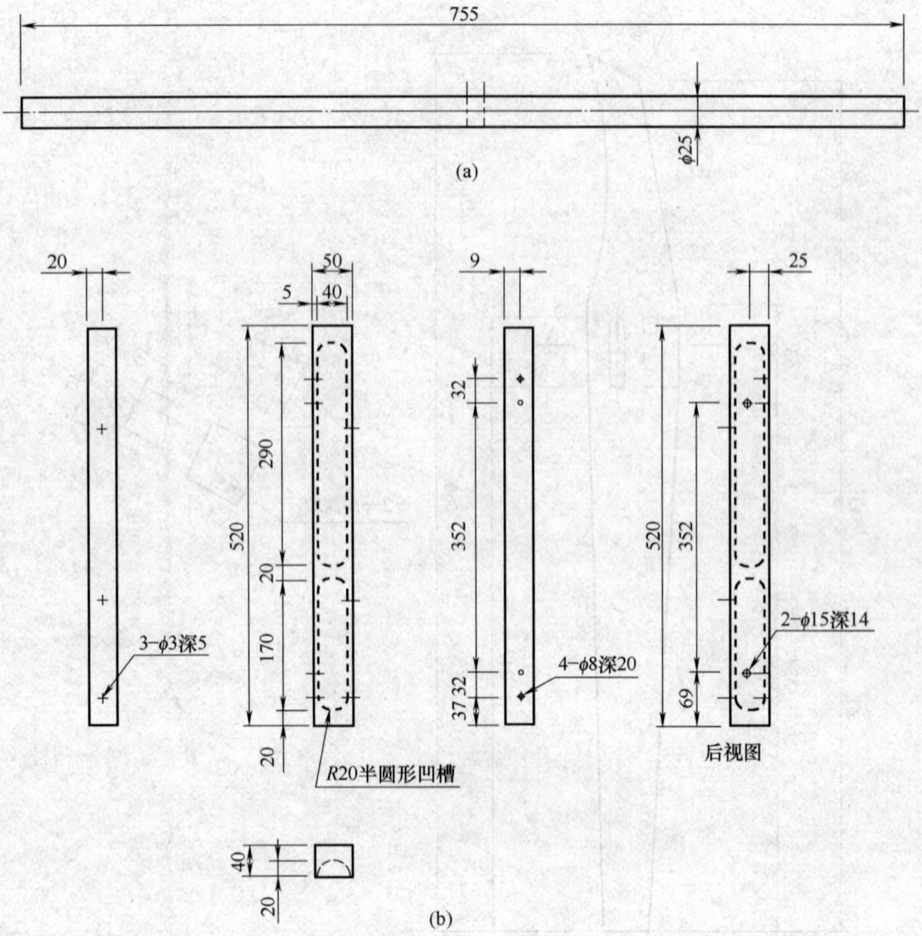

图 1 – 31　视图数量的选择原则——表达完全、简单、清晰

二、剖视与剖面

（一）剖视

为了表达家具内部结构，显示其装配关系，就要采用剖视的画法来表达。所以家具装配图尤其是结构装配图图形表达方法基本上都采用剖视画法。

假想用一平面剖切开所要表达的物体，然后将挡在前面的部分移去，再进行投影，这样获得的图形就是剖视图。它将原来看不到的结构形状变成可以看到。如图 1 – 34 所示为一个抽屉。为表达抽屉各零件的装配关系，把左视图画成了剖视，从图中可看出，剖到的实体部分画上了人造板的剖面符号。

为适应不同结构需要，剖视在家具制图中有全剖视、半剖视、阶梯剖视、局部剖视和旋转剖视等。

1. 全剖视

用一个剖切平面将所要表达的物体全部剖切，所画出的剖视图称全剖视图。图 1 – 34 的左视图就属于全剖视图。

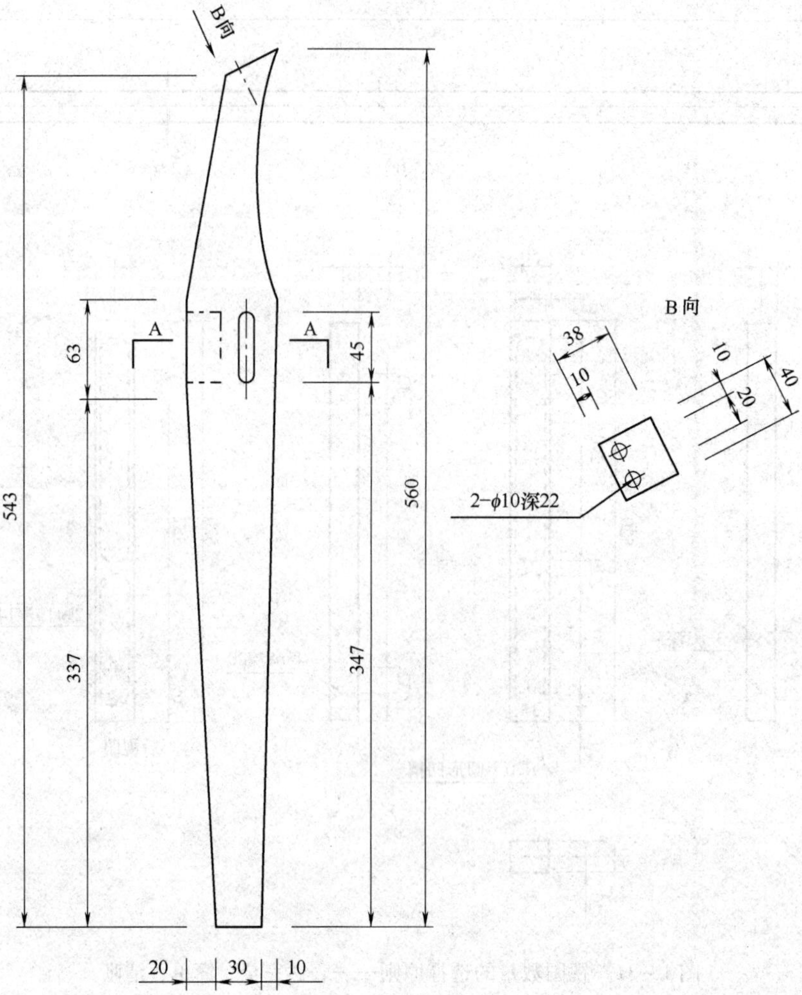

图 1－32　斜视图

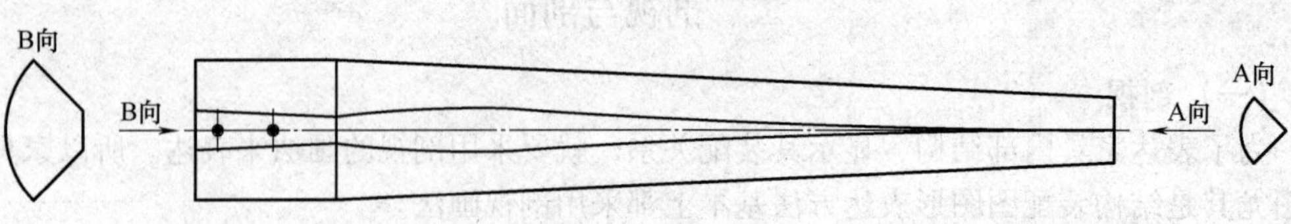

图 1－33　局部视图

在装配图中要注意两零件结合处的正确画法。如图 1－34 中，抽屉的屉底板和屉面板、屉侧板、屉后板嵌槽结合，当是紧密无缝隙，在图上结合处实线为两零件所共有，不能特别加粗，更不能画成两条线。

2. 半剖视

当家具或其零、部件前面外形也有结构需要表达时，采用全剖视就不能兼顾到前面结构的形状表达。一般情况下就既要画全剖视，又要保留外形视图。如果家具或其零、部件具有对称平面，这时就可一半保留外形画成视图，一半画成剖视。中间以对称中心线点画线为界，这就是常用的半剖视图。如图 1－35，主视图采用半剖视，而左视图采用了全剖视。

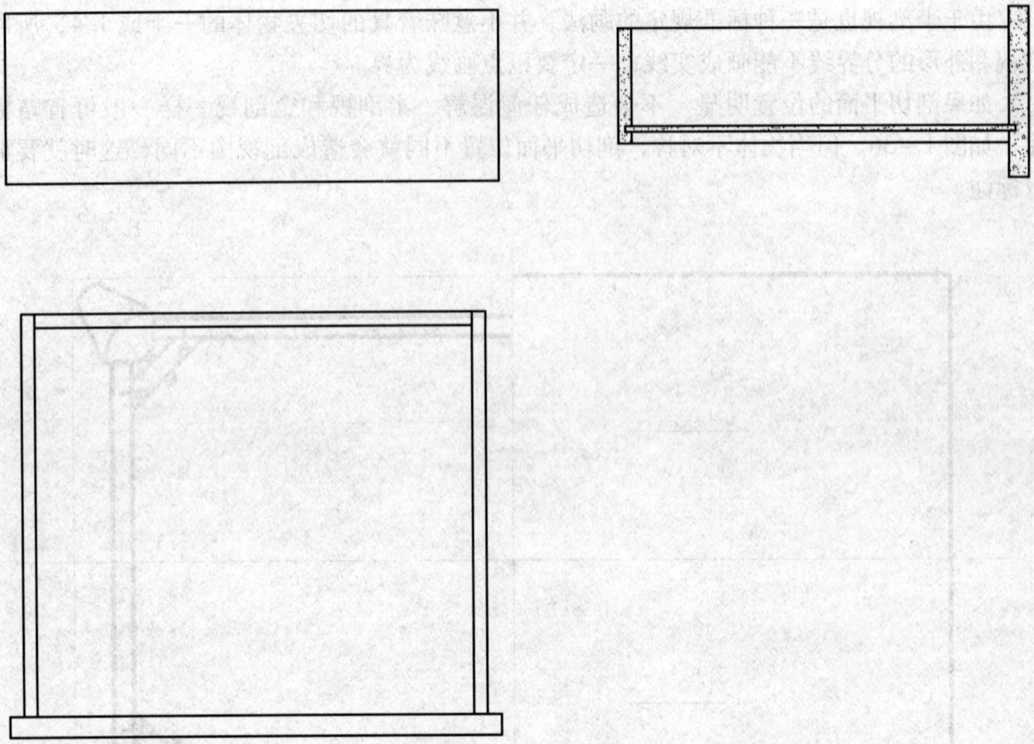

图 1－34 全剖视图

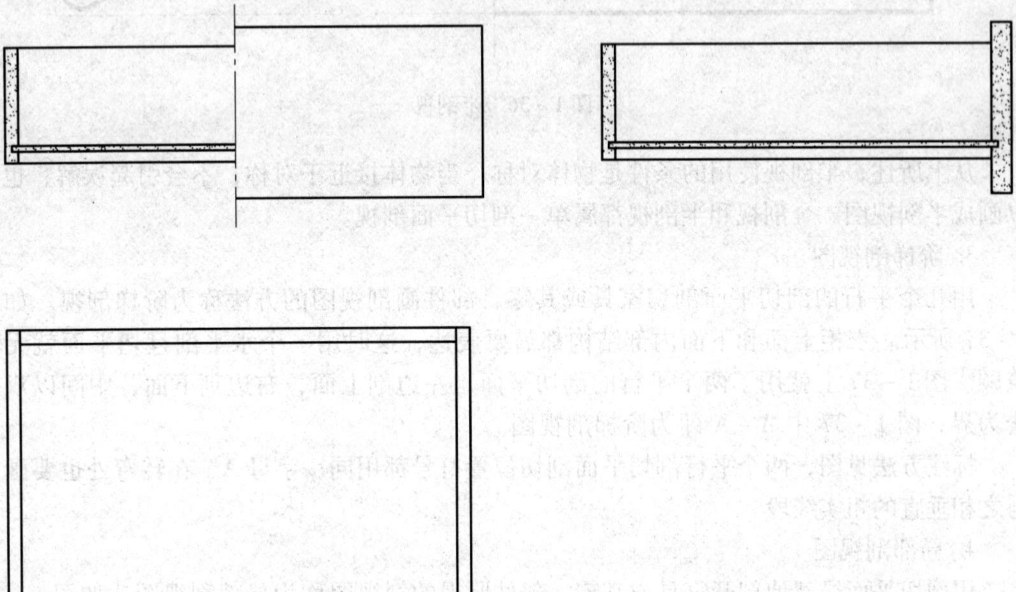

图 1－35 全剖视与半剖视

由于半剖视也是一种标准规定的画法，并不意味着真的切去物体的一半或1/4，所以剖视和外形的分界线不能画成实线，一定要以点画线为界。

如果剖切平面的位置明显，不会造成任何误解，半剖视和全剖视一样一般可省略标注，如图1－36。但当物体不对称，剖切平面位置不同就会造成剖视图不同，这时就要加以标注。

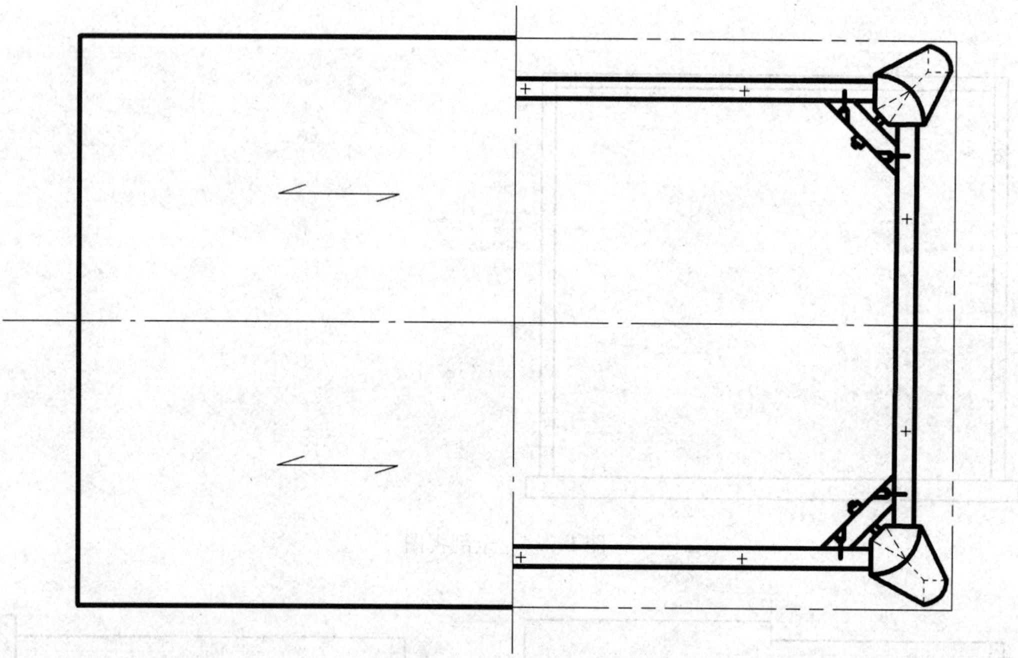

图1－36　半剖视

从上所述，半剖视使用的条件是物体对称，当物体接近于对称，不会引起误解，也可以画成半剖视图。全剖视和半剖视都属单一剖切平面剖视。

3. 阶梯剖视图

用几个平行的剖切平面剖切家具或其零、部件画剖视图的方法称为阶梯剖视。如图1－37所示。衣柜上面和下面内部结构都需要表达，这时用一个水平剖且切平面就无法兼顾。图1－37上就用了两个平行的剖切平面，左边剖上面，右边剖下面，中间以双折线为界，图1－37中A－A即为阶梯剖视图。

标注方法见图，两个平行剖切平面剖切位置符号都用同一字母A，在转弯处也要画上与之相垂直的粗实线段。

4. 局部剖视图

用剖切平面局部地剖开家具或其零、部件所得的剖视图称为局部剖视图。如图1－38所示。如作全剖视则外形上结构部分就无法表达，所以用局部剖视。局部剖视中剖视部分与外形部分用波浪线为界。

5. 旋转剖视图

用两个相交的垂直面作为剖切平面，剖切后得到的剖视图形以两剖切平面的交线为

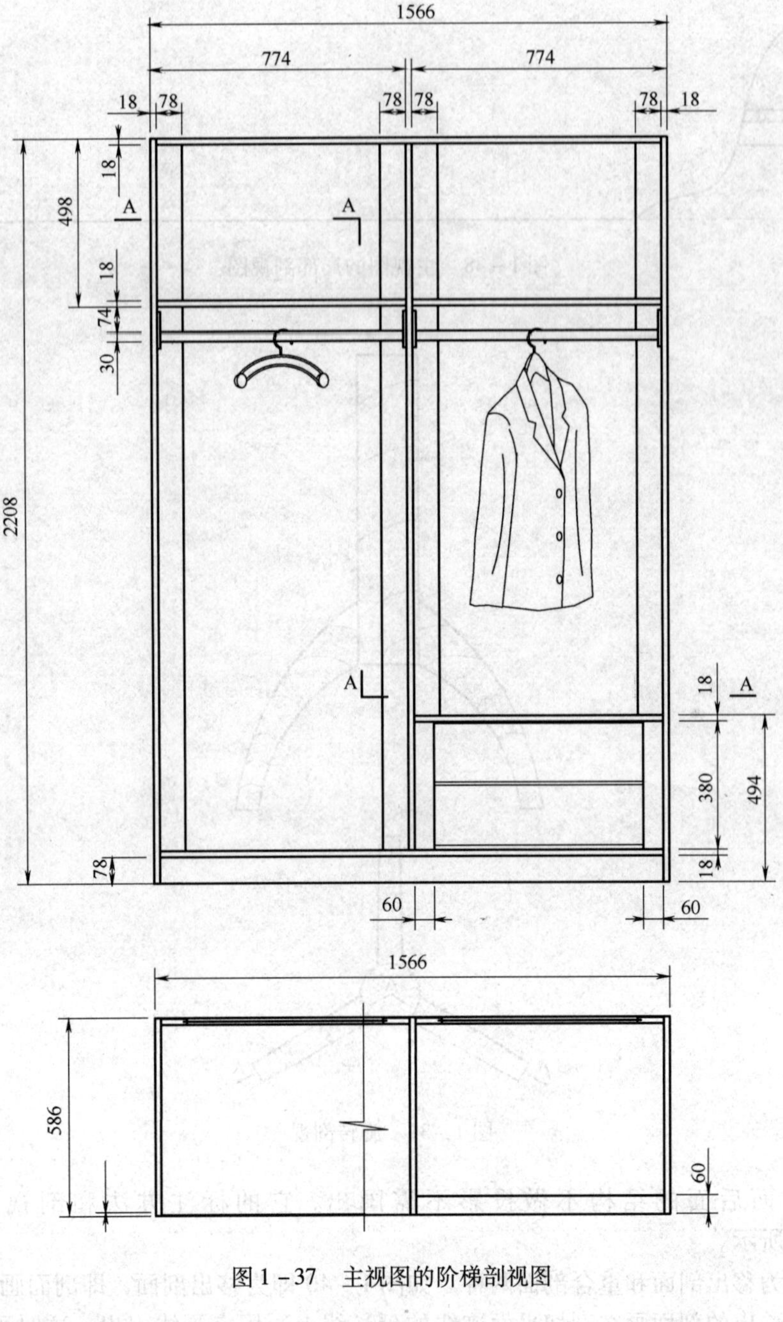

图 1－37 主视图的阶梯剖视图

轴，旋转成与投影面平行再投影，这就是旋转剖视。如图 1－39 中的主视图，标注时要注意两剖切平面相交处也要写字母。

（二）剖面

假想用剖切平面将家具的某部分切断，仅画出断面的图形，这称为剖面。与剖视不同

图 1 – 38　主视图的局部剖视图

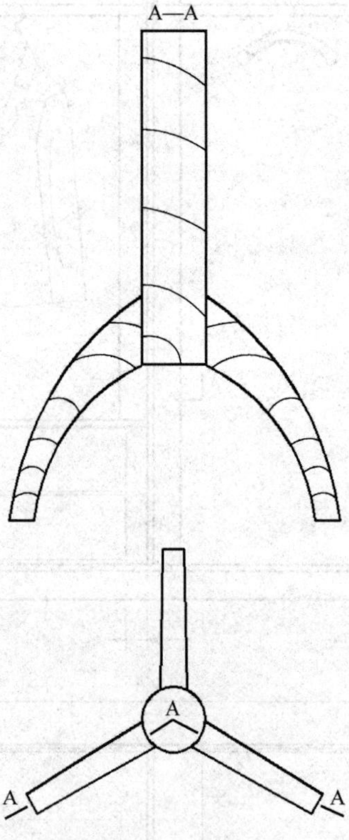

图 1 – 39　旋转剖视

的是，剖切面后面的结构不做投影不需画出。它的标注方法和剖视基本相同，如图 1 – 40 所示。

剖面分为移出剖面和重合剖面两种。如图 1 – 40 即为移出剖面，即剖面画在原视图轮廓线外面，移出的剖面画在剖切平面迹线的延长线上，用点画线引出，这时可省略字母，当剖面形状对称时，就省略剖切投影方向粗实线，剖面画的轮廓线用实线画出。

若剖面画在轮廓线内时就称为重合剖面，其剖面轮廓线均用细实线画出。如图 1 – 41 所示。这时标注仅仅画出剖切符号。

重合剖面当剖面形状不对称时，就一定要画出代表投影方向短粗实线，长约 4 ~ 6mm。

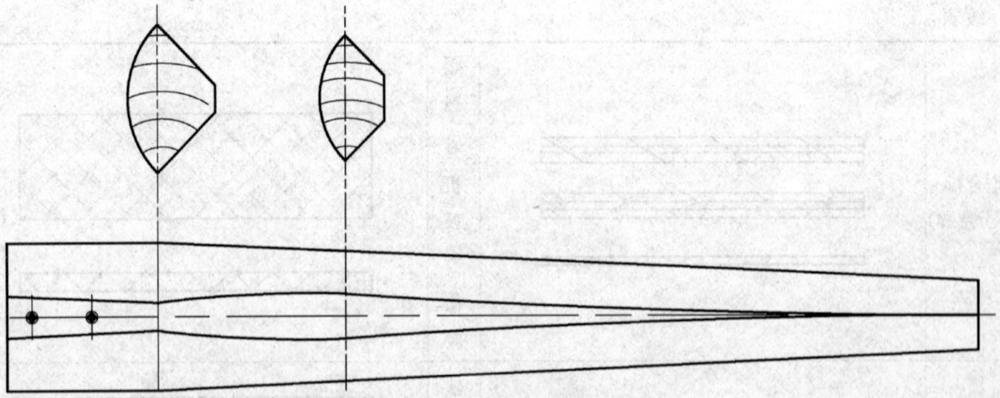

图 1-40 移出剖面

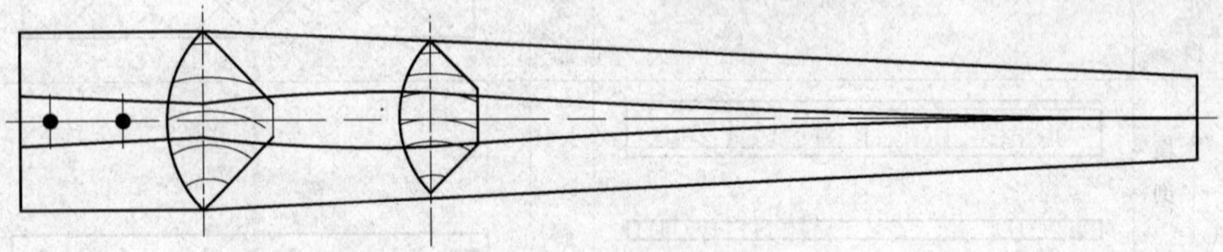

图 1-41 重合剖面

当用重合剖面来表达雕饰时，一般都只画出雕饰部分的凹凸形状。

三、剖 面 符 号

（一）剖面符号

当家具或其零、部件画成剖视或剖面时，假想被剖切到的实体部分，一般应画出剖面符号，以表示已被剖切的部分和零、部件的材料类别。各种材料的剖面符号画法，家具制图标准作了详尽规定。要注意的是剖面符号用线（剖面线）均为细实线。表 1-5 列出了家具常用材料的剖面符号画法。

表 1-5 家具常用材料的剖面符号画法

木材	横剖	方材	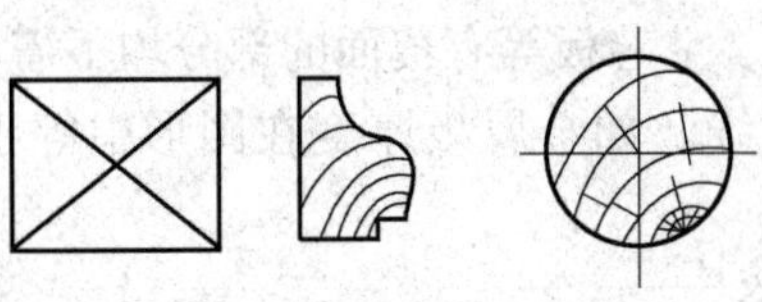	纤维板	
		板材		薄木	
	纵剖		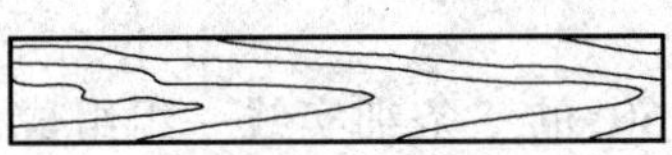	金属	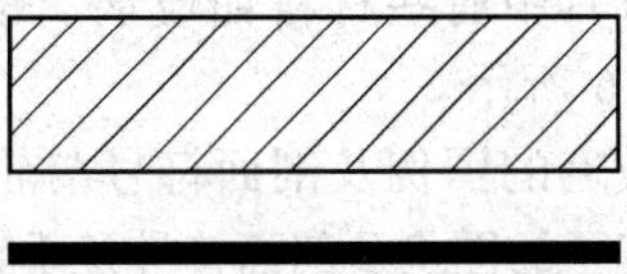

续表

胶合板（不分层数）		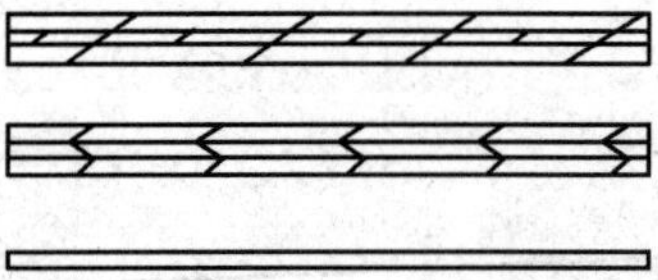	塑料、有机玻璃、橡胶	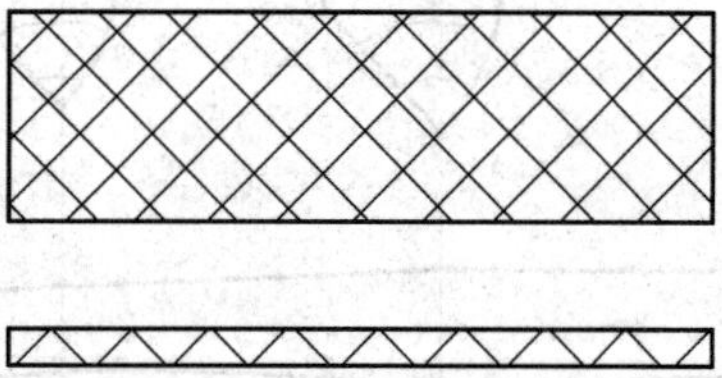
覆面刨花板		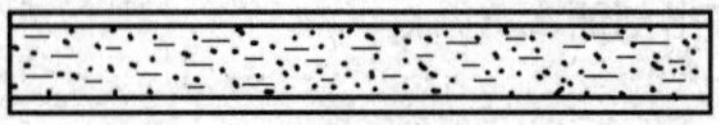	软质填充料	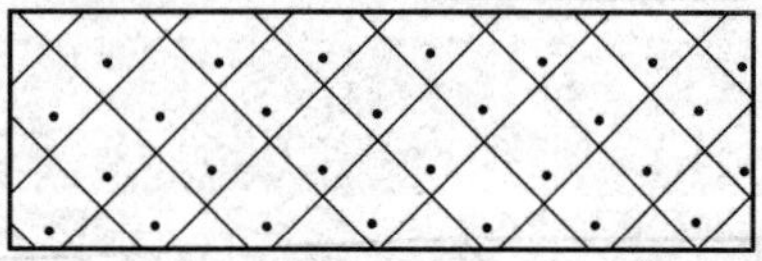
细木工板	横剖	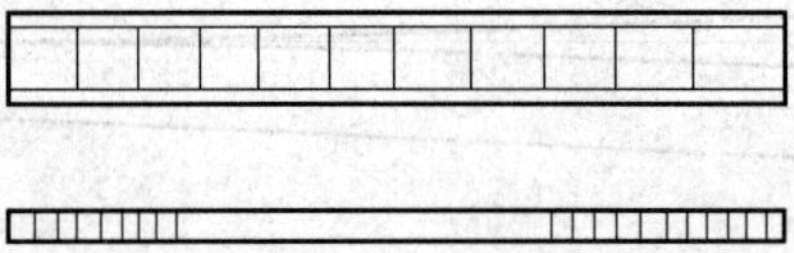	砖石料	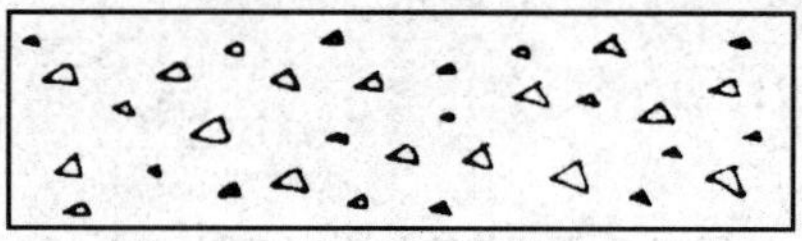
	纵剖	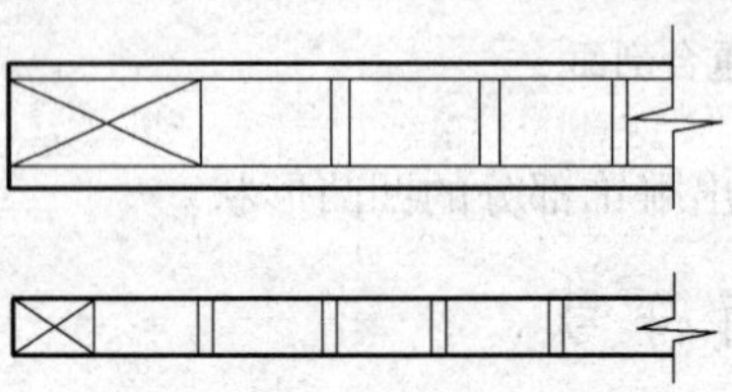		

方材横断面的剖面符号以相交两直线为主，而板材只能用徒手画近似年轮的弯曲细实线。

当画纵剖剖面符号会影响图形清晰时，允许省略剖面符号。

人造板中胶合板剖面符号，层数用文字另注，图中不论层数多少都画成三层。细实线方向与主要轮廓线成30°倾斜。在图形中因厚度很小无法再画出两条细实线时可允许省略剖面符号。

在基本视图上，覆面刨花板、细木工板、空芯板等有覆面的部分均不需单独画出。

金属剖面线，为与轮廓线成45°的细实线。如金属板厚度在图形中等于或小于2mm时，则剖面用涂黑表示。

塑料、有机玻璃等，是45°倾斜的小方格。

软质填充料，画法是45°倾斜方格中加一小黑点，方格一般比塑料、有机玻璃的剖面符号略大。

家具中有些材料如玻璃、镜子和网纱等一般未被剖切（外形）也画上符号，如表1－6所示。

玻璃的图例及剖面符号与轮廓线成30°或60°的三条细实线一组组成。

镜子的图例及剖面符号是垂直于主要轮廓线的两条细实线一组组成。

表 1－6　　玻璃、网纱等材料的剖面符号画法

名称	图例	剖面符号
玻璃	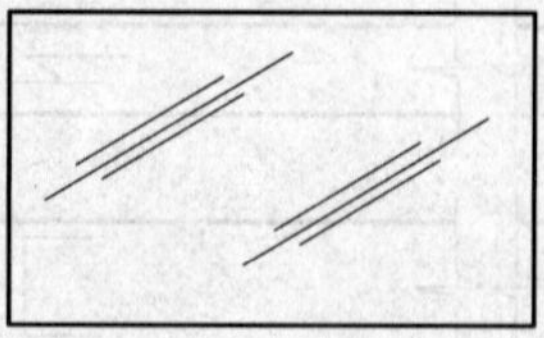	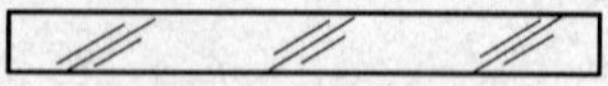
镜子	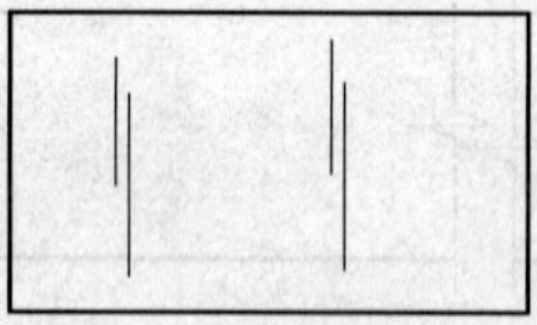	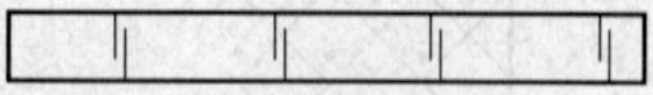
网纱	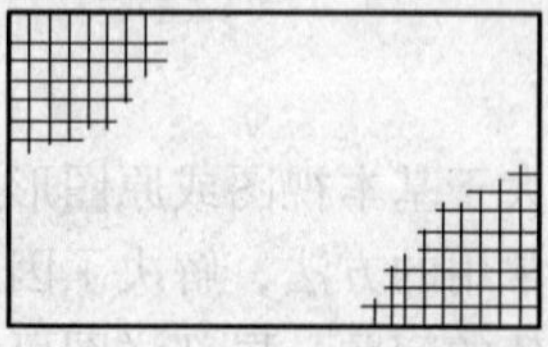	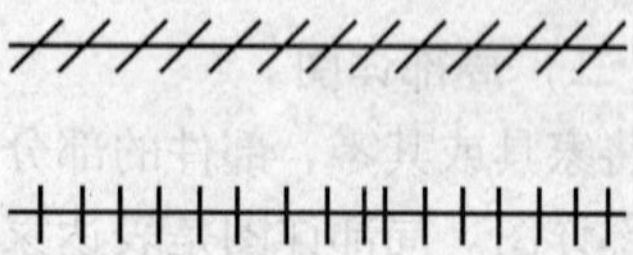
空芯板	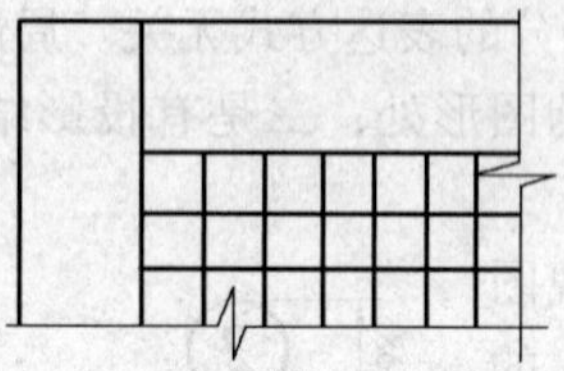	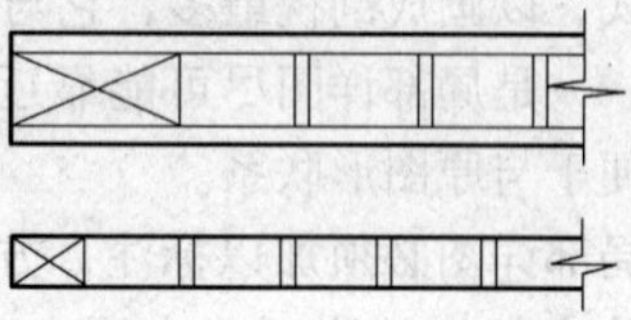

网纱的图例为两组小方格。剖面符号有两种画法均可选用。

多层结构材料，在用剖面符号不能完全表达清楚材料具体名称时，往往要附以文字说明。如软质材料中布、泡沫塑料等可见图 1－42 画法。注意用细实线作为引出线引出分格标注材料名称，要按次序一一列出，一般由上到下由左到右，必要时还要写出厚度，厚度常用小写希腊字母“δ”作为代号。

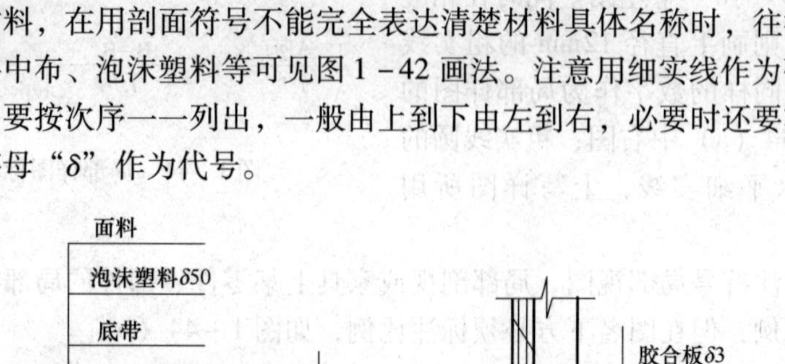

图 1－42　多层结构材料的画法

当要画剖面符号的图形面积较大或较长时，可以在两端只画出部分剖面符号以简化图形，如图1－43，前面网纱（表1－6）也是一例。

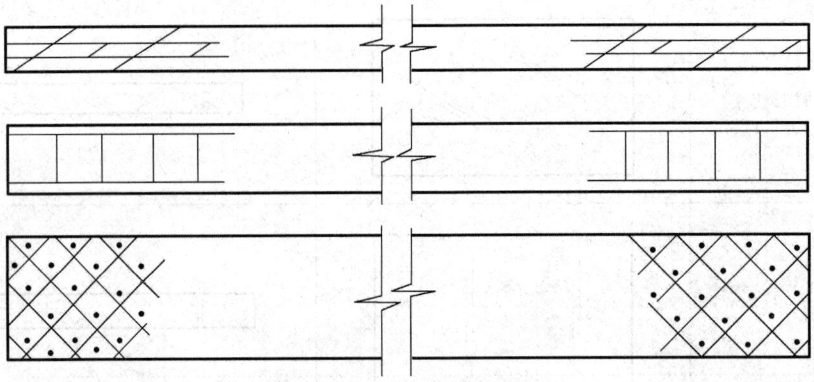

图1－43　剖面符号的简化画法

（二）局部详图

将家具或其零、部件的部分结构，用大于基本视图或原图形的画图比例画出的图形称为局部详图。局部详图是表达家具结构最常用的方法，解决了因基本视图用缩小比例致使图形局部更小而无法使各局部结构表达清楚的问题。局部详图可画成剖视、视图、剖面各种形式，以画成剖视最多，它与被放大部分的表达方式无关。局部详图安排的位置要便于看图，一是局部详图尽可能靠近被放大的图形处，二是有投影结构联系的尽可能画在一起，便于与原图形联系。

局部详图必须加以标注，方法是在视图中被放大部位的附近，应画出直径8mm的实线圆圈作为局部详图索引标志，圈中写上数字，如图1－44（a）中左图。同时在相应的局部详图附近则画上直径12mm的粗实线圆圈，圈中写上同样的数字作为局部详图的标志，见图1－44（a）中右图，粗实线圆的右边中间画一水平细实线，上写详图所用比例。

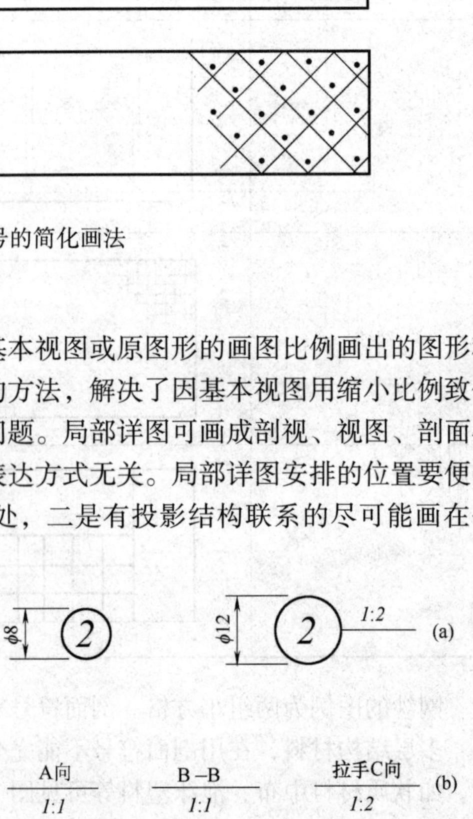

图1－44　局部详图标注符号

局部详图标注符号局部视图、局部剖视或家具上某零件、部件的局部视图都可画成与原视图不同的比例，但在图名下方必须标注比例，如图1－44（b）。

四、榫结合和连接件连接画法

（一）榫结合

榫结合是家具结构中应用极为广泛的不可拆连接。它的画法在家具制图标准中有特殊的规定，即表示榫头横断面的图形上，无论剖视或外形视图，榫头横断面均需涂成淡墨色，以显示榫头端面形状、类型和大小。也可用一组平行细实线代替涂色，细实线数不少于三条，见图1－45A－A中所示。细实线应画成平行于长边的长线。

要画出榫结合时，木材剖面符号尽可能用相交细实线，不用纹理表示，以保持图形清晰。

当用可拆连接如木销定位时，要注意与圆榫的区别，如图1－46。木销画木材横断面剖面符号，垂直相交两细实线与零件主要轮廓线成45°倾斜。而圆榫则按上述榫结合画法画三条以上平行细实线或涂成淡墨色。

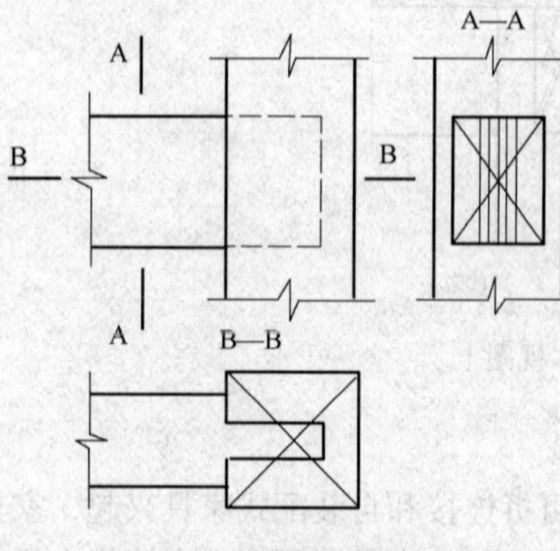

图1－45 榫结合的画法

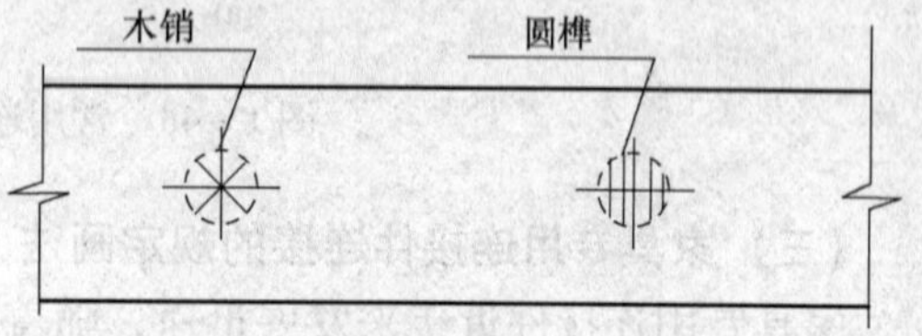

图1－46 木销与圆榫的不同

（二）家具常用连接件连接的规定画法

家具上一些常用连接件如木螺钉、圆钢钉、镀锌螺栓等，家具制图标准都规定了特有的画法。在局部详图中，它们的画法见图1－47所示。图（a）是螺栓连接，中间粗虚线表示螺杆，其中与之相垂直的不出头粗短线为螺栓头，粗虚线另一头的两条粗短线，长的为垫圈，短的为螺母，不同方向的另一视图见图1－47（a）左、右两图。图1－47（b）是圆钢钉连接，钉头的视图是一细实线十字，十字中有一小黑点，反方向则只画细实线十字以定位。全剖的主视图上表示钉头的粗短线画在木材零件轮廓线内部。图1－47（c）是木螺钉连接画法，用45°粗实线三角形表示沉头木螺钉的钉头，钉头的左视图为一粗实线十字，相反方向视图是45°相交两短粗实线。为不致误解及定位需要，常还画出细实线十字。

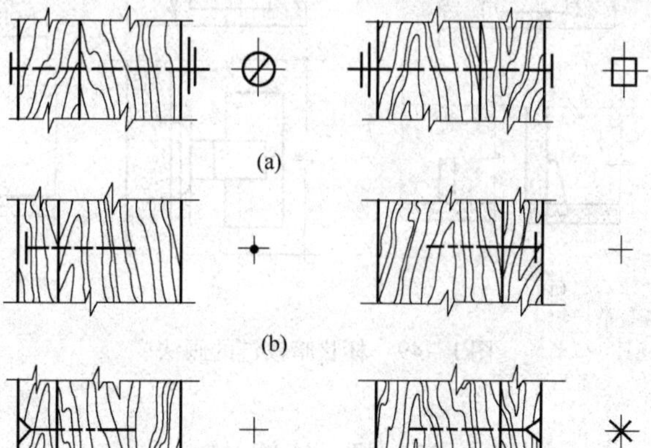

图1－47 常用连接件连接的画法

在基本视图上如果要表示这些连接件位置或数量时，则可以一律用细实线十字和细实线（另一视图上）表示，必要时再用引出线加文字注明连接件数量名称，见图1－48所示。

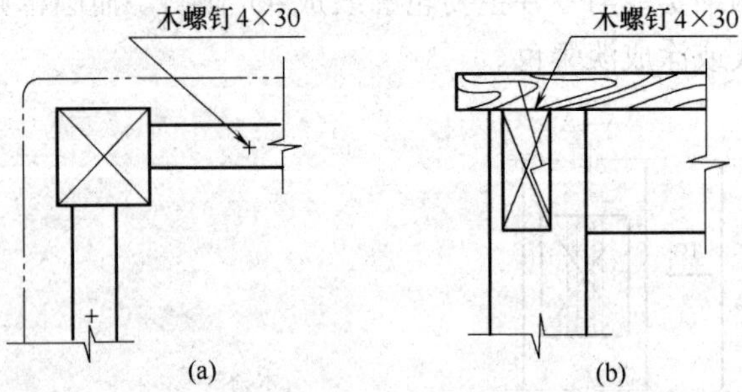

图1－48　常用连接件在基本视图上

（三）家具专用连接件连接的规定画法

家具专用连接件近年来发展迅速，随着板式家具可拆连接和自装配式家具兴起，家具专用的连接件越来越多。这里介绍的几种可拆连接件画法只是家具制图标准中已作出规定画法的少数几种，对于新出现的连接件，其画法可以参照标准已有画法的要求简化画出，再附以必要文字注明。

对于杯状暗铰链可按图1－49（a）、（b）画法。这里列出了两种，从图中可以看到是外形简化，固定或调节用的螺钉位置要画出。图中右边较小的是在基本视图上的画法。可见到更为简化仅是示意的图，要说明是哪一种，则要用引出线加上文字注明型号规格等。画其他各种不同杯状铰链时就可按以上简化原则来画。

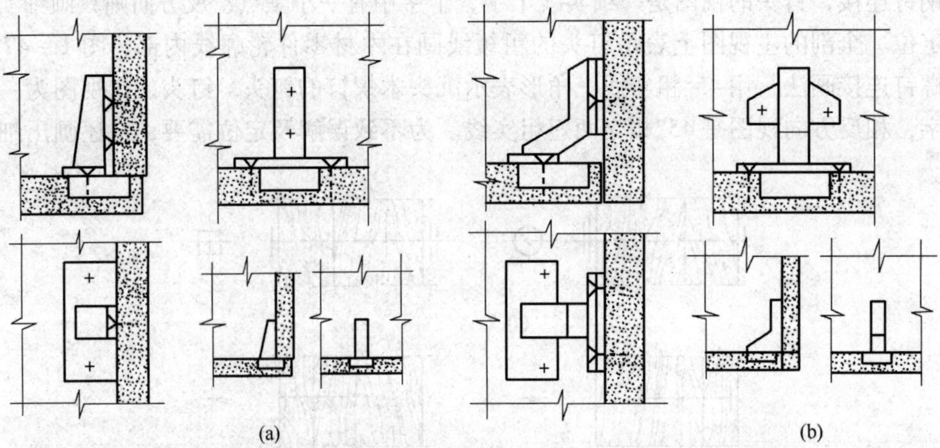

图1－49　杯状暗铰链的画法

五、螺纹连接

（一）基本知识

螺纹连接是可拆连接中最为普遍使用的一种连接方式。前面介绍的家具连接件中螺纹的画法都被简化成粗虚线，这只有在家具制图这一范围内适用。对于设计与制造家具连接件，包括拉手、铰链等它们的图纸都是要按国家标准的规定画法来画螺纹件的，因此我们应知道螺纹连接的规定画法。这里先介绍一些有关螺纹的最基本知识。

外螺纹——在零件外表面的螺纹。如螺钉、螺栓上的螺纹。见图 1－50（a）。

内螺纹——在零件内表面的螺纹。如螺母、螺孔中的螺纹。见图 1－50（b）。

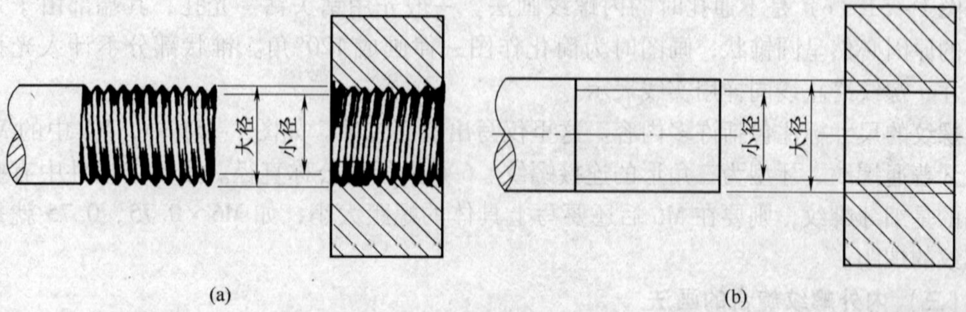

图 1－50　外螺纹和内螺纹

牙型——在通过螺纹轴线的剖面上得到的轮廓形状。螺纹有多种用途，由此其牙型也不同，用作连接的螺纹其牙型为三角形。

大径——螺纹的最大直径。通常用大径表示螺纹的公称直径。

小径——螺纹的最小直径。

螺距——螺纹相邻两牙对应点之间的轴向距离。

同一大径尺寸条件下，螺距和小径都有一定的尺寸，这是一般的粗牙普通螺纹。家具连接件中用的螺纹有的为细牙普通螺纹，即同一大径尺寸时，螺距较小而小径较大。

内外螺纹要求大径、小径、牙型、螺距等都相同才能相互旋合。

（二）螺纹的规定画法

1. 外螺纹画法

见图 1－51（a）所示。外螺纹大径画实线，小径画细实线，用实线表示螺纹终止线。在表现为圆的视图上，大径画实线圆，小径画约 3/4 的细实线圆。外螺纹一般都画成外形视图，包括全剖视时。但若中间是空的如管螺纹等才画成剖视状。

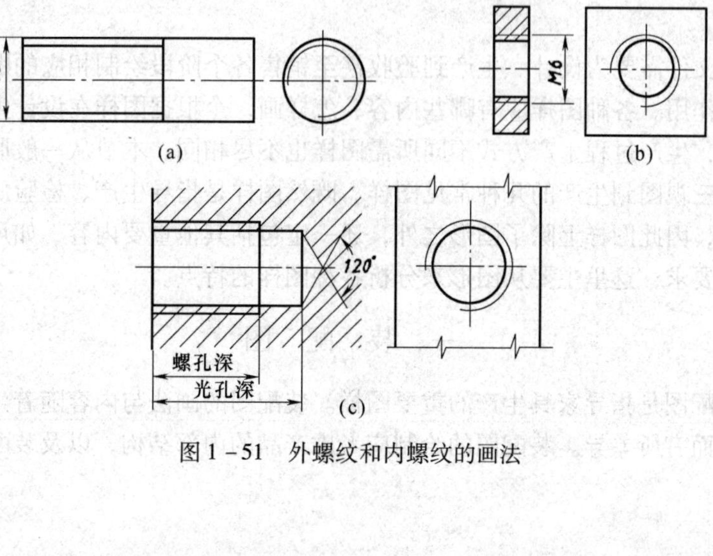

图 1－51　外螺纹和内螺纹的画法

小径的尺寸是由大径尺寸决定的，前已说过粗牙细牙不同。但一般画图时，常常将实线和细实线之间的距离画成1mm左右，以简化作图。

2. 内螺纹画法

画内螺纹一般都取剖视状，这时大径画细实线，小径画实线。注意剖面符号要画到实线，不要留空。另一视图上小径为实线圆，大径为约3/4的细实线圆。见图1－51（b）。

图1－51（c）是不通孔时的内螺纹画法。一般先用钻头钻一光孔，其端部由于刀具钻头的原因必然呈圆锥状，画图时为简化作图一律画成120°角。锥状部分不计入光孔深度尺寸。螺纹终止线同样用实线表示。

螺纹的尺寸标注包括许多内容。这里仅写出前面二项。如图1－51中，M6中的M是指粗牙普通螺纹，牙型为三角形的连接螺纹。6是大径的公称直径。家具连接件中有些螺纹用的是细牙螺纹，则要在M6后还要写上具体的螺距大小，如M6×0.75，0.75就是细牙螺纹的螺距。

（三）内外螺纹旋合的画法

图1－52所示是内外螺纹旋合时的画法。主视图为全剖视图，内外螺纹旋合部分仍按外螺纹画法画。虽是全剖视，外螺纹按规定仍以外形视图形式画出。主视图上内外螺纹大径粗细不同，但因尺寸一致所以处在同一条直线上，小径也一样。另外剖面线都应画到实线。其次看左视图，现在画的是内外螺纹旋合部分的A—A剖视。可见也是按外螺纹画，大径画实线圆，小径画约3/4细实线圆，但注意这个视图上外螺纹杆件要画剖面线，且剖面线方向要与内螺纹所在零件的剖面线方向不同，以示区别为两个零件。而同一带螺纹孔的零件的剖面线方向与间距，无论画几个剖视图都要完全一致。

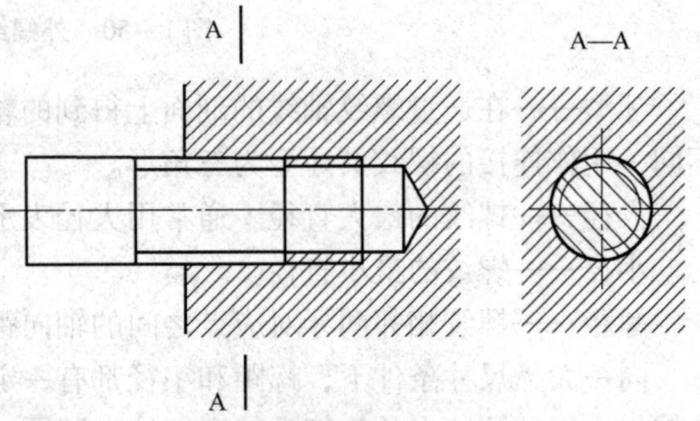

图1－52 内外螺纹旋合画法

第三节 家具图样

家具工艺文件需要为设计、生产到验收甚至销售各个阶段绘制相应的图。图样起着传递信息的重要作用。各种图样应有哪些内容，怎样画，全根据图样在设计生产过程中各阶段的实际需要，生产过程生产方式不同所需图样也不尽相同。本节从一般原则上介绍家具工艺文件中从三视图到生产的几种常见图样。既然图样是指导生产、检验质量和核算成本等的重要依据，因此图样上除了图形之外，还一定包括其他重要内容，如尺寸、涂饰、精度等级等技术要求，这里主要从图形来分析各种图样的特点。

一、装配图

家具的装配图是指导家具生产的重要图样。装配图的画法与内容随着生产方式、规模的大小的不同而有所差异。装配图的绘制应考虑产品的内部结构，以及装配方法和技术要求。目前家具装配图主要有结构装配图、装配图和装配（拆卸）立体图这样三种类型。

（一）结构装配图

结构装配图不仅是用来指导已加工完成的零件、部件装配成整体家具用，还指导一般零件部件的配料和加工制造，也即常取代零件图和部件图，整个生产过程基本上就靠这一种图纸。因此结构装配图不仅要求表现家具的内外结构、装配关系，还要能表达清楚部分零件、部件形状，尺寸也较详尽。如图 1－53 是挂裤架的结构装配图。图中画了基本视图、侧视图、侧剖视图，为充分显示装配关系和结构，同时画了一个局部详图。可以说局部详图是家具结构装配图的必要图形。为便于看图，画局部详图要注意如下几点：一是比例一般取 1∶2 较多，也可取 1∶1 原值比例；二是各有关的局部详图要有联系的排在一起，以双折线断开即可；三是局部详图与基本视图画在一张图纸上时，局部详图要靠近基本视图被放大的部分，这些都是为了便于看图查找。

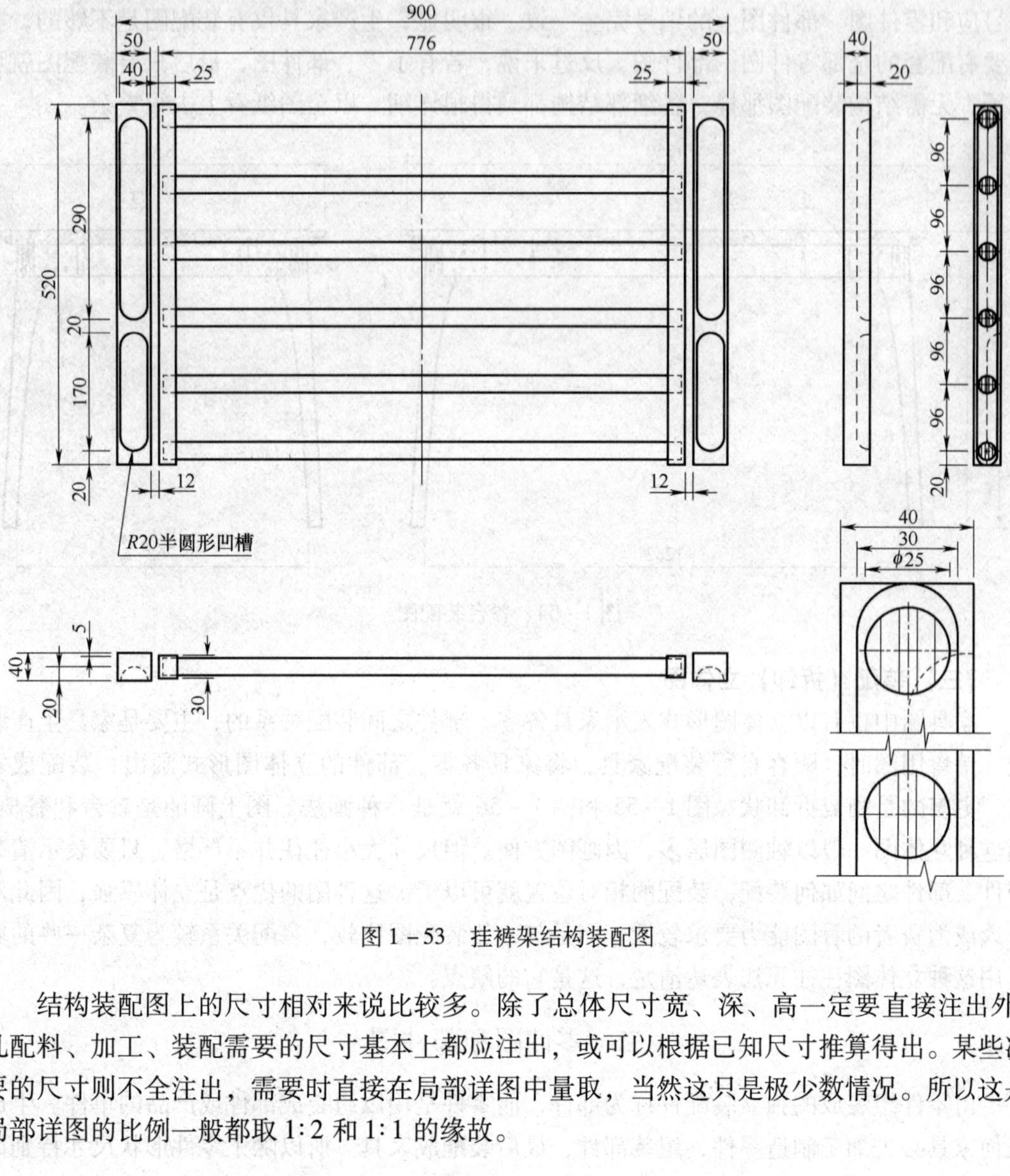

图 1－53 挂裤架结构装配图

结构装配图上的尺寸相对来说比较多。除了总体尺寸宽、深、高一定要直接注出外，凡配料、加工、装配需要的尺寸基本上都应注出，或可以根据已知尺寸推算得出。某些次要的尺寸则不全注出，需要时直接在局部详图中量取，当然这只是极少数情况。所以这是局部详图的比例一般都取 1∶2 和 1∶1 的缘故。

除此之外，凡加工装配所要注意的技术条件也都应注写在结构装配图上。与结构装配图配套的还有零、部件明细表，上列零部件名称，材料，规格尺寸等，还包括连接件、涂料用量、品种等。较简单的家具明细表也可直接画在标题栏上方。

（二）装配图

装配图的作用是在家具零、部件都已加工完毕和配齐的条件下，按图要求进行装配成产品。因此，装配图比结构装配图要简化得多。因为装配图不需要将零件部件的形状尺寸表示清楚，仅仅表明其在整个家具中的位置以及与其他零、部件之间装配关系即可。图1－54就是餐台的装配图，一般装配图都不画局部详图，尺寸也比结构装配图少得多，仅注出家具装配后要达到的尺寸，如总体尺寸宽、深、高，容腿空间尺寸等。另外，装配图一般都要将主要零、部件编号（连接件除外），注意零部件编号的要求，要按顺序围绕视图外围转，顺时针或逆时针方向均可，目的是为了容易对号查找。当然，零件、部件的编号应和零件图、部件图上的编号完全一致。很明显，生产家具仅有装配图是不够的，必须要有配套的全部零件图、部件图。反过来说，若有了零、部件图，最后只要装配图就可以了，无需结构装配图那样，各细部结构都画得很详细，以至图纸看上去很繁杂。

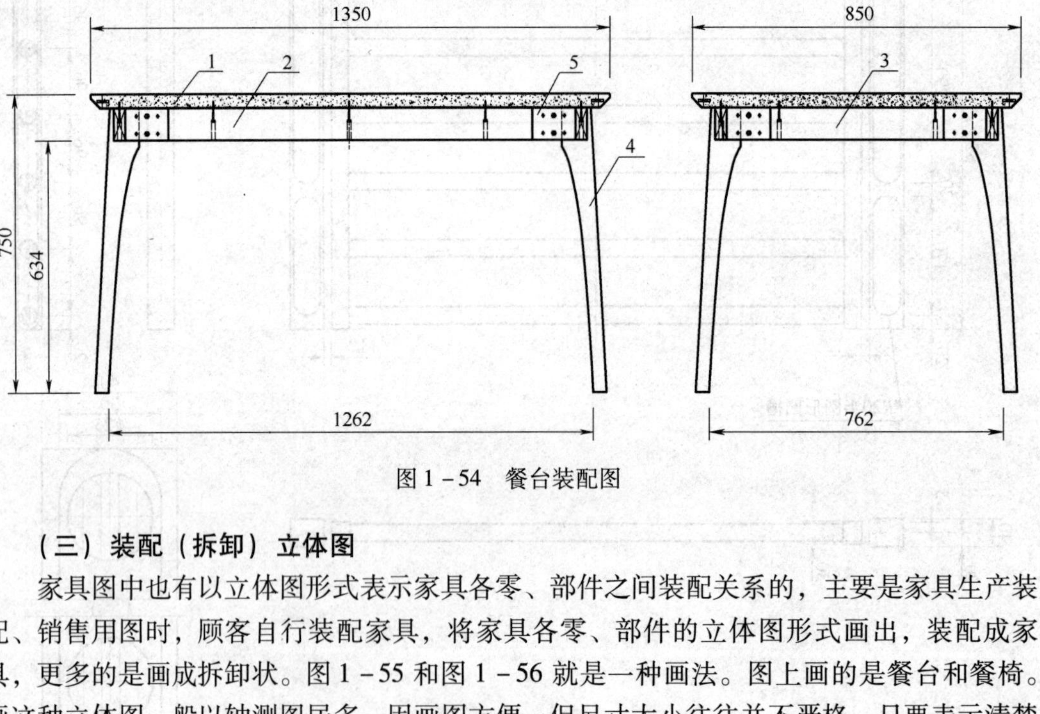

图1－54 餐台装配图

（三）装配（拆卸）立体图

家具图中也有以立体图形式表示家具各零、部件之间装配关系的，主要是家具生产装配、销售用图时，顾客自行装配家具，将家具各零、部件的立体图形式画出，装配成家具，更多的是画成拆卸状。图1－55和图1－56就是一种画法。图上画的是餐台和餐椅。画这种立体图一般以轴测图居多，因画图方便。但尺寸大小往往并不严格，只要表示清楚零件、部件之间如何装配，装配的相对位置就可以了。这种图的优点是立体感强，因此对工人或消费者的看图能力要求较低。但是与一般装配图比较，装配关系较为复杂一些的家具用这种立体图往往无法表达清楚，这是它的缺点。

二、零件图和部件图

由零件组装成的独立装配件称为部件，而零件是用以组装成部件或产品的单件。生产任何家具必先加工制造零件，组装部件，最后装配成家具。所以除了零件形状尺寸特别简单的不画零件图外，一般情况下都有部件图和零件图，板式家具更是如此。

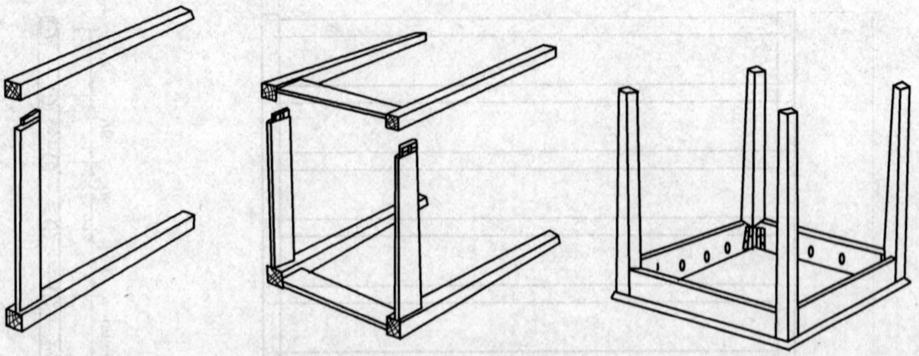

图 1－55　餐台装配立体图

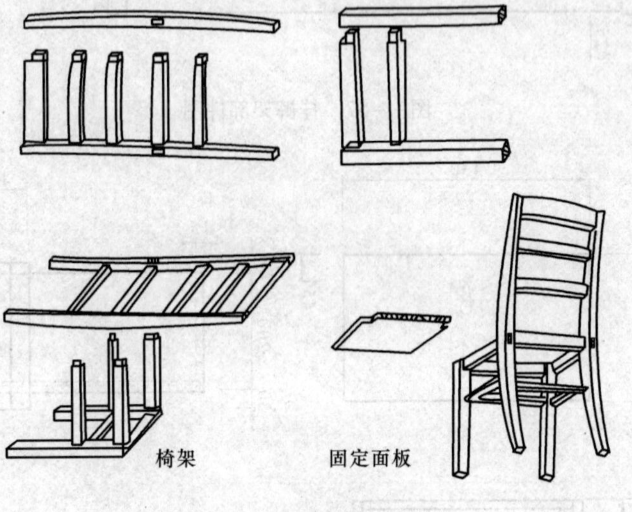

图 1－56　餐椅装配立体图

（一）部件图

家具中经常见到的如抽屉，各种侧板、脚座等都是部件。有了部件图，组成该部件的零件一般就不再有零件图。图 1－57 是挂裤架部件图，图 1－58 是弧形柜桶部件图。从两个部件图中可看到，挂裤架由 8 个零件组成，弧形柜桶由 5 个零件组成，为了要使部件能与其他有关零件或部件正确顺利地装配成家具，部件上各部分结构不仅要画清楚，更重要的是有关连接装配的尺寸特别要注意不能搞错，不能遗漏。

尺寸一般可大致分为两类，一是大小尺寸，例如孔眼的直径，凹槽的宽深，总体的宽深高等，很明显这类尺寸是决定形状的，所以也称定形尺寸。另一类就是定位尺寸，如孔的位置尺寸，包括孔眼距离零件边缘基准的尺寸，孔与孔之间的距离尺寸等。部件图不仅形状尺寸都要齐全，其他有关生产该部件的技术要求也都要在图样上注明。当然一个部件就要有单独的一个图框和标题栏。

（二）零件图

家具中除了部件外就是作为单件出现的零件了。零件可以分为二类：一是直接构成家

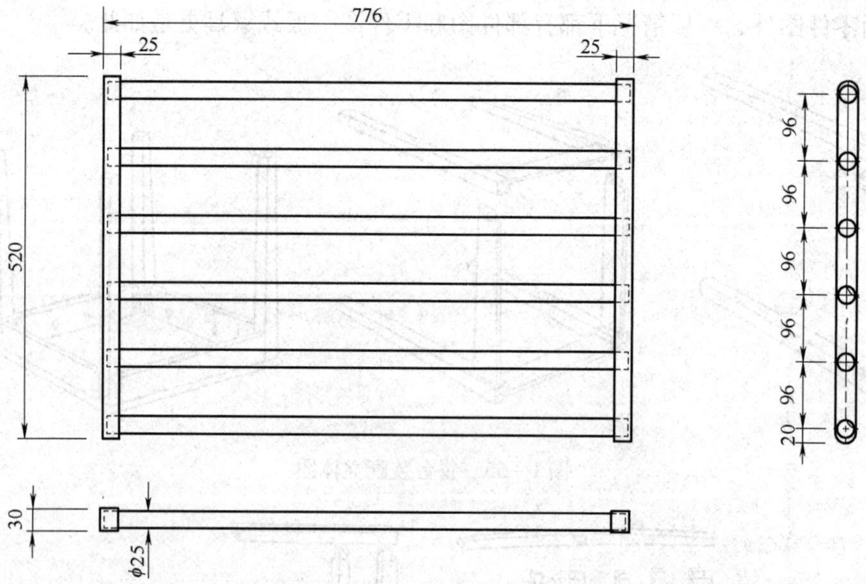

图 1－57　挂裤架部件图

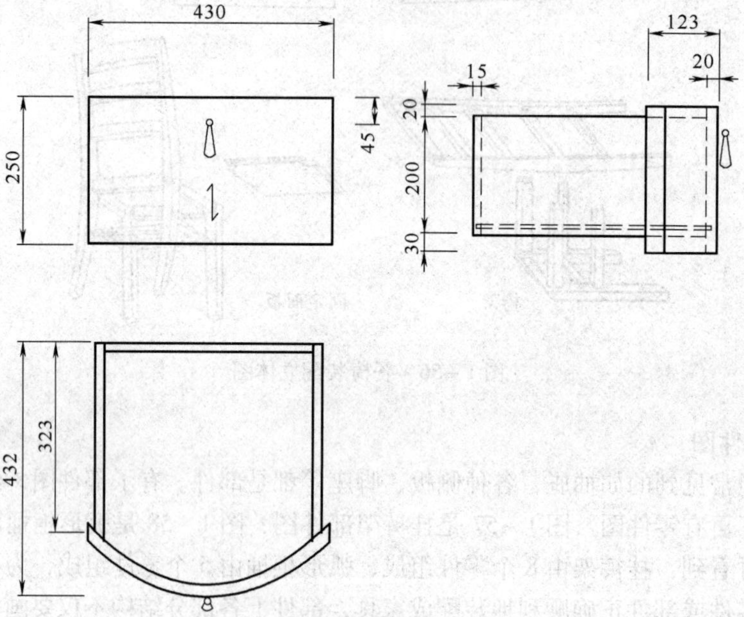

图 1－58　弧形柜桶部件图

具的如腿脚、望板、挂衣棍等，以及组成部件的如屉面板、屉旁板等；还有一类就是各种连接件，如圆钉、木螺钉和各种专用连接件等。后一类零件一般都是选用市场上有售的标准件，只需按要求注明规格型号、数量、要求等选购就可以，当然无需图样。

图 1－59 是会议椅的帽头零件图。由于该帽头是由一块实木木材做成，没有其他附件装在上面，所以是零件。从图中可看到，形状结构并不复杂，主要是榫眼和孔眼，必然要有一系列孔眼的大小尺寸与定位尺寸。

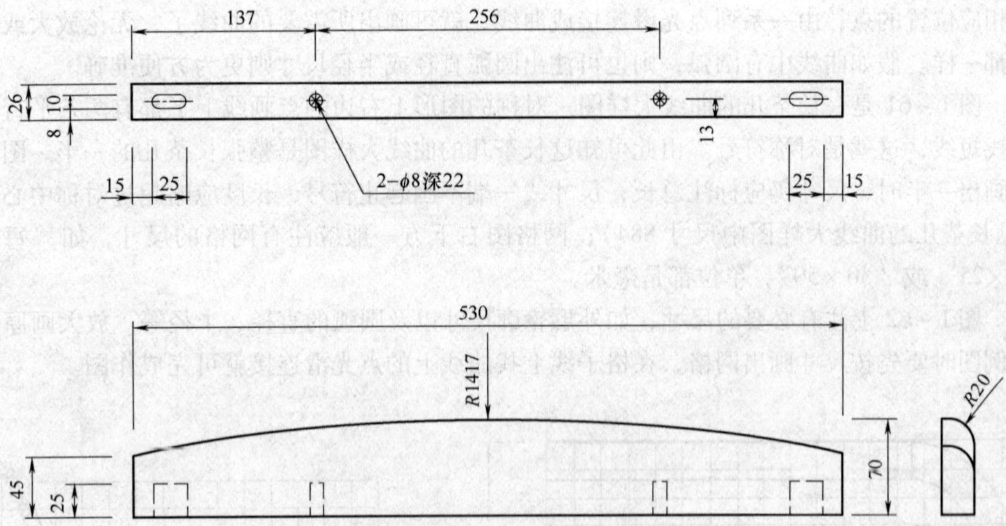

图 1-59 会议椅帽头零件图

图 1-60 是文件柜门板零件图，也有一系列孔眼的大小尺寸与定位尺寸。

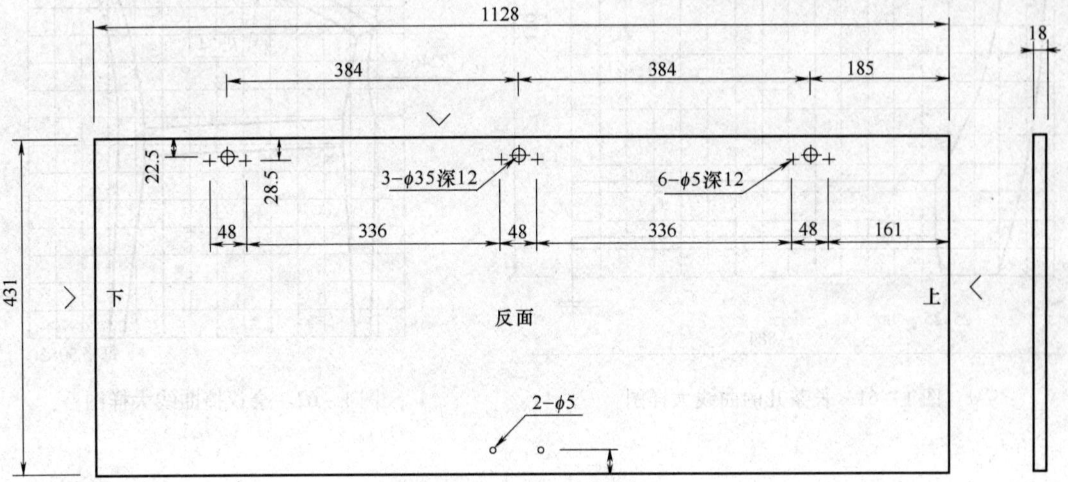

图 1-60 文件柜门板零件图

当然，凡是对零件成品应该有的技术要求，在零件图上都必须注写清楚。零件图中画的零件即使图形简单，尺寸也不多的情况下，也应一个零件一个图框，选择标准图纸幅面，标题栏中应填写的栏目都应写全。避免一个图框内同时画几个零件的零件图。

（三）大样图

家具中某些零件有特殊的造型形状要求，在加工这些零件时常要根据样板或模板画线，最常见的如一般曲线形零件，就要根据图纸进行放大，画成 1∶1 原值比例，制作样板，这种图就是大样图。大样图也常先画成原值比例大小，以此图为准画线制作样板。对于平面曲线一般用坐标方格网线控制较简单方便，只要按网格尺寸画好网格线，在格线上取相应位置的点，由一系列点光滑连接成曲线，就可画出所需要的曲线了，无论放大或缩小都一样。假如曲线中有圆弧，则也可注出圆弧直径或半径尺寸则更为方便准确。

图1－61是一长茶几的曲线大样图。对称的图形上右边的点画线上下都有两条平行细实线短线，这就是对称符号。由此可知这长茶几的曲线大样图是整张长茶几的一半。图形只画出一半时，尺寸仍应标注总长，尺寸线一端不画起止符号，长度应略超过对称中心线（见长茶几的曲线大样图中尺寸884）；网格图右下方一般应注有网格的尺寸，如“每格25×25”或“50×50”，单位都是毫米。

图1－62上注有必要的尺寸，如外形轮廓尺寸以及圆弧的直径、半径等。放大画原值比例图时要先按尺寸画出网格，在格子线上找曲线上的点光滑连接就可完成作图。

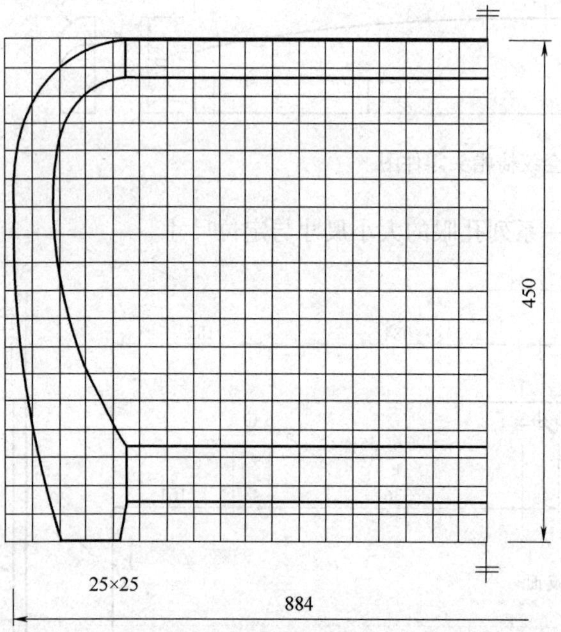

图1－61 长茶几的曲线大样图

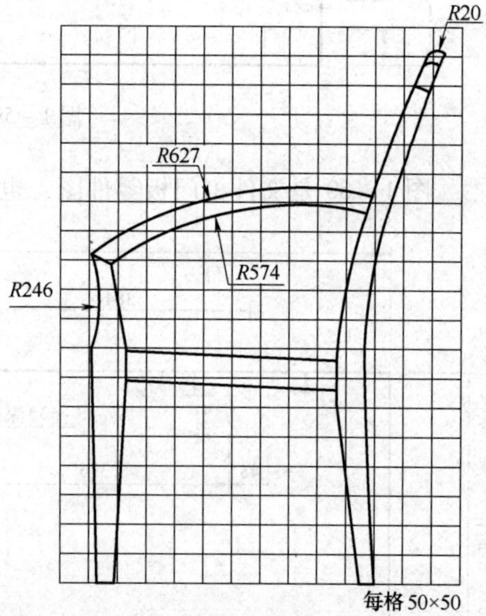

图1－62 会议椅曲线大样图

三、尺寸标注的基准选择

家具尺寸种类有：

①外形总体尺寸，总体尺寸指家具的总宽、总深、总高或指家具零部件的最大轮廓尺寸。

②功能上要求的尺寸，如桌高、椅座高、书柜中搁板之间的净空尺寸、家具中抽屉尺寸等，功能尺寸中还要考虑与之配套家具相适应的尺寸，如餐椅扶手高和餐桌空位高等。

③定形尺寸（或叫大小尺寸）是指各部分形状大小的尺寸。如零件的长、断面尺寸，孔眼的直径、深度等。

家具图样上的尺寸如何标注涉及因素颇多。首先要符合标准中规定的基本方法，如尺寸线，尺寸界线起止点等画法，尺寸数字写法，直径、半径尺寸的注法等，但这还很不够。因为注尺寸是为了制造出符合设计要求的产品，还不能处处都要求很高的精度，这样降低了生产率，提高了成本，严重的甚至无投产价值。所以注尺寸时还要考虑哪些尺寸重要，必须保证一定的精度；哪些尺寸可以精度低些，不影响质量和家具等级；哪些尺寸的精度应如何确定等。

（一）家具的尺寸链

如图1－63零件上有一排孔眼，注出的尺寸A、B、C、D、E、F形成一个首尾相接的“链条”，这就是尺寸链。组成尺寸链的各个尺寸为尺寸链的“组成环”。如图1－63所示的两尺寸链各环是相连的，其中（1）为$B+C+D+E+F=A$，（2）为$B_1+C_1=A_1$，这种形式是封闭的尺寸链。只有各尺寸都没有什么精度要求时才能这样注出。因为这里不明确首先要保证哪些组成环的尺寸精度，而哪些尺寸精度可稍差些。如（1）中，若B、C、D、E、F各环尺寸都略大些，从误差角度来分析，这就会形成积累误差，则A就更大。

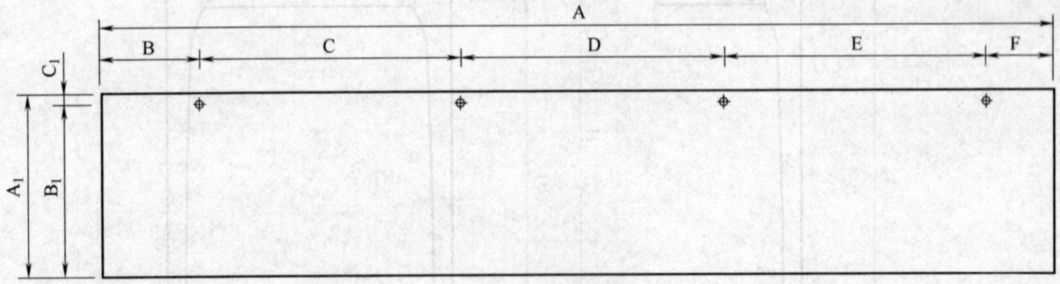

图1－63 尺寸链

（二）家具尺寸注法中的基准选择

我们再来分析一下图1－64，图中是设计图上注出的几个尺寸。A和B都是从地上标起，这样水平地面就是量尺寸的起点，这就是铅垂方向上尺寸的一个基准，图上暂用一短粗线表示。

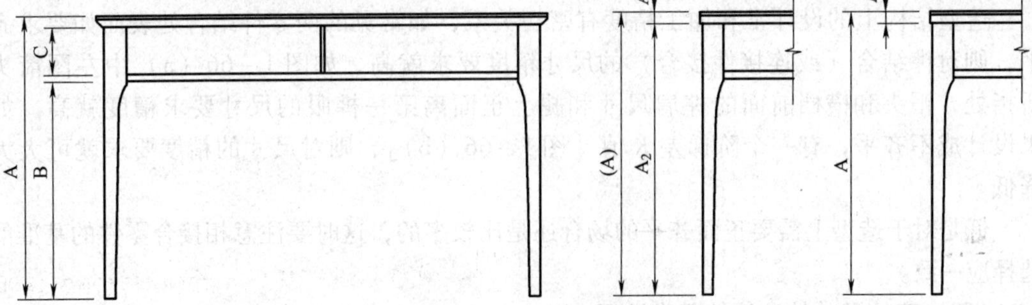

图1－64 桌台尺寸的注法

其中尺寸A是靠装配时A_1和A_2两尺寸相加获得的（图1－64中间图），而实际注尺寸将其中较次要的一环不注出，形成开口的尺寸链。如要求不太高时，即可以装配后再作修正，可注成图1－64右图那样，因A_1桌面厚不易修正，只有修正腿长来满足桌高的要求。如不容许修正 A_1 和 A_2，且要保证 A 的尺寸，就要经过计算，确定 A_1 和 A_2 的公差，使保证在装配后达到 A 的预定尺寸精度。实标上桌高尺寸 A 因为不是配合尺寸并不要求十分精密，加工图纸上注出 A_1 和 A_2 是合适的，A 只是参考尺寸，可注出但用括弧括起来较好。

再来看另一个尺寸。即图 1－65 中抽屉高度尺寸 C。这是有配合要求的重要尺寸，在加工图纸中一定要注出，并应规定其偏差，以保证抽屉在抽屉孔中滑动，而间隙又不能过大。因此在装上桌面前，该部件的尺寸链是 B＋C＝H，如图 1－65。一般的加工装配情况，首先要保证 C，基准可选在 C 的上沿，其他尺寸的基准就不太重要。因此该尺寸链中应该去掉 B 环而留空，也即让误差都集中到 B 环。

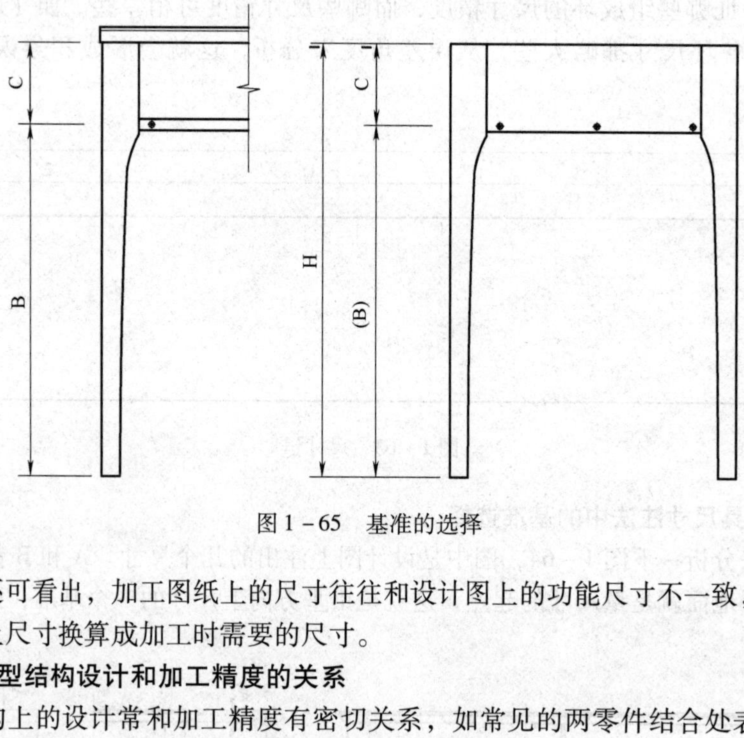

图 1－65　基准的选择

从该例还可看出，加工图纸上的尺寸往往和设计图上的功能尺寸不一致，正确的是应该由设计图上尺寸换算成加工时需要的尺寸。

（三）造型结构设计和加工精度的关系

造型结构上的设计常和加工精度有密切关系，如常见的两零件结合处表面如要求齐平，则对榫结合（或连接件接合）的尺寸精度要求就高，如图 1－66（a）中左图箭头所指处，帽头和横档前面的榫肩尺寸和腿上正面离第一榫眼的尺寸要求精度就高。如果设计成不齐平，有一个阶梯差 K 值［图 1－66（b）］，则对尺寸的精度要求就可大大降低。

但是对于造型上需要正面齐平的场合还是比较多的，这时要注意相接合零件的基准的选择应一致。

（四）定位尺寸的注法的基准选择

定位尺寸是指决定某一形体的位置的尺寸，如孔的位置尺寸等。

标注定位尺寸时，要与加工工艺结合起来考虑，就是要注意尺寸基准的问题。尺寸基准简单说来，就是尺寸从这部分算起，以这部分为基准标注尺寸。基准的选择及定位尺寸的标注需注意以下几方面的要求：

（1）以非加工端为基准标注定位尺寸，见图 1－67。

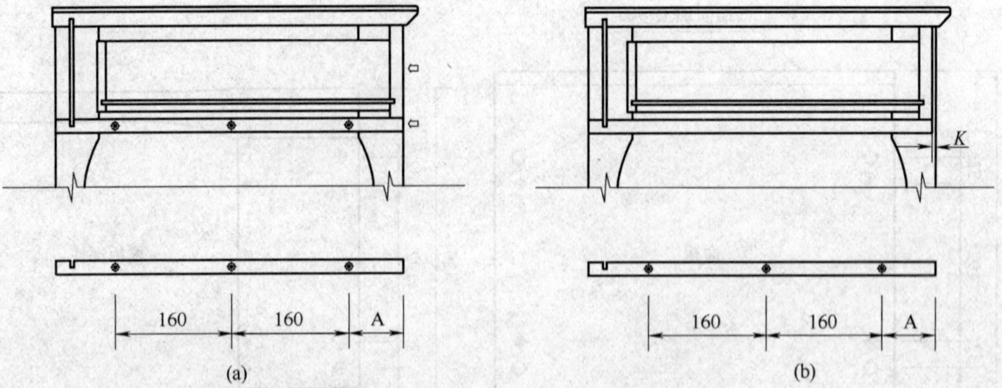

图 1－66　设计造型和加工尺寸精度的关系

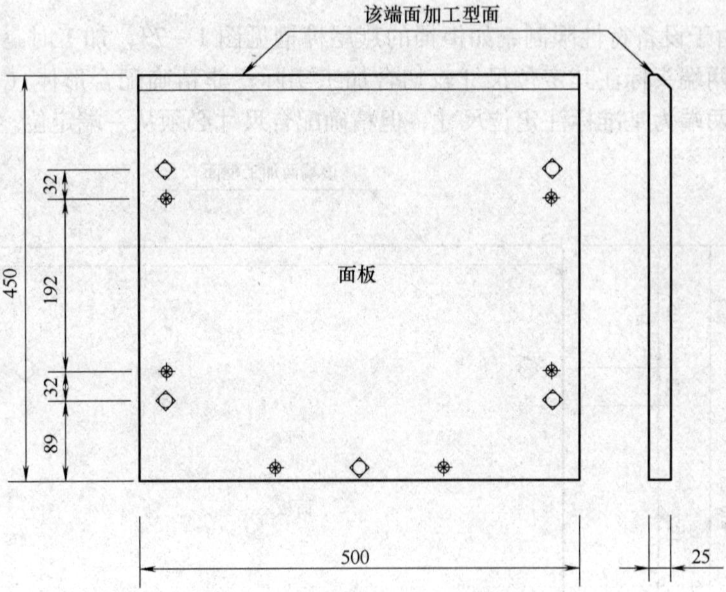

图 1－67　以非加工端为基准标注的定位尺寸

（2）注意两配合零部件加工基准选择的一致性。如图 1－68，侧旁板与面板的木榫、连接件的孔位配合统一从后部定位；以一端为基准标注所有形体的定位尺寸，如图所示木榫、连接件的孔统一从后部标注定位尺寸是正确的。

（3）定位尺寸不能标注成封闭尺寸链，如图 1－69 把木榫孔及连接件孔定位尺寸标注为封闭尺寸链是错误的。

（4）定位尺寸的基准和安装五金件的孔无关，如图 1－70（b）的定位尺寸标注尺寸链是错误的。

（5）定位尺寸的基准和安装五金件的要求有关，如图 1－71、图 1－72（b）的定位尺寸标注尺寸链是错误的。

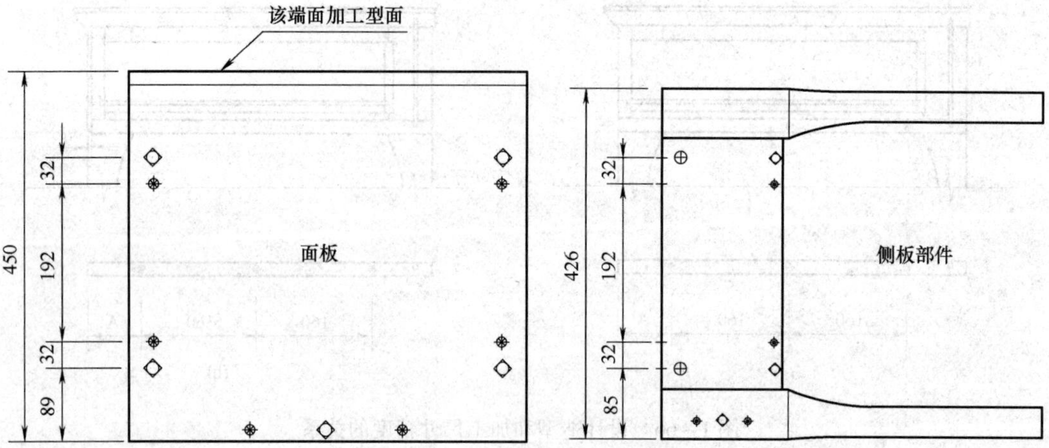

图 1－68　两配合零部件加工基准选择的一致

（6）如由于设备特性限制，如柜桶的燕尾榫槽见图 1－73，加工时是两头定位分别加工的，各从两端头标注其定位尺寸较切合加工实际；非精确配合形体（如螺钉孔等），也可以不同的两端为基准标注定位尺寸，但精确配合尺寸必须从一端定位。

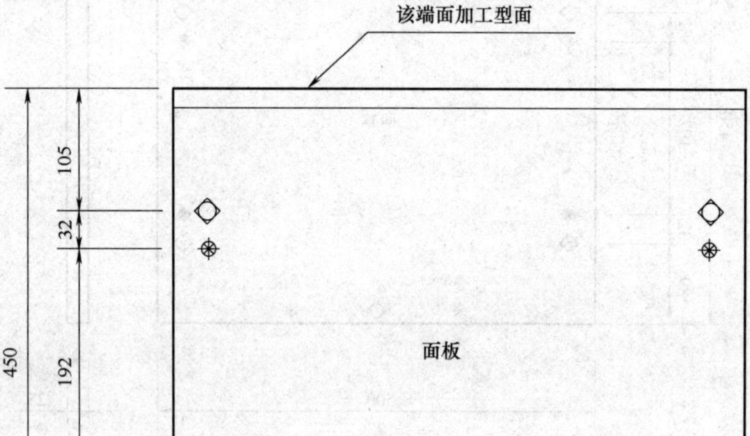

图 1－69　加工基准标注为封闭尺寸链是错误标注

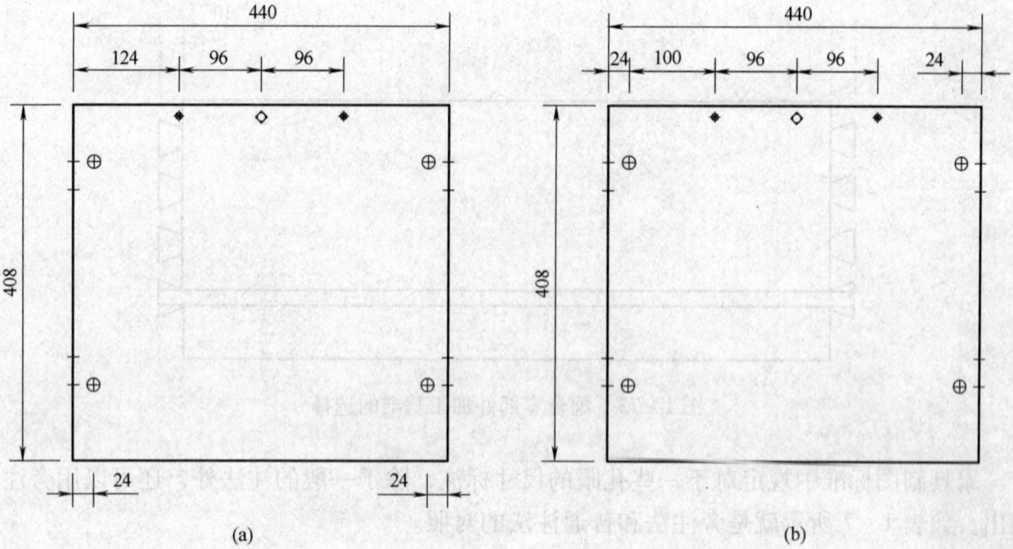

图 1－70 定位尺寸的基准和安装五金件的要求无关

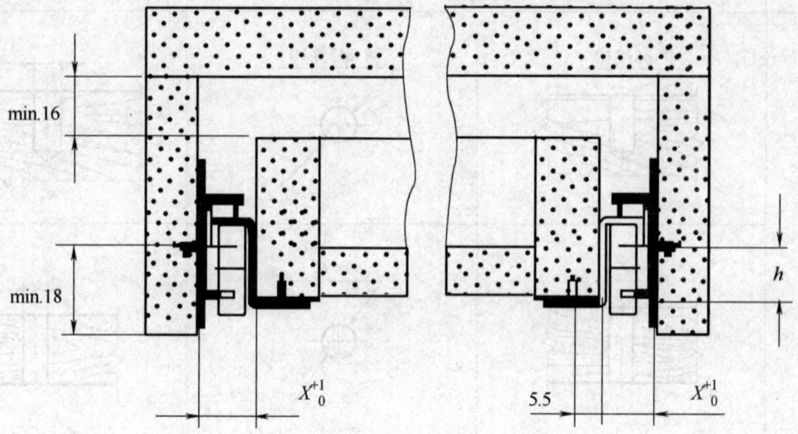

图 1－71 抽屉安装五金件的尺寸参数

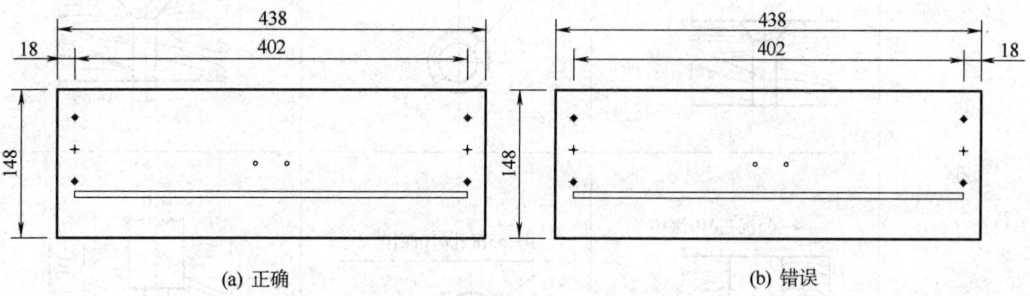

图 1－72 定位尺寸的基准和安装五金件的要求有关

图 1－73　配合零部件加工基准的选择

家具制图标准中规定对于一些孔眼的尺寸标注，除了一般的注法外，还可以用旁注法注出，如表 1－7 所示就是旁注法和普通注法的对照。

表 1－7　　家具孔眼的尺寸标注

类型	旁注法		普通注法
光孔	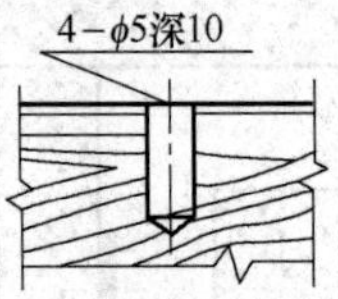	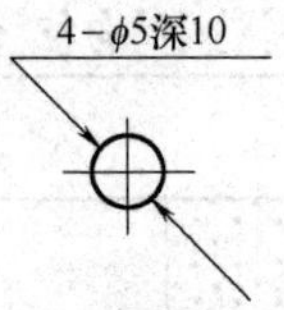	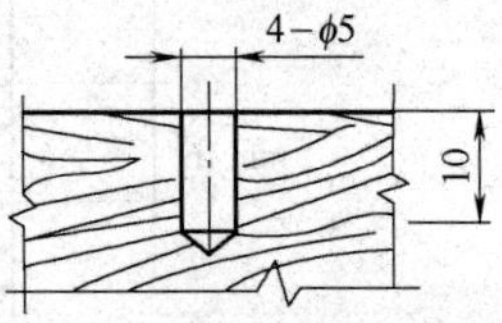
	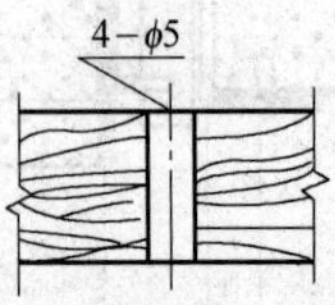		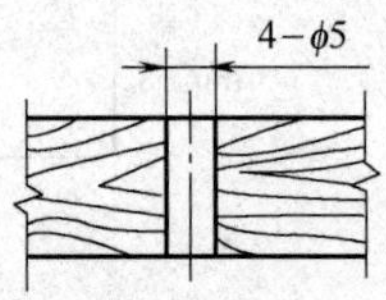
沉孔	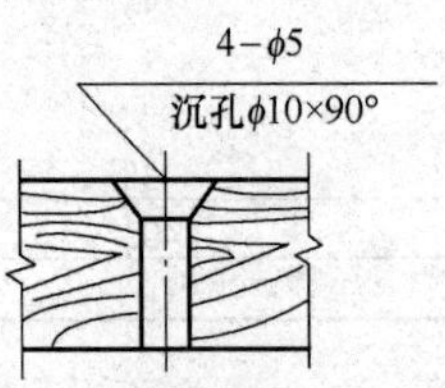	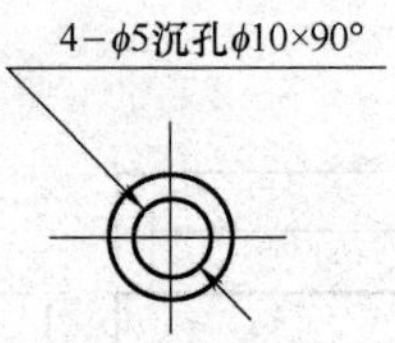	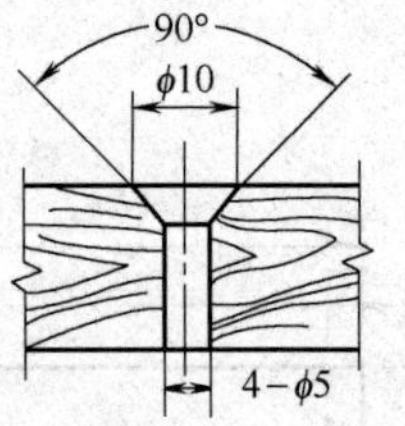
	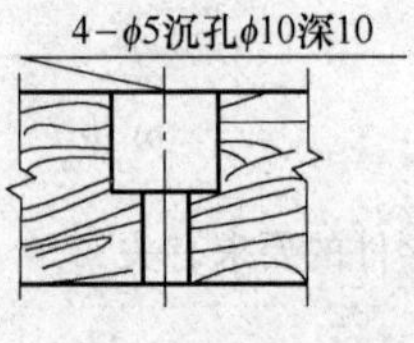	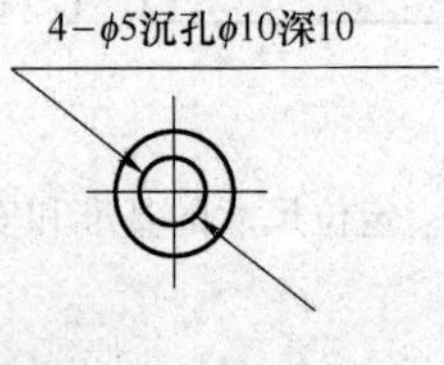	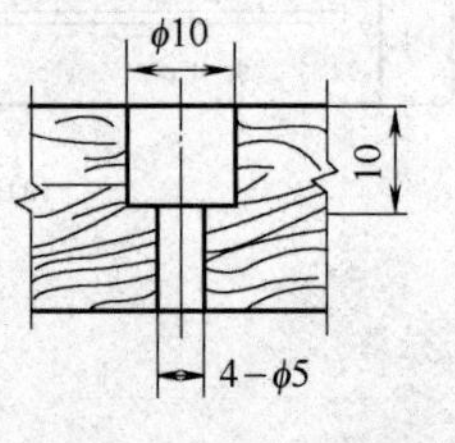

续表

<table>
<tr><th>类型</th><th colspan="2">旁注法</th><th>普通注法</th></tr>
<tr><td rowspan="2">方孔</td><td>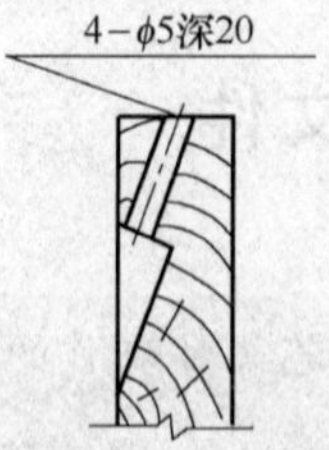
</td><td>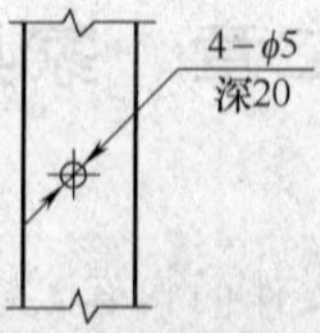
</td><td>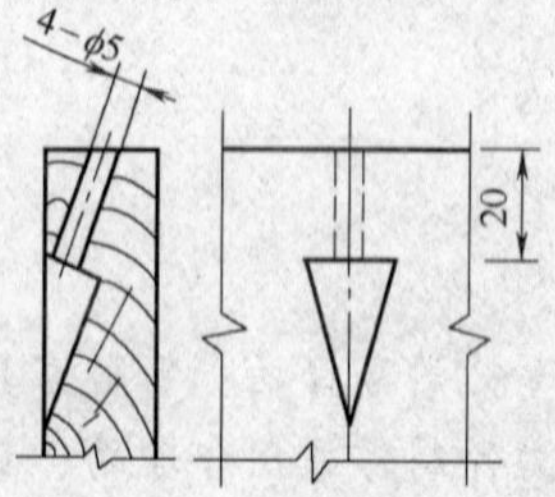
</td></tr>
<tr><td>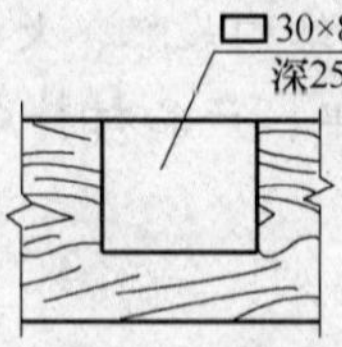
</td><td>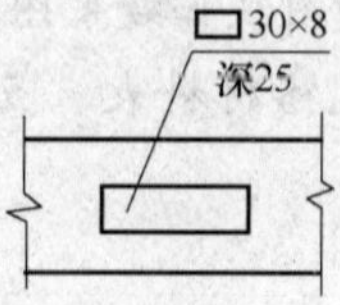
</td><td>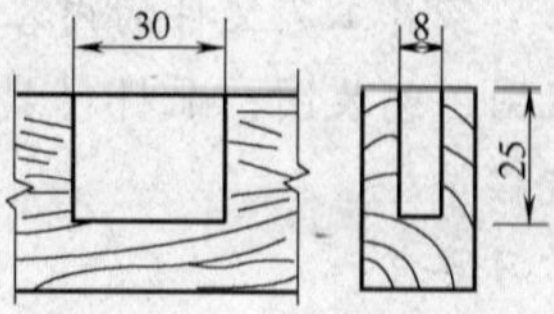
</td></tr>
</table>

复习思考题

1. 家具图纸的幅面代号有哪几种？
2. 简述家具制图中常用图线的名称和用途，图线的宽度有几种？
3. 家具的图样有哪几种？
4. 家具图样的尺寸标注应注意什么？
5. 如何画好家具的大样图？

第二章　家具工艺文件

学习目的：了解家具工艺文件的内容，掌握家具工艺文件制作的方法，为家具工艺文件制作采用合理的、正确的家具生产工艺设计。

学习内容：

家具工艺文件的内容：各种图纸如效果图、三视图、结构装配、大样图、加工图、安装图、包装图；配料（裁板）规格材料表、五金材料清单、产品材料成本核算表；工艺流程等。

学习要求：

了解家具工艺文件基本的内容：家具工艺文件的标准要求及制作使用。

通专结合点：

1. 培养系统性了解家具工艺文件的要求，掌握家具工艺文件制图最基本的内容及要求。

2. 培养学生查阅资料的能力，了解现代家具工艺文件的最新发展动向。

第一节　家具工艺流程

家具木制品、人造板的加工工艺过程按照加工过程来说是大致相同的，都可分为毛料加工、净料加工、装配加工、涂装加工、包装等。但是由于产品设计、结构设计、材料使用、加工设备等的不同，其加工工艺流程也会有所不同，因而生产、管理、质量监控、成本核算也会有所不同，本章列举一些典型的加工工艺流程加以分析说明。

一、配料加工的工艺流程

（一）配料方法

家具木制品的配料和板式的裁板都有两种加工方法。

（1）单一配料法　即在同一锯材或人造板幅面上，加工生产出一种规格的方材或板件的毛料。

（2）综合配料法　即在同一锯材或人造板幅面上，加工生产出两种以上规格的方材或板件的毛料。

两类配料方法的出材率各不相同，前者一般来说出材率较低，后者则是能很好地解决出材率较低的途径。实际生产时将两种方法综合运用来提高出材率。

（二）配料工艺

1. 先横截后纵剖的配料工艺

这种工艺适合于原材料较长和尖削度较大的锯材配料，采用此方法可以做到整件锯材横截成各种长、短材、长短搭配和在车间内的运输较为方便等。同时在横截时，可以去掉锯材的一些缺陷，但是有一些有用的锯材也被锯掉，因此锯材的出材率较低。如图 2 – 1 所示为先横截后纵剖的配料工艺。

2. 先纵剖再横截的配料工艺

这种工艺适合于大批量生产以及原材料宽度较大的锯材配料。纵解后的长条方材横解时可以有效地去掉锯材的一些缺陷，有用的锯材被锯掉的少，是一种提高木材利用率的好办法。同时，纵向锯解较先横截后纵剖的纵向锯解次数大大减少，因而生产率也较高，但是，由于锯材长，车间的面积占用较大，运输锯材时也不方便。如图 2 – 2 所示为先纵剖再横截的配料工艺。

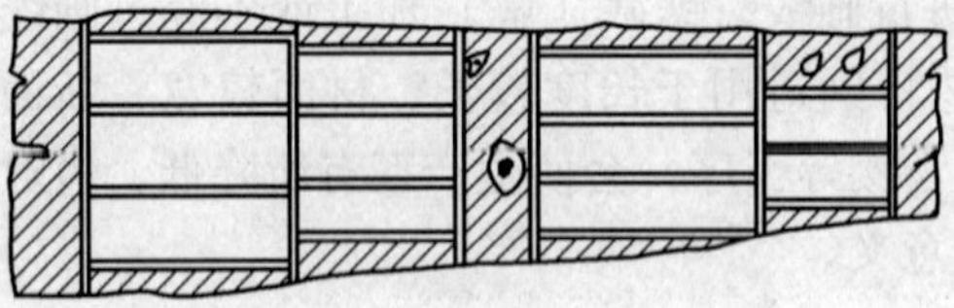
图 2 – 1　为先横截后纵剖

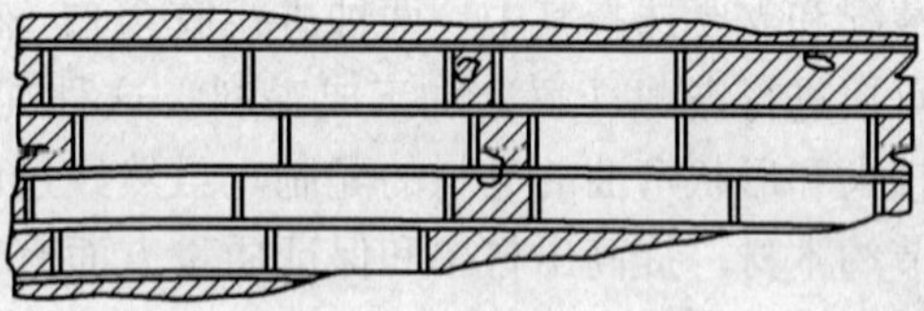
图 2 – 2　先纵剖再横截

3. 先画线再锯截的配料工艺

采用这种工艺主要是为了套裁下料，可以极大地提高木材利用率。在实际生产中主要是针对曲线形零部件的加工，特别是使用锯制曲线件加工的各类零部件。如图 2 – 3 所示为先画线再锯截。

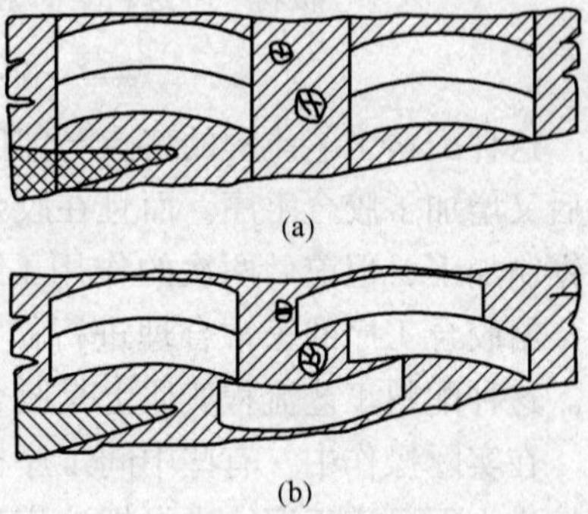

图 2 – 3　先画线再锯截

4. 先粗刨后锯截的配料工艺

采用先粗刨后锯截的配料工艺，主要目的是为了暴露木材的缺陷。在配制要求较高的方材毛料时，这种配料工艺被广泛地采用。粗刨后的配料应根据锯材的形式采用不同的锯解方案。

先粗刨后锯截的配料工艺流程如下：

板材 → 选料 → 粗刨 → 划线 → 锯解 → 毛料

这种配料工艺流程的特点是：板材经选料之后，先经过刨削加工（粗刨），可使板面上的缺陷、木材纹理以及材色更加明显地表露出来，以便能更好地实现合理配料，以提高配料质量和出材率。刨削加工根据具体情况可进行两面粗刨，也可进行一面粗刨；每一种粗刨之后都可以分别进行直接锯截、直接纵解或先进行画线这三种加工工序；而经过画线之后又可以分别进行先横截或先纵解等加工工序直至加工出毛料为止。它实质上又是一种综合性极强的配料工艺流程。这种先粗刨后锯截（解）的综合性的配料工艺，在实际使用中通常都是根据具体情况灵活选用一种具体的配料工艺方案。

先粗刨后锯截综合性配料工艺流程如下：

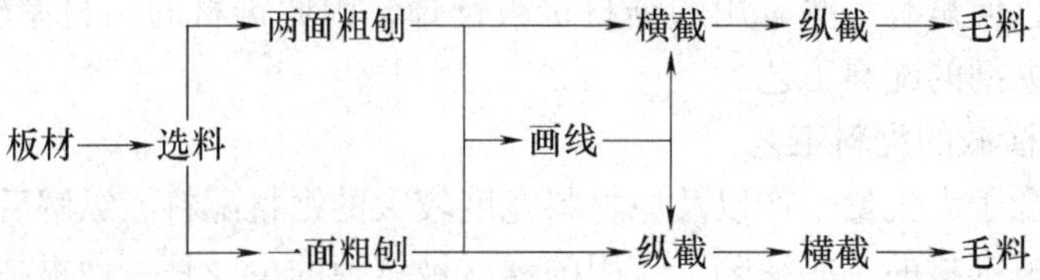

5. 先胶合后锯截（解）配料工艺

这种配料工艺，首先将板材经选料、刨削之后，锯成板段或板条，同时剔除缺陷；然后利用指形榫和平拼法，将板段或板条在长度、宽度和厚度上进行胶合（或者根据实际情况和需要选择其中一两种进行胶合）；然后再进行画线、锯截（解）加工或不经过画线直接进行锯截（解）加工成毛料。这种配料工艺特别适用于长度较长、材面较宽、断面较大和形状弯曲的毛料的配制。虽然经过刨削、齿接等工序，会使生产率有所降低，但对节约木材，提高出材率和保证质量方面有很大的意义。

先胶合后锯截的配料工艺流程如下：

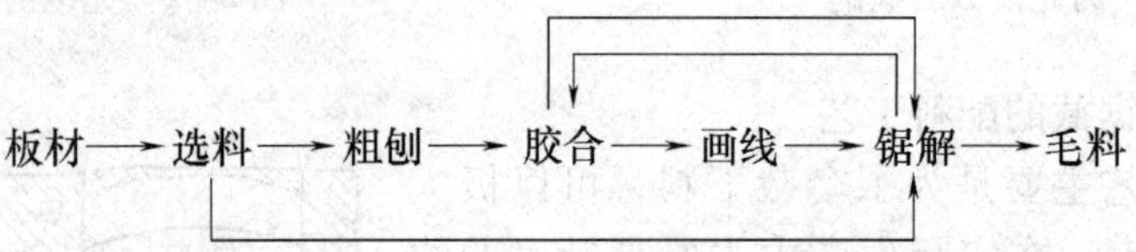

这种配料工艺流程的特点与前四种配料工艺的主要区别是：在经选料工序、粗刨工序之后又增加了胶合工序。而且在胶合工序之前和之后一般都要经过锯制加工，属于两次经过锯制加工，但前后两次的作用不同，在胶合之前进行的锯制加工是为了给胶合工序配料，给胶合工序的正常合理进行做准备；而胶合之后进行的锯制加工则是为了加工成毛料。这种配料工艺流程实质上是胶合工序与前四种配料工艺的综合。

在实际操作中，有些中间工序根据实际情况的不同有所取舍，可以不经过这个工序而直接进入下一道工序，也可把这道工序具体地分为几种不同的工序形式。例如，板材经选料后，一般要进行粗刨加工，但根据情况也可不经过粗刨直接进行锯制加工、拼缝胶合；而粗刨又可分为一面粗刨、二面粗刨，甚至三面、四面粗刨；而每一种粗刨之后，根据实际情况的不同，可先经过画线工序再进行锯制加工，也可根本就不经过画线直接进行不同的锯制加工工序；而画线之后又可分别进行不同的具体的锯制加工工序直至加工出毛料。因此，这种先胶合后锯截（解）综合性的配料工艺流程将比第四种先粗刨后锯截（解）综合性的配料工艺流程更为复杂，其变化形式更为多样，甚至很难能用一种综合性的工艺流程图来完整地、明确地表达出来。

再复杂的事物也是由其基本要素组成的。因此，配料工艺的基本形式就是前两种，其他任何配料工艺形式都是其基本工序（如粗刨、画线、胶合等）与前两种基本配料工艺形式的组合。如果过于追求复杂的、多工序、多因素、综合性的配料工艺流程图，一是很难完整地表达，二是并没有多少实际的意义。

综上所述，在实际生产中，可结合各种不同的配料工艺特点，根据零件具体的技术要求和现有的生产条件，选出最为合理的配料工艺方案，从而保证产品质量，并提高出材率和劳动生产率。

二、单件工件毛料加工工艺流程举例

（1）平刨床加工基准面和边，压刨床加工相对面和边。这种加工方式加工的零部件质量好，但工人的劳动强度较大，生产效率低，它适合于方材毛料不规格及一些规模较小企业的生产。

工艺流程如下：

方材毛料→选料→基准面和边→相对面和边→精截

（2）平刨床加工基准面，四面刨床加工其他面（三个面）。这种加工方式加工的零部件质量好，工人的劳动强度较大，劳动生产率较高，设备利用率较低，它只适合于方材毛料不规格及一些中、小型企业的生产。

工艺流程如下：

方材毛料→选料→基准面→相对面和边→精截

（3）四面刨床一次加工四个面。这种加工方式加工的零部件质量好，但方材的变形率较高，工人的劳动强度小，劳动生产率高，设备利用率高，木材出材率高，它适合于方材毛料规格及连续化生产的企业。

工艺流程如下：

方材毛料→选料→两个面和两个边→精截

三、空芯板板件工艺

（一）双贴面人造板基材的实心板式家具生产工艺

实心板式家具部件的主要基材有胶合板、刨花板、中纤板及细木工板。人造板作基材的板式家具生产工艺流程如下：

薄木准备→薄木剪切→薄木拼缝↓

人造板→定厚砂光→涂胶→组坯→胶压→精截→钻孔→封边→

→型面加工→装配→涂装→验收

（二）双贴面空心板式家具生产工艺

空心板式家具部件的主要基材是空心芯板，空心板式的板式家具生产工艺流程如下：

板材→配料→定厚→截断→钉框↓

覆面人造板裁板→涂胶→组坯→胶压→精截→钻孔→封边→

→型面加工→装配→涂装→验收

空心芯板包括周边框架与空心填料。

1. 制造边框

边框的材料为木材或刨花板，中密度纤维板。实木边框要用同一树种的木材，宽度不宜过大，以免翘曲变形。

边框接合方式有直角榫接合，榫槽接合和“Π”形钉接合等。直角榫接合的木框，接合牢固，但需于装成木框后刨平，以去除纵横方材间厚度偏差。榫槽接合木框刚度较差，但加工方便，只要在纵向方材上开槽，不用再刨平木框，直接合框配坯。“Π”形钉接合边框最为简便，经刨削、锯截加工出纵、横方材，用扣钉枪钉成框架。刨花板或中密度纤维板制作框架时，是先锯成条状，再精截，用“Π”形钉敲框（合框）即可。

2. 空心填料

有栅状，格状、蜂窝状等多种形式，如图2-4所示。

（1）栅状空心填料　如图2-4（a），用条状材料（木条，刨花板条，中密度纤维板条）作框架内撑档，与边框纵向方材间用“Π”形钉或榫槽接合，后者主要用于单包镶部件中。撑档间距离根据覆面材料厚度以及部件使用地方来确定，如表2-1所示。

表2-1　撑档间距

空心板种类	覆面材料	撑档间距/mm
单包镶	三层胶合板	90~130
	五层胶合板	110~160
双包镶	三层胶合板	75~90
	五层胶合板	100~150

用作桌面，柜面板等需受垂直载荷且通常采用抛光装饰的板件，其间距应取表中的下限值。

（2）格状填料　是用胶合板条或纤维板条，宽度与木框厚度相等，长度与边框内腔相应，在锯机上开出切口，切口深为条宽的1/2，切口间距不得大于覆面材料厚度的20倍，以免覆面层下陷，加工好的板条，交错插合，成格状填料，放入木框内，准备覆面。如图2-4（b）所示。

（3）蜂窝状填料　如图2-4（c），用100~120g的牛皮纸、纱管纸或草浆纸做原料，在纸的正反面作条状涂胶，涂胶宽度与条间距离相等，缠绕成卷，在切纸机上按芯层材料厚度剪切成条状，注意其加工剪切高度公差应稍大于木框高度加工公差，经张拉定型，形成排列整齐的六角形蜂窝状空心填料，以保证六角形蜂窝状空心填料的端面与覆面材料间的胶合面积，提高胶合强度。蜂窝状孔径规格按六角形内切圆直径表示，常用直径为9.5mm、13mm、19mm，孔径过大则强度降低；孔径小，强度高但用纸量加大。

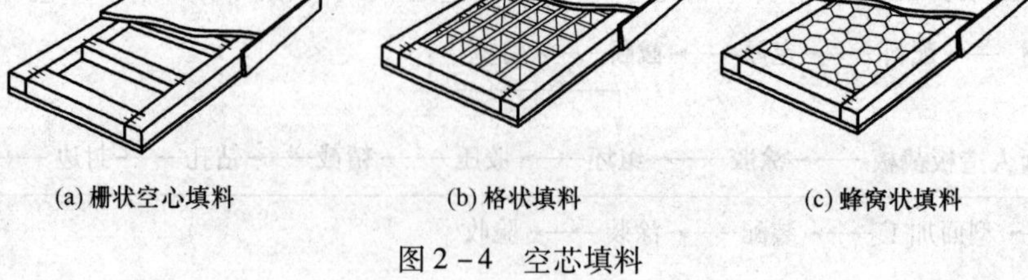

(a) 栅状空心填料　　(b) 格状填料　　(c) 蜂窝状填料

图2-4　空芯填料

第二节　家具配料裁板工艺

熟悉木工机械的加工基础及家具结构设计，有助于在家具配料、裁板时制定出合理的加工参数。不同的家具配料、裁板加工参数由于产品设计、结构设计、材料使用、加工设备等的不同，其加工参数也会有所不同，也会影响家具产品的生产、管理、质量监控、成本核算，本节列举一些典型的家具结构设计加以分析说明，有助于制定出合理的配料、裁板规格尺寸。

一、榫接合的技术要求

榫接合有一定的间隙要求，它直接影响接合强度。由于目前尚无正式的国标，所以在这里介绍一些经验数据供生产参考。

（一）直角榫接合的技术要求

榫头厚度、宽度与断面尺寸的关系见图 2－5。

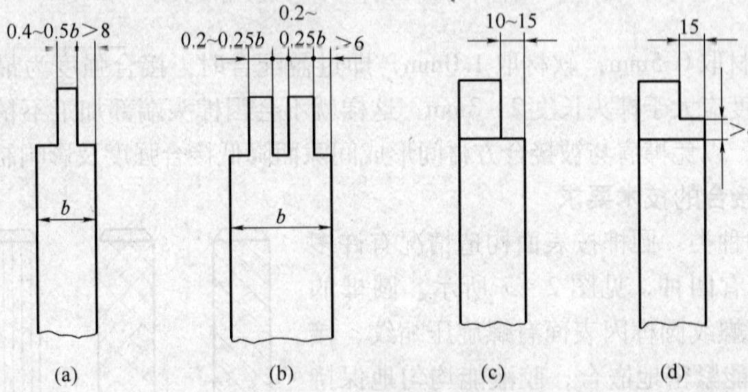

图 2－5　榫头厚度、宽度与断面尺寸的关系

（1）榫头厚度　一般根据开榫方材的断面尺寸和接合的要求来定。单榫厚度约为方材厚度或宽度的 0.4～0.5 倍；当零件断面尺寸大于 40mm×40mm 时，应采用双榫，这样既可增加接合强度又可防止方材扭动。双榫总厚度也约为方材厚度或宽度的 0.4～0.5 倍。为便于榫头易装入榫眼，常将榫头端部的两边或四边剖成 30°的斜棱。由于榫接合采用基孔制，即榫头与榫眼相配合时，是以榫眼形状和尺寸为基准的。因为榫眼是用标准规格尺寸的木凿或方孔钻头加工的，所以榫头的厚度根据上述要求设计以后，还要调整为相应的木凿或标准钻头的规格尺寸。榫头厚度常用的有 6mm、8mm、9.5mm、12mm、13mm、15mm 等几种规格。

（2）榫头宽度　用开口榫接合时，榫头宽度等于方材零件的宽度；用闭口榫接合时，榫头宽度要切去 10～15mm，见图 2－5（c）所示；用半闭口榫接合时，榫头宽度上半闭口部分应切去 15mm，半开口部分长度应大于 4mm，见图 2－5（d）所示。

（3）榫头长度　根据接合形式而定。采用贯通榫时，榫头长度一般要略大于榫眼深度（约大 3～5mm），以便接合后刨平。不贯通榫头的长度应大于榫眼零件宽度或厚度的一半。

榫头机加工的榫头形式及角度关系，见图 2－6。

（4）榫头与榫眼的配合关系　实践证明，榫头厚度应根据硬、软材质的不同小于榫眼宽 0.1～0.2mm，即间隙配合时，接合强度最大。如果榫头厚度大于榫眼宽度，配合时，胶液易被挤出，致使接合处缺胶而影响接合强度。榫头宽应大于榫眼长 0.5～

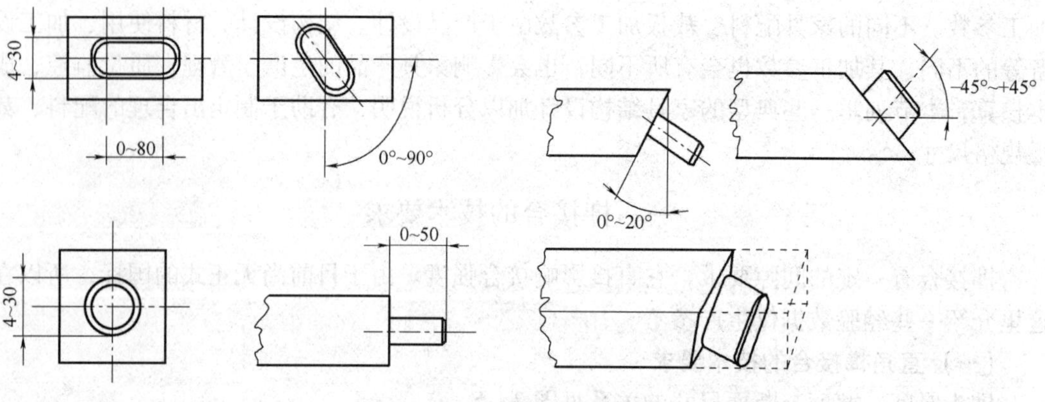

图 2－6　榫头机加工的榫头形式及角度关系

1.0mm，一般硬材取 0.5mm，软材取 1.0mm，即过盈配合时，接合强度为最大。不贯通榫接合时，榫眼深度应大于榫头长度 2～3mm，这样就不会因榫头端部加工不精确或木材膨胀而触及榫眼底部，以免榫肩与被接合方材间形成间隙而降低接合强度及影响制品外观质量。

（二）圆榫接合的技术要求

（1）圆榫的种类　圆榫按表面构造情况有许多种，典型常用的有四种，见图 2－7 所示。圆榫的规格见表 2－2。螺纹圆榫因表面有螺旋压缩纹，接合后圆榫与榫眼能紧密地嵌合，胶液能均匀地保持在圆榫表面上。当圆榫吸收胶液中的水分后，压纹即润胀，使榫接触的两表面能紧密接合且保持有较薄的胶层。当榫接合遭到破坏时，因其表面的螺旋纹须边拧边回转才能拔出，故抗破坏力相当高。网纹圆榫被破坏时，因其表面的网纹过密，常会引起整个网纹层被剥离。而直纹圆榫，虽说强度并不低于螺纹状，但受力破坏时，一旦被拔动，整个抗拔力急剧下降。光滑圆榫接合时，由于胶液易被挤出而形成缺胶现象，一般用于装配时作定位销等。

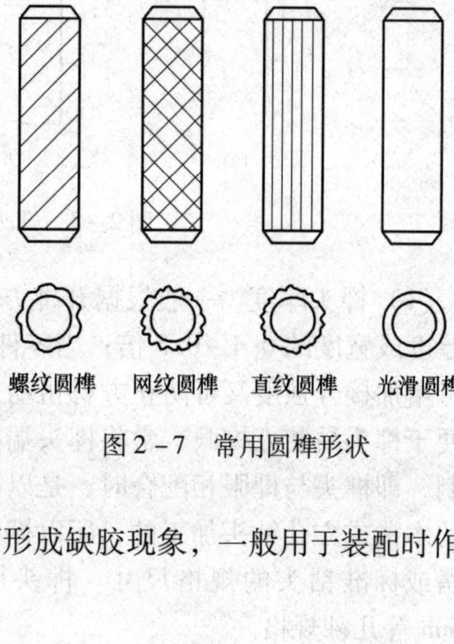

图 2－7　常用圆榫形状

表 2－2　**圆木榫主要规格**

直径	圆木榫规格			
φ6	φ6×30	φ6×40		
φ8	φ8×30	φ8×35	φ8×40	φ8×45
φ10	φ10×30	φ10×40	φ10×50	φ10×60
φ12	φ12×40	φ12×50	φ12×60	φ12×80

（2）圆榫用材及含水率　圆榫用的材料应选密度大、花纹通直细密、无节无朽、无虫蛀等缺陷的。常用材如柞木、水曲柳、青桐栎、色木等。

圆榫木材应进行干燥处理，其含水率应低于 7%，制成后需防潮，立即封装备用。

(3) 圆榫涂胶、加工及配合　圆榫接合时，可以一面涂胶也可以两面（榫头和榫眼）涂胶，其中两面涂胶的接合强度高。如果一面涂胶应涂在榫头上，使榫头充分润胀以提高接合力。常用胶粘剂为脲醛树脂胶和聚醋酸乙烯酯乳液胶。

圆榫配合时，被接合材料不同及不同形状的圆榫对配合公差的要求不同；圆榫接合的公差要求应执行有关国家标准的规定。榫端与孔底间应保持0.5~1.0mm间隙。

插入圆榫和整体榫比较，可节约木材，因为配料时省去榫头的尺寸。刨花板不宜用直角榫、燕尾榫来接合，而需用圆榫接合。圆榫可由专用机床加工，还可用专用机械将圆榫迅速拧入接榫部位，所以圆榫接合易于组合装配。由于钻孔所引起木材纤维切削范围很小，因此对木材本身的强度影响也小。零件打眼后，在组合装配之前，可以先进行表面涂饰，通常可使用淋漆机，即使有少量漆流入榫眼中，对榫接强度亦无影响。家具零（部）件用圆榫接合可简化工艺过程，大大提高劳动生产率，便于板式部件的安装和定位、拆装和运输，为零（部）件加工、涂饰和装配机械化创造了有利的条件。圆榫比直角榫接合强度约低30%，但由于绝大多数木制品接合强度大大超过破坏应力，所以采用圆榫接合还是合理的，同时，圆榫比整体榫省材6%~8%。

二、加工余量

（一）加工余量的定义

将方材毛料加工成形状、尺寸和表面质量等符合设计要求的零件时，所切去的一部分材料称为加工余量。根据实验，加工余量的大小与加工精度及木材损耗有关。加工余量大，生产中出现废品的可能性小。但是由于加工余量大，使原材料的损失加大。加工余量小，生产中出现废品的机会多。虽然加工余量损失小，但是原材料的总损失加大。

同样，加工余量大，加工时走刀次数多，劳动生产率低，若一次走刀，切削力加大，使工艺系统的弹性变形大，加工精度低。加工余量小，机床的调整时间及工序准备时间长，劳动生产率低。

因此，正确确定加工余量可以合理利用和节约木材，节约加工时间，降低动力消耗；可以充分利用设备的生产能力，保证零部件的加工质量（加工精度，表面光洁度）；正确确定加工余量也有利于实现家具生产的连续化和自动化。

（二）加工余量的类型

加工余量按照零件加工的工艺过程可分为工序余量和总余量两种。工序余量是为了消除上道工序所遗留的形状和尺寸误差，或者上道工序无法完成的需要本道工序加工完成，而从加工零件表面切去的那一部分木材。所以，工序余量应是相邻两工序的加工零件尺寸之差。

总余量，也称总加工余量，是为了获得形状、尺寸和表面质量都符合技术标准要求的零、部件时，而从毛料表面切去的木材总量。因此，总余量等于各工序余量之和。

加工余量按零部件的加工阶段又可分为零件加工余量和部件加工余量两部分。

凡是以零件本身的形态进行切削加工时，所切去的那一部分木材就称为零件加工余量；凡是当零件组装成部件后，为了消除部件的形状和尺寸的不正确，还需再进行部件的切削加工时，所切去的那一部分木材就称为部件加工余量。在通常的家具中，只包含零件加工余量而不包含部件加工余量的情况很少，除非家具本身对质量要求不高，太粗糙。一般情况下，家具在加工的过程中，既包括零件加工余量，也包括部件加工余量。即总加工余量等于各零件加工余量与部件加工余量之和。

（三）加工余量值的确定

1. 加工余量的确定方法

确定加工余量有两种方法，计算分析法和试验统计法。

用计算分析法来制定各加工余量时，应该充分考虑到各影响因素之间的相互作用，对组成加工余量的这些诸多要素要进行分析研究。由此可见，用计算分析法来制定加工余量的方法是比较繁杂的，因此，在实际生产中一般很少采用计算分析法而多采用试验统计法来确定加工余量。

试验统计法是根据不同的加工工艺过程，在合理加工条件下，对各种树种、不同规格的毛料及部件进行多次加工试验，在保证产品质量前提下，将切下的材料层的厚度进行统计来确定出各工序加工余量值的一种方法。试验统计法也称经验法，它是确定加工余量常用的有效的方法。

2. 毛料的加工余量经验值

实木毛料的加工余量经验值见表2－3（供参考），板式毛料的加工余量经验值见表2－4（供参考）。此经验值就是用试验统计的方法或者靠实践经验总结出来的。在实际的配料过程中，每人所选取的加工余量值的大小会因每人的技术水平和经验的不同而有所差异。在一般情况下，在宽度和厚度上的加工余量主要与毛料的长度以及平直度有关。随着毛料的长度的增加，其平直度随之降低。所以，较短毛料加工余量可小些，较长毛料可适当放大。

表2－3　实木加工余量经验值

尺寸方向	条件与规格/mm	加工余量/mm
宽度或厚度	毛料长度 <500	3
	毛料长度 500～1000	3～4
	毛料长度 1000～1200	5
	毛料长度 >1200	>5
宽度	用于胶拼的窄板：平拼	5～10
	榫槽拼	15～20
长度	端头有榫头的工件	10～15
	端头无榫头的工件	10
长度或宽度	板材	5～20

表2－4　板式加工余量经验值

尺寸方向	条件与规格/mm	加工余量/mm
宽度	用于贴单板、非弯曲板胶合	10～15
	用于弯曲板胶合	10～20
长度	用于贴单板、非弯曲板胶合	10～15
	用于弯曲板胶合	10～20

3. 毛料的干缩余量

木材的干缩与湿胀程度，通常随木材断面尺寸、方向、树种、干燥方法等不同而发生变化。就木材断面方向而言，当水分由木材纤维饱和点完全排出时，体积收缩最大，约为12.5% ~20%；弦向收缩（即沿着年轮方向的收缩）约为8% ~12%，径向收缩约为4% ~6%，即弦向收缩约为径向收缩的2倍；而纵向收缩则很小，仅约为0.1%，所以通常在计算毛料的干缩余量时，纵向收缩可忽略不计。正是由于木材的干缩所引起的木材弦向收缩与径向收缩不一致，才使得木材出现了翘曲和开裂等缺陷。所以木材干缩是导致木材翘曲和开裂变形的主要原因。

因此，在确定毛料的干缩余量时，为了方便起见，可根据木材干缩时弦向收缩和径向收缩特性，根据积累的经验，按照以下数据进行粗略的选取：一般径向材应增加材宽的3% ~8%；弦向材应增加材宽的6% ~12%。如果原锯材含水率较低时，可按接近于下限值选取；如果原锯材含水率较高时，可按接近于上限值选取。

（四）确定加工余量应注意的几个问题

（1）容易翘曲的木材，加工余量要放大一点。

（2）干燥质量不太好的木材，加工余量要放大一点。

（3）对加工精度和表面光洁度要求较高的零部件，加工余量要放大一点。

（4）板式家具要求纹理、色泽一致时应采用配套下料的加工方法，中间的加工余量要考虑锯路，同时加工好的板件做好配对记号，方便装配使用。

（五）实际生产中加工余量经验值

1. 宽、厚度的加工余量

单面刨床	1 ~2mm	方材长度 $L>1$m 时	取 3mm
双面刨床	2 ~3mm/单面	$L>2$m 时	取 4 ~6mm/单面
四面刨床	1 ~2mm/每单面	$L>2$m 时	取 2 ~3mm/每单面

2. 长度上加工余量（取5 ~16mm）

端头有单榫头时	取 5 ~10mm
端头有双榫头时	取 8 ~16mm
端头无榫头时	取 5 ~8mm
指接的毛料	取 10 ~16mm（不包括榫）

三、毛料出材率

（一）木材毛料出材率

木材毛料出材率是毛料材积与锯成毛料所耗用的锯材之比的百分率。

锯材毛料出材率可按下列公式计算：

$$毛料出材率 = \frac{V_{毛}}{V_{锯}} \times 100\%$$

式中：

$V_{毛}$——毛料材积

$V_{锯}$——锯材材积

（二）板材毛料出材率

板材毛料出材率是毛料面积与锯成毛料所耗用的锯材面积之比的百分率。

锯材毛料出材率可按下列公式计算：

$$毛料出材率 = \frac{V_{毛}}{V_{锯}} \times 100\%$$

式中：

$V_{毛}$——毛料面积

$V_{锯}$——锯材面积

（三）提高毛料出材率的措施

影响毛料出材率的因素很多，如加工零件要求的尺寸和质量，配料方式与加工的方法以及所用锯材的规格与等级，操作人员的技术水平，采用的设备和刀具等。如何提高毛料出材率，做到优材不劣用，大材不小用，是配料时必须重视的问题。为此，在生产实际中可考虑采取以下一些措施。

（1）尽量实行零、部件尺寸规格化，使零部件尺寸规格与锯材尺寸规格衔接起来，以充分利用板材幅面，锯出更多的毛料。

（2）尽量采用综合配料方式，配料时，截断锯上的操作人员应根据板材质量，将各种长度规格的毛料搭配下锯，纵解时可以将不合用的边角材料集中管理，供配制小毛料时使用，根据经验可节省木材10%左右。

（3）配料时，在允许的情况下，不要过分地剔除缺陷。

（4）发挥倍数毛料的加工优势，一些短小零件，如线条、拉手等，为了便于以后加工和操作，在配料时可以配成倍数毛料，先加工成型后再截断或锯开，既可提高生产率，又可减少每个毛料的加工余量。

（5）配料时，在不影响美观的条件下，尽量采用修补缺陷的方法。

（6）尽量采用短接长、长拼宽的生产工艺，以适合大规格毛料的需要。

通常在计算出材率时，往往并不是以一批零件的出材率进行分别统计，而是在加工一批家具产品后，以一批家具的出材率进行综合统计；其中不仅包括经配料所获取的毛料的材积，也包括锯出毛料时，其剩余的材料再配制更小规格的毛料的材积。因此，它实质上属于综合性的毛料出材率，也是木材利用率的一种形式。

木材利用率在家具的加工过程中，是一个区段性的概念，因此，当描述一个家具产品的木材利用率时，必须同时说明是从哪个形态到哪个形态的木材利用率。例如，从板材到毛料的木材利用率；从板材到成品的木材利用率等。据统计，从板材到净料的木材利用率一般为50%左右；从板材到成品的木材利用率更低。

木材利用率因生产条件、技术水平以及综合利用程度的不同，通常会有很大的差异。木材利用率的高低通常是以所使用的锯材等级的高低而发生变化。一般地，材料等级越低，木材利用率也将越低。因此，如何提高木材利用率，合理使用木材，一直是人们在不断地追求和探索的一个十分重要的问题。

四、配料裁板的工艺文件表格制作方法

（一）直料的配料规格材料表写法要求

如图2－8所示为饰架面横零部件加工图，面横含榫头的净料规格尺寸是280×35×

35，根据毛料的经验值，长度断头有榫头的工件长度加工余量值为 5 ~ 10mm，毛料长度 < 500时，宽度或厚度加工余量值为 3mm，同时，规范化的家具厂家都有限额领料制度，即厂家都有开料规格尺寸和精截（净料）规格尺寸的要求，目的就是提高利用率。表 2 – 5 是饰架面横的配料规格材料表。

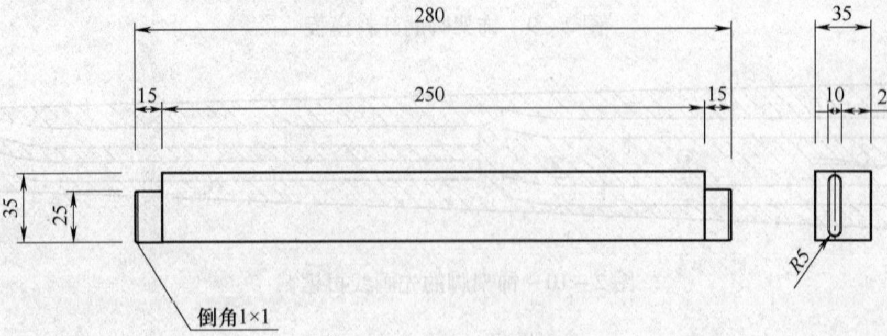

图 2 – 8 饰架面横

表 2 – 5 饰架面横的配料规格材料表 1

饰架配料规格材料表 规格：$L360 \times W320 \times H1000$ 单位：mm

序号	部件名称	开料尺寸			精截尺寸			数量	材质、备注	页数
		长	宽	厚	长	宽	厚			
1	面横	290	38	38	280	35	35	4	榉木	

制表： 审核： 日期：

但是，实际的家具生产工艺要比这些复杂得多，同样是一件工件，有些只要一两道工序就可以完成，而有些则十几道甚至几十道工序才能够完成。所以说实木工艺的复杂程度同产品的外观设计、产品结构、用料以及生产线上产品品种的种类数量等诸多因素息息相关，涉及的要素越多就越复杂。如原材料、工艺文件、机器设备、操作工人以及相应的品质和生产管理系统等，同时加工余量不同及总数太多的情况下，生产中易混淆，故有一些家具厂只规定了精截（净料）规格尺寸的要求，如表 2 – 6 所示。

也有的厂家把毛料宽度、厚度的加工余量基本规定为 5mm，长度超长时再适当增加。

表 2 – 6 饰架面横的配料规格材料表 2

饰架配料规格材料表 规格：$L360 \times W320 \times H1000$ 单位：mm

序号	部件名称	精截尺寸			数量	材质、备注	页数
		长	宽	厚			
1	面横	280	35	35	4	榉木	

制表： 审核： 日期：

（二）弯料的配料规格材料表写法要求

饰架脚的零部件净料是具有弯曲型面造型的，对于这类型的零部件，如果配料规格材料表不加以说明的话，配料车间就很容易和直料方材的加工方法混淆。生产出直料的方材规格来。为了达到生产图纸的要求，我们应在配料规格材料表中加以说明，在“材质、备注”一栏处，注明饰架脚零部件是按开料模板加工，如图2-9所示，再实木的板材上画线，如图2-10所示，再经过一系列的工序加工而成。

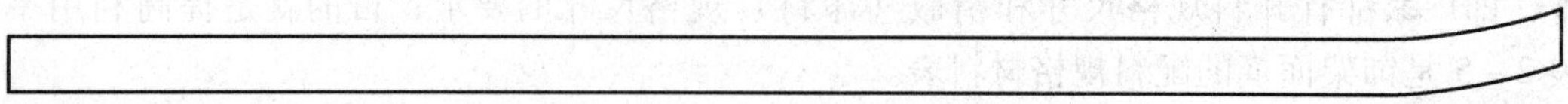

图2-9 饰架脚的开料模板

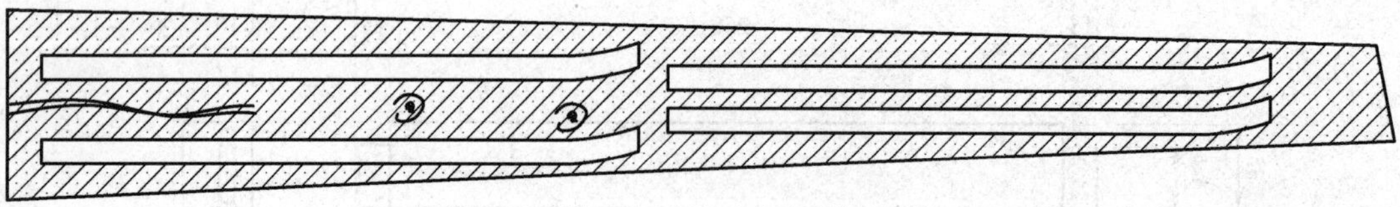

图2-10 饰架脚的先画线再锯截

饰架脚模板的制作要求是，首先根据饰架脚的零部件尺寸规格，按照实木加工余量经验值确定饰架脚的加工余量，如图2-11所示。饰架脚零部件加工图，脚为不含榫头的净料规格尺寸是1000×35×35，根据毛料的经验值，长度端头无榫头的工件长度加工余量值为10mm，毛料长度1000~1200，宽度或厚度加工余量值为5mm，故饰架脚的毛料部件尺寸规格为1010×61×40，如图2-12所示，虚线和实线之间是饰架脚的加工余量。

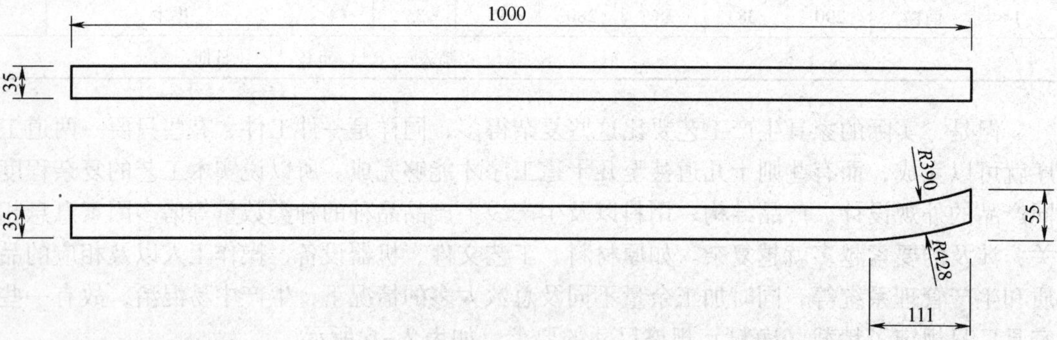

图2-11 饰架脚的零部件尺寸规格

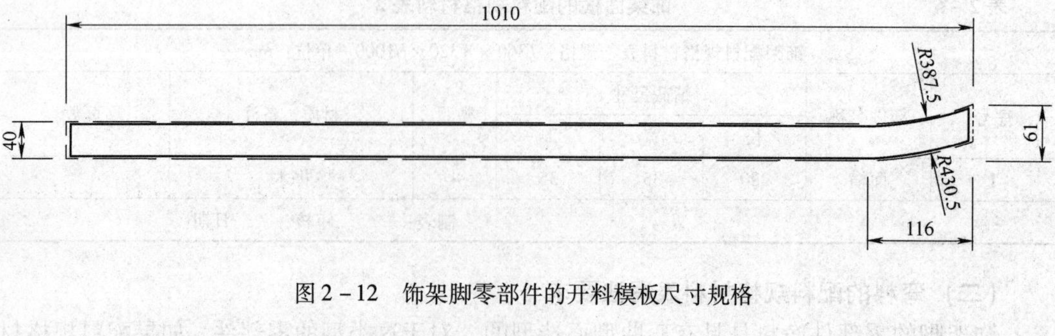

图2-12 饰架脚零部件的开料模板尺寸规格

（三）板式裁板的配料规格材料表写法要求

1. 配料规格材料表的一般写法（表2-7）

表 2－7　　　　**饰架脚的配料规格材料表**

饰架配料规格材料表　规格：L360 × W320 × H1000　单位：mm							
序号	部件名称	精截尺寸			数量	材质、备注	页数
		长	宽	厚			
1	脚	1000	35	35	4	榉木，按模加工：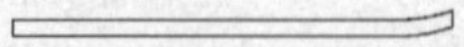	
					制表：	审核：　日期：	

例如，床头柜面板的净料规格尺寸是 500 × 450 × 25，根据毛料的经验值，工件长度、宽度加工余量值为 5 ~ 10mm。同时要注意，板式家具还有一个生产的习惯，就是规格尺寸的第一个数据是表示和木纹平行方向的。面板的配料规格材料表写法如表 2－8 所示。

表 2－8　　　　**面板的配料规格材料表**

床头柜裁板配料规格材料表　规格：L500 × W450 × H25　单位：mm							
序号	部件名称	精截尺寸			数量	材质、备注	页数
		长	宽	厚			
1	面板	496	446	25	1	25mm 中纤双面粘 0.6mm 榉木单板，四周封 2mm 厚的榉木封边条	
					制表：	审核：　日期：	

2. 板式蜂窝纸胶合的配料规格材料表写法要求

如图 2－13 所示的蜂窝纸填料板件，其配料规格材料表见表 2－9。

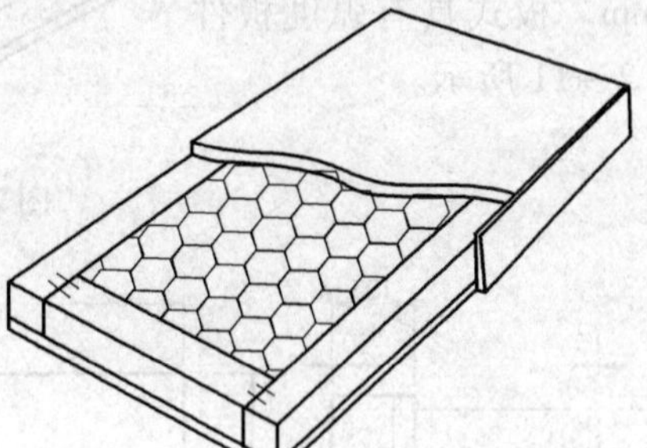

图 2－13　蜂窝纸填料板件

表 2－9　　　　**面板的配料规格材料表**

床头柜裁板配料规格材料表　规格：L500 × W450 × H35　单位：mm							
序号	部件名称	精截尺寸			数量	材质、备注	页数
		长	宽	厚			
1	覆面板	496	446	5	2	5mm 中纤单面粘 0.6mm 榉木单板	
2	芯木枋	496	50	25	2	松木	
3	芯木枋	346	50	25	2	松木	
4	蜂窝纸	396	346	26	1	拉伸定型尺寸	
					制表：	审核：　日期：	

3. 板式栅状空心板的配料规格材料表写法要求

如图 2－14 所示的栅状填料空心板，其配料规格材料表见表 2－10。

表 2－10　面板的配料规格材料表

床头柜裁板配料规格材料表　规格：L500 × W450 × H35　单位：mm

序号	部件名称	精截尺寸			数量	材质、备注	页数
		长	宽	厚			
1	覆面板	496	446	5	2	5mm 中纤单面粘 0.6mm 榉木单板	
2	芯木枋	496	50	25	2	松木	
3	芯木枋	346	50	25	4	松木	

制表：　审核：　日期：

4. 板式模压弯曲板的配料规格材料表写法要求

如图 2－15、图 2－16，具有弧度面板的成型净料规格尺寸是 430 × 250 × 123，首先计算具有弧度面板弧的长度，外弧长 485mm；内弧长 499mm，取最大值。根据弯曲板胶合毛料的经验值，工件长度、宽度加工余量值为 10 ~ 20mm。板式具有弧度板件的配料规格材料表写法如表 2－11 所示。

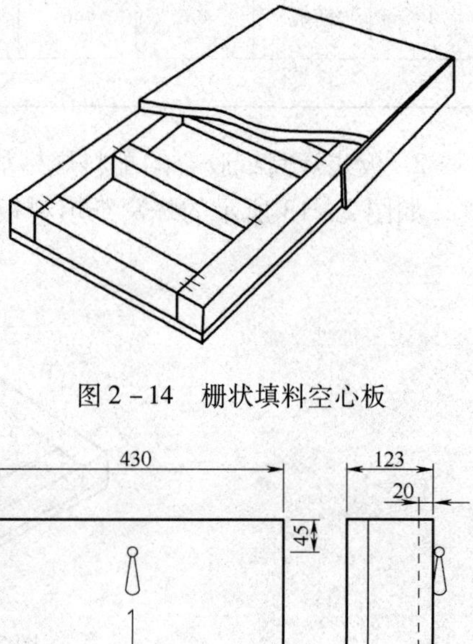

图 2－14　栅状填料空心板

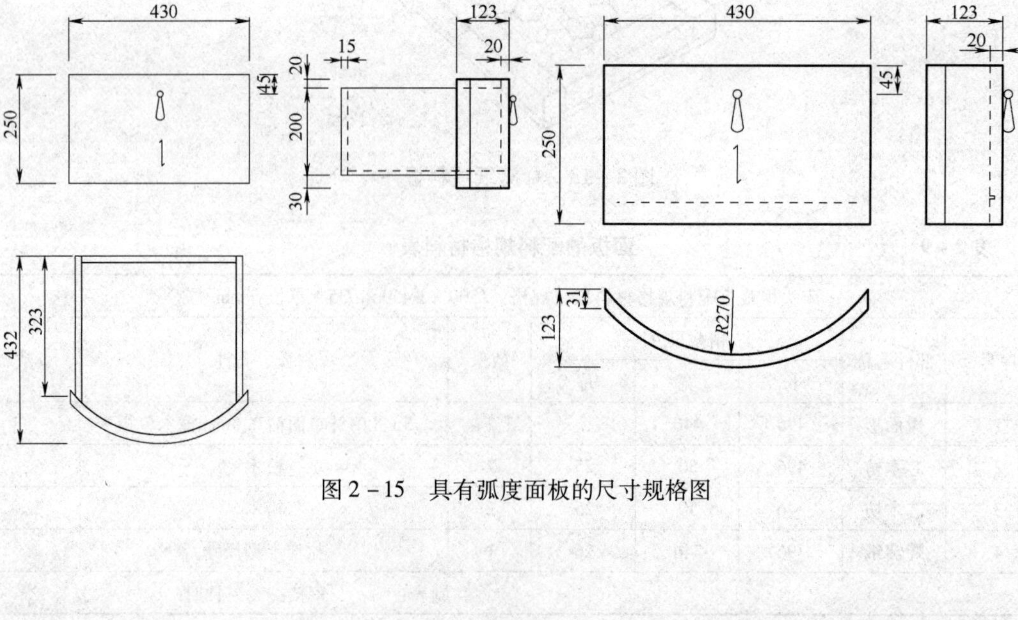

图 2－15　具有弧度面板的尺寸规格图

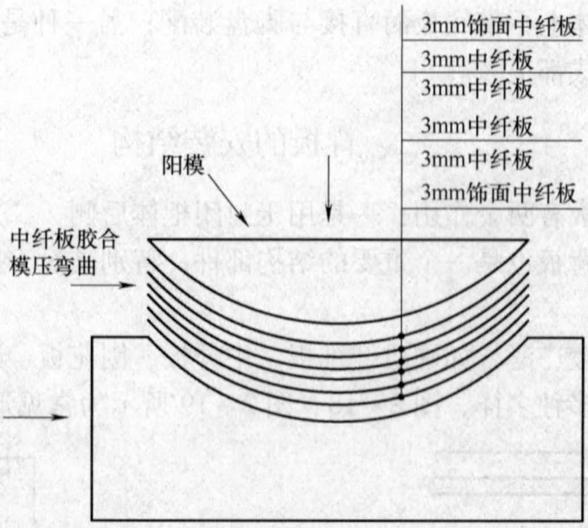

图 2-16　具有弧度面板加工原理

表 2-11　　**弧度面板的配料规格材料表**

弧度面板裁板配料规格材料表　规格：$L500 \times W450 \times H600$　单位：mm

序号	部件名称	开料尺寸			精截尺寸			数量	材质、备注	页数
		长	宽	厚	长	宽	厚			
1	覆面板	270	520	3	胶合后按工艺要求加工：250×430×123			2	中纤单面粘 0.6mm 榉木单板	
2	芯板	270	520	3				4	中纤	

制表：　　审核：　　日期：

第三节　家具的结构与装配

本节将对具体的实木家具结构作进一步的分析，以掌握家具木接合方式和结构以及对装配要求的具体应用。由于家具产品种类繁多，这里仅以部分家具为例，简要介绍各部分的安装结构。

一、脚盘或脚架的安装结构

脚盘是由脚架与底板构成的部件，如图 2-17 所示。脚架与底板一般用木螺钉或者榫接合。如图 2-17（a）所示，脚架钉好后，在四内角用胶料及螺钉装上木塞角。脚架与底板用木螺钉连接。如图 2-17（b）所示，在脚的上端开有直角单榫或双榫，通过榫与底板连接成脚盘。

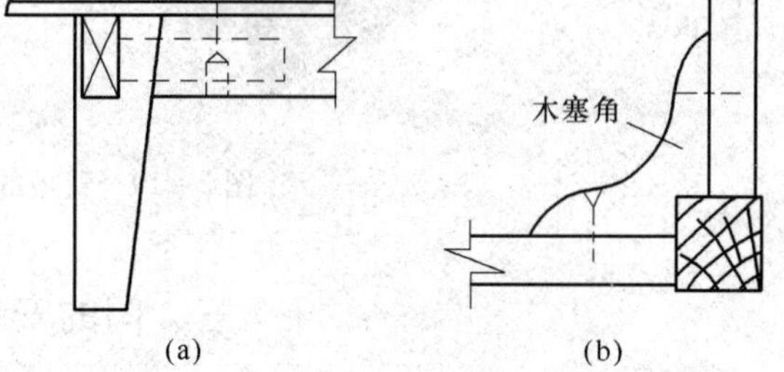

图 2-17　脚架与底板的接合

生产中，柜体与脚盘、脚架之间有

两种关系，一种是柜体上不带底板而直接与脚盘装配；另一种是完整的柜体与脚架接合。不论哪一种，接合形式都很多。

二、背板的安装结构

柜类家具中的背板有两个作用：一是用于封闭柜体后侧，二是增强柜体的刚度，使柜体稳固不变形。因此背板也是一个重要的结构部件，特别是对于拆装式柜类，背板的作用更不可忽视。

背板所用的材料较广泛，如硬质纤维板、中纤板、刨花板、胶合板以及细木工板等。

背板的安装结构多种多样，图 2－18、图 2－19 所示为常见形式。

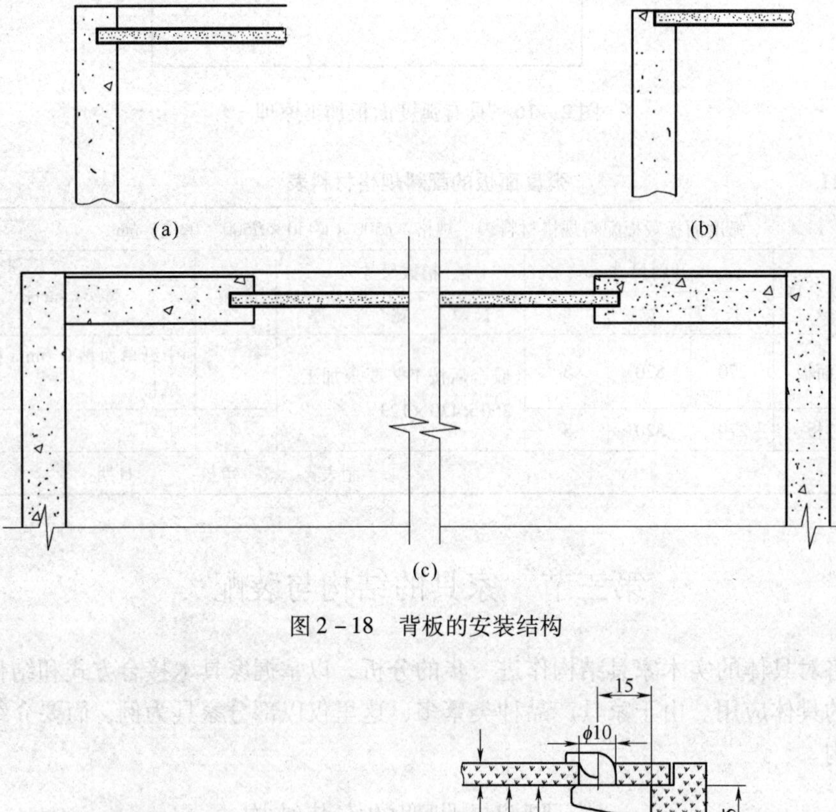

(a) (b) (c)

图 2－18 背板的安装结构

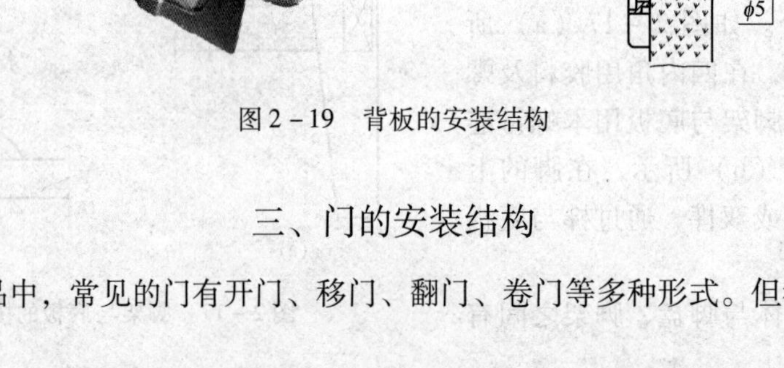

图 2－19 背板的安装结构

三、门的安装结构

在柜类制品中，常见的门有开门、移门、翻门、卷门等多种形式。但都要求有合理的结构，精确的尺寸，严密的配合，同时在使用过程中还要求不发生太大的变形，且开关灵活，并具有足够的强度等。

（一）开门

开门即沿着垂直轴线转动（启闭）的门。开门也称边开门，有单开、双开、三开门之分。开门的装配主要靠铰链连接，这里主要介绍普通铰链（合页）、门头铰链、暗铰链、玻璃门铰链等铰链钓安装。门装上柜体后，一般要求能旋转90°以上，且不妨碍门内抽屉的拉出。

表2－12所示为普通暗铰链的几种安装形式。

表2－12　　暗铰链安装形式与加工参数

名称	全盖暗铰链	半盖暗铰链	嵌门暗铰链
加工参数、安装形式	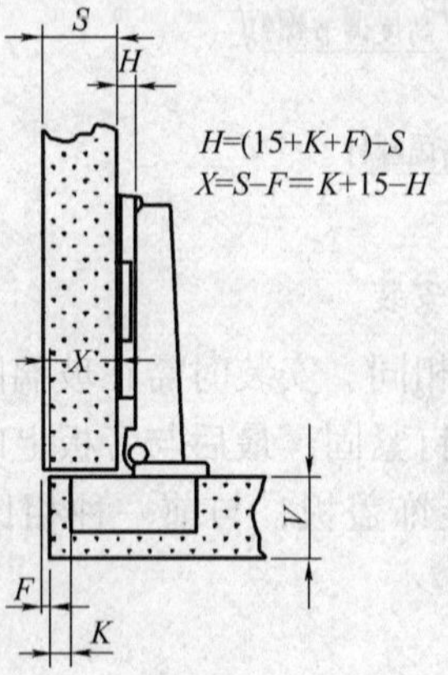	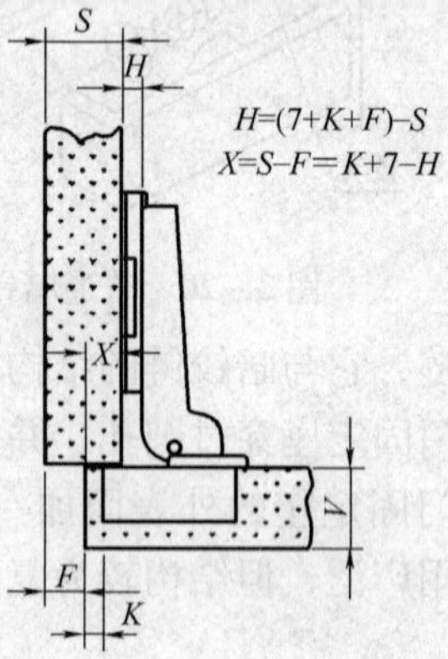	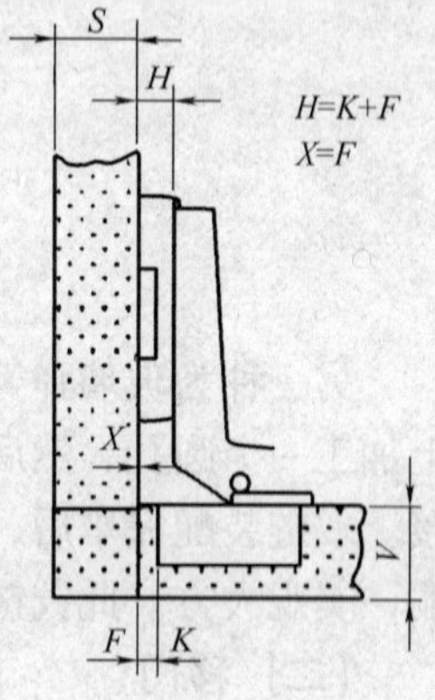

普通暗铰链的安装可参考图2－20。首先应根据柜门的规格、材料等来选择暗铰链的形式，设计其安装技术尺寸。安装过程为：预先将铰杯和连接底座分别固定在门板和旁板上，连接时将开有“匙形孔”的铰臂套置于旁板底座上，拧紧紧固螺钉，即可完成初装。

初步安装后，如果门还存在位置偏差，可在二维或三维方向上作微量调整。调整主要分两个方面，一方面是侧向调整，先松开紧固螺钉，再利用调节螺钉校正柜门左右位置，调整恰当后再拧紧紧固螺钉，将门板上全部铰链调节一致后，门与旁板的遮盖范围就会均匀；另一方面是深度调节，松开紧固螺钉之后，深度方向前后移动螺钉即可调节旁板与门的间隙，最后再次拧紧紧固螺钉。

门板上所需安装铰链的个数与门板的高度及重量有关，可参考表2－13。

表2－13　　铰链个数与门板高度及重量的关系

门高/mm	门重/kg	铰链/个
<900	4～5	2
900～1600	6～9	3
1600～2000	13～15	4
2000～2400	18～22	5

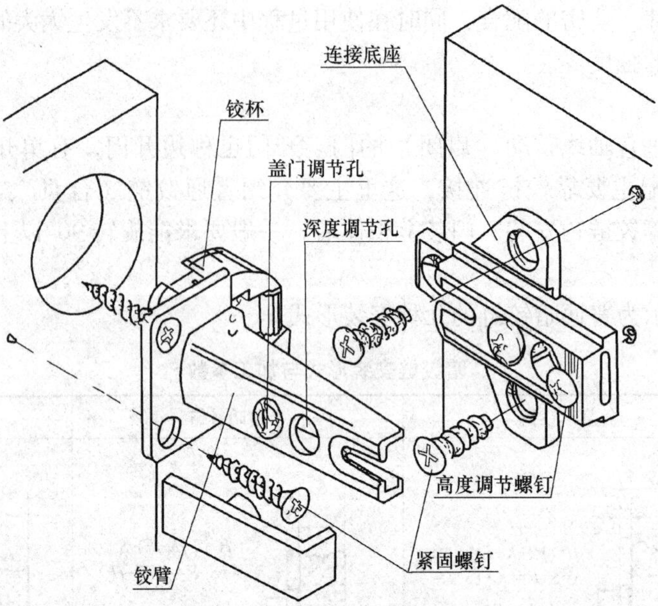

图 2－20　普通暗铰链的安装

另一种为玻璃弹簧铰链，它与暗铰链的结构基本相同。安装时需在玻璃门的相应位置上加工一个圆孔，然后将门固定座穿过圆孔，并用螺钉紧固，最后与旁板上的底座套装连接。铰链装配完毕后，在门固定座的外表面加一个装饰盖板，与前一种相比显得十分华丽，美观大方。此铰链应用广泛，但结构较为复杂。

（二）移门

移门一般都装在滑道上，门在滑道中左右移动。常见的移门种类有木制移门和玻璃移门。移门打开或关闭时，柜体的重心不致偏移，能保持稳定，门打开时不占据室内空间。目前市场上有许多新型的移门滑道等配件，能使移门滑动时十分轻松灵活，故移门应用较广。移门的安装结构见图 2－21。

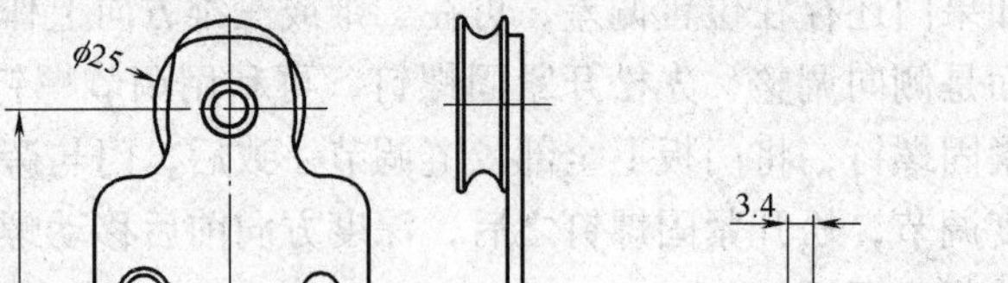

图 2－21　移门安装结构

（三）翻门

翻门又称翻板门、摇门，是围绕着水平轴线转动的门。翻门能使垂直的门板转动到水平位置，常作为陈设物品，或作写字台面用等。根据用途不同，翻门也可由水平位置翻转至垂直位置或者其他位置等。翻门的安装是用铰链（普通铰链、门头铰链、翻门铰链等）和牵筋（拉杆）与柜体等进行连接。

四、层板（搁板）的安装结构

搁板是柜内的水平板件，主要用于分层存放物品，它与旁板的连接分固定和活动两种。固定安装的有直角榫、燕尾榫、连接件连接，但常用的主要是插入圆榫、钉木条接合等，参见图 2－22。活动搁板可根据所存放物品的情况来调整间距，较灵活，安装方法也较多。

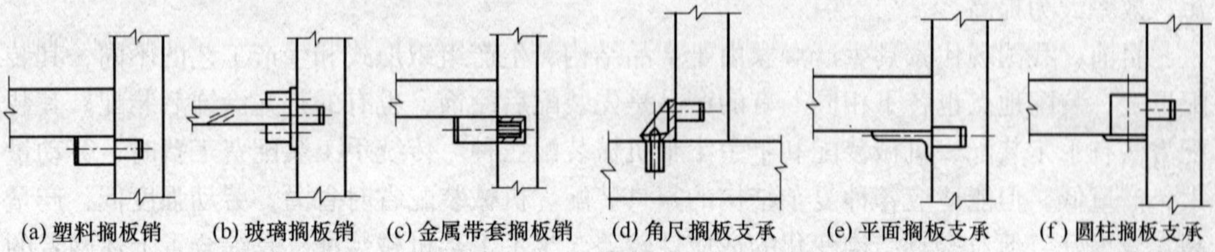

图 2－22　活动搁板的安装

五、抽屉的安装结构

抽屉的安装从外部造型上看，一般可分为外遮式与内藏式两种，如图 2－23 所示。外遮式有凹凸变化的起伏感，优于内藏式。在加工精度方面，对内藏式的要求高，若正公差过大，屉面板沉不进去，即使能进去，活动也不自如，从而影响使用；若负公差过大，面板与柜体接缝处间隙则偏大，影响美观。因此，无论从审美角度看，还是从制作和使用方面考虑，外遮式均优于内藏式，所以目前外遮式被广泛使用。

抽屉的安装根据其启闭情况，多数是在柜体滑道上滑动，个别的抽屉是摆动或旋转。而滑动式抽屉按其滑动方式又主要分为托底式、悬挂式和底部中间安装轨道等，其中抽屉底部中间安装轨道应用很少。

托底式抽屉安装方法很多，图 2－24 所示为重载托底式抽屉安装，因采用机械滑动导向装置，所以抽屉滑动轻便灵活。

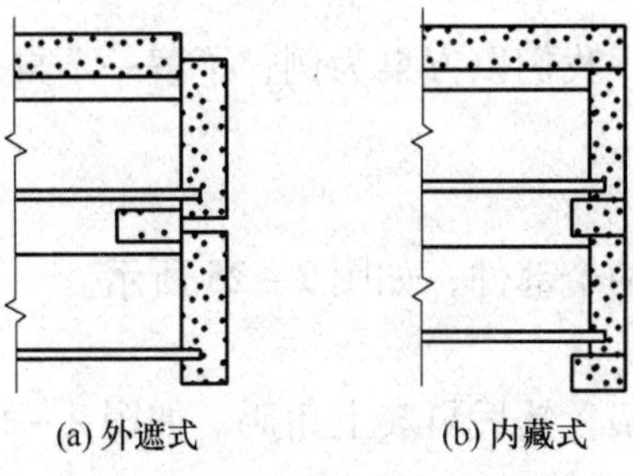

图 2－23　抽屉的外部造型

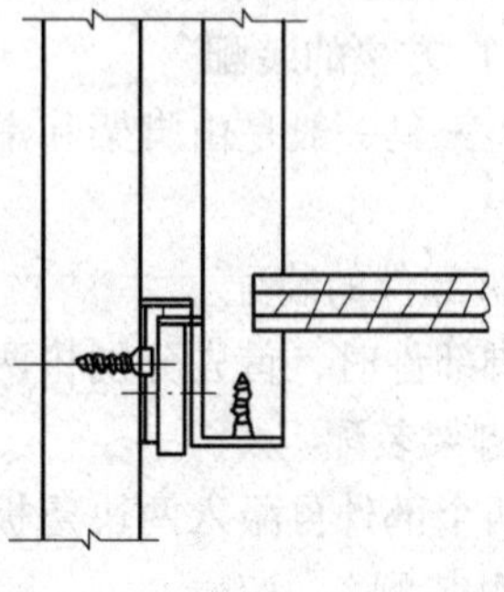

图 2－24　重载托底式抽屉安装

六、家具装配的工艺要求及装配过程

任何一件家具都是由一些零件和部件接合而成的。按照设计图样和有关的技术要求，使用一定的工具或机械设备，将零件接合成部件或将零、部件接合成为成品的过程，称为装配。前者称为部件装配，后者称为总装配。装配是家具木工生产的最后一道工序，必须保证质量，否则将会前功尽弃，也会严重影响后续的油漆涂饰工艺。

在小型的家具生产企业中，装配过程通常都在同一个工作位置上进行，全部操作由一个或几个工人完成，直到装配过程全部结束。

在小型的现代化企业中，装配工作多是按流水线的方式进行的。工作对象顺序地通过各个工作位置，装配工人只需熟练地掌握某一工序的操作，这样，装配时间就可大为缩短，效率大为提高。

目前，我国现代家具生产厂家由于产品结构、生产组织形式和生产工艺的不同，其装配形式、装配地点也各不相同。有的产品是先装配后涂饰，也有的是先涂饰后装配。其装配方法有手工装配、机械装配和半手工半机械装配三种。传统手工装配费工费时，劳动量大，产量低，但能适应各种复杂结构的家具装配。机械装配省时省力，劳动强度低，产量高，效率好，但对家具结构变化的适应性较差。半手工半机械装配，是综合了上述两者的优点，对于各种制品都通用的部件（例如木框）采用机械装配，而其他工序是手工装配，这种装配方式既能适应结构较复杂的制品，而生产效率也较手工装配高，装配质量和装配精度也高于手工装配。

（一）装配的工艺要求

不管是机械装配还是手工装配都应满足以下几点工艺要求：

（1）尽量使同一产品的零、部件的材种、颜色、木纹等相同或相近。

（2）尽量将零件有缺陷（如节子、虫眼、裂缝、色斑等）的面朝向家具的内部，表面尽可能无缺陷或少缺陷。

（3）对榫接合部位要涂胶均匀，接合后挤出的胶液应及时擦掉，确保表面清洁。

（4）对于装配完毕的部件应及时检验，如发现不符合技术要求的应及时校正，以防胶液凝固后无法修整。

（5）对于家具的活动部件，如门、抽屉等要做到缝隙适当，应符合技术质量要求，确保开、关灵活。

（6）装配配件时，要牢固可靠、匀称美观，确保不损坏家具表面。

（二）方桌的装配

桌类家具一般是由脚架和桌面两大部分组成，我们以方桌为例，了解一下桌类家具的装配过程。

1. 脚部件的装配

装脚部件时，首先分别将两脚与一望板装成两个部件，如图 2 – 25 所示。

2. 脚架装配

将两个部件再敲入两块望板，组成完整的脚架，然后再装上角码。如图 2 – 26 所示。

3. 总装配

将桌面板底面朝上放在工作台面上，用木螺钉连接脚架，组成完整的方桌。如图

2－27 所示。

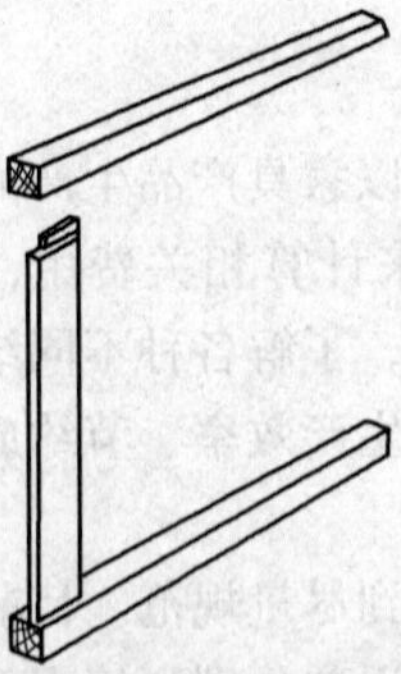

图 2－25　装脚部件

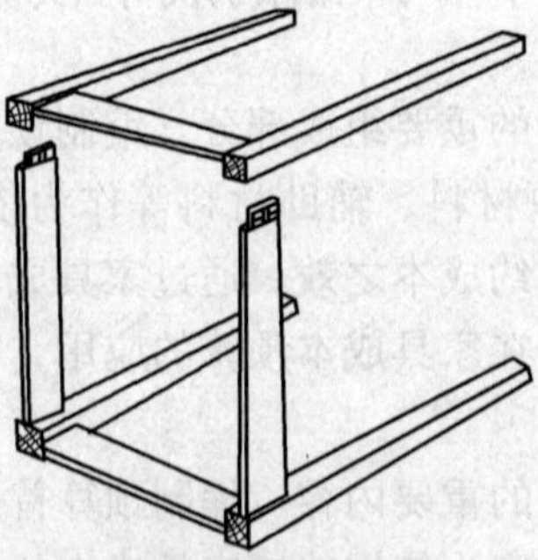

图 2－26　组装脚架

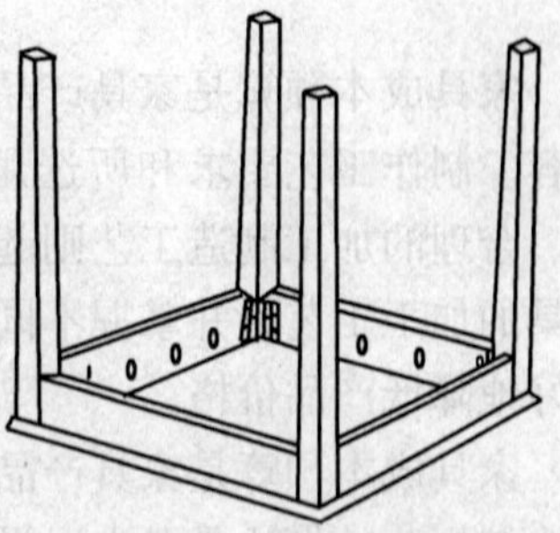

图 2－27　总装配

（三）椅子的装配

实木板椅的装配过程如下。

1. 后脚部件的胶合

将左右一对后腿平放在工作台上，先在有关榫眼里涂上胶液，然后将帽头、椅背档、后望板以及后拉脚档与一对后腿接合，借助螺杆夹具或其他方法夹紧并校正，待胶凝固后，刨平后腿与帽头、靠背档的连接处，并锯齐和刨平上端，锉好圆角。如图 2－28（a）。

2. 前脚部件的胶合

将左右一对前腿，在榫眼里涂上胶液，然后将前望板和前拉腿档与一对前腿接合，并用夹具夹紧、校正，见图 2－28（b）。

3. 椅架的装配

先将前部件涂上胶液，再将左右一对侧望板和侧拉脚档与前脚部件接合，再装上后脚部件，并用夹具夹紧校正。等胶液凝固后，刨平后腿及刨平前腿上端，见图 2－28（c）。

4. 安装面板

将刨光、砂好的面板放在椅架上画好线并锯出嵌入后腿的缺口，然后翻过来用螺钉固定。最后，用直尺检查四脚是否平稳，如不平稳，可对个别稍长的脚作修正，见图 2－28（d）。

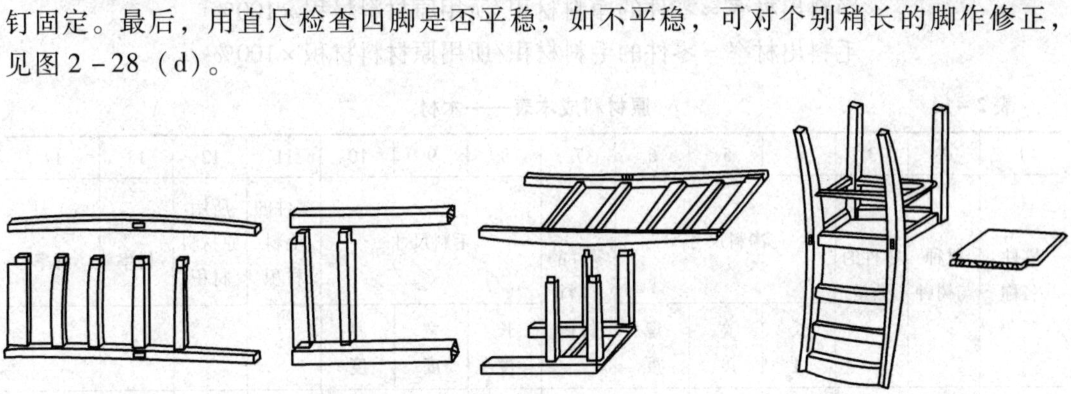

(a)　(b)　(c)　(d)

图 2－28　实木板椅的装配过程图

第四节 产品的成本核算

家具成本预算是家具产品生产的重要组成部分。编制预算就是以家具产品生产的生产内容、制作工艺要求和所选用的原材料、辅助材料等作为依据，来计算相关费用，而优良、合理的加工制造工艺则起到节约成本之效。通过家具成本预算，了解各种不同结构的家具的加工工艺，并掌握不同工艺在家具成本预算的应用，以提高生产效率、节约成本及更好地降低产品价格。

家具成本预算是家具产品生产的重要内容。编制预算首先要做到尽量规范。目前行业内比较规范的做法是要求以设计内容为依据，按家具成本的项目，逐项分别列编零部件的名称、品牌、规格型号、等级、单价、数量（含损耗率）、原材料（含辅料）、人工等。人工费要明确工种、单价、数量、金额等。这样对核算家具各项成本费用也一目了然。

一、原材料的计算

在家具的生产成本中，原材料费用占有相当大的比重，因此，合理的计算和使用原材料是实现高效益，降低消耗的重要环节。家具生产成本的原材料主要是各种板材和木材。

木材原材料计算的顺序如下：首先根据家具的零件明细表（产品开料表）填写表2－14中的第1～6栏，由此计算出一件家具中每种零件的净料材积$V_{净}$，乘以家具中的零件数以后，填入第7栏。接着分别确定毛料长度、宽度，厚度上的加工余量（湿毛料还需留有干缩余量），再将净料尺寸和相应的余量分别相加得出毛料尺寸，填入第8、9、10栏，乘以家具中的零件数以后，由此可以求出毛料的材积$V_{毛}$，即可填入第11栏，将第11栏中的数字乘以生产计划中规定的产量，就得出按计划产量计算的毛料材积。由净料材积$V_{净}$和毛料的材积$V_{毛}$各除以所用原材料材积，既得净料出材率和毛料出材率，填入第13、14栏。

零件的净料材积＝净料长度×净料宽度×净料厚度×零件的数量（m^3）

零件的毛料材积＝毛料长度×毛料宽度×毛料厚度×零件的数量（m^3）

净料出材率＝零件的净料材积/所用原材料材积×100%

毛料出材率＝零件的毛料材积/所用原材料材积×100%

表2－14　原材料成本表——木材

1	2	3	4	5	6	7	8	9	10	11	12	13	14
零件名称	材种与树种	零件的数量	净料尺寸			零件的净料材积	毛料尺寸			零件的毛料材积	所用原材料材积	净料出材率	毛料出材率
			长度	宽度	厚度		长度	宽度	厚度				

挂裤架实木材料的材料成本核算案例，可以产品的净料尺寸数据来计算，如公司或工厂对生产的加工余量有明确的规定，也可按产品的毛料尺寸数据来计算，二者的关系为：净料尺寸数据＋加工余量＝毛料尺寸数据，在材料成本核算表中要理清这个关系。就是说材料的利用率是以哪个计算为依据的，材料的利用率应注明清楚，做到账目清晰明白。例如侧木枋的原材料成本（表2－15）：

$$0.52m \times 0.05m \times 0.04m \times 4 \div 35\% \times 2800 元/m^3 = 33.28 元$$

表2－15　挂裤架原材料成本核算表

序号	名称	材料	规格	件数	数量	单位	单价/(元/m³)	价格/元	备注
1	侧木枋	榉木	520×50×40	4	0.0042	m³	2800	33.28	利用率以35%计
2	框侧横	榉木	290×40×40	4	0.0019	m³	2800	14.85	利用率以35%计
原材料成本费用小计								48.13	
合计（毛利）									

板材原材料计算的顺序如下：首先根据家具的结构装配图上的零件明细表填写表2－16中的第1～5栏，由此计算出一件家具中每种零件的净料面积 $S_{净}$，乘以家具中的零件数以后，填入第6栏。接着分别确定毛料长度、宽度上的加工余量，再将净料尺寸和相应的余量分别相加得出毛料尺寸，填入第7、8栏，由此可以求出毛料的面积 $S_{毛}$，乘以家具中的零件数以后，即可填入第9栏，将第9栏中的数字乘以生产计划中规定的产量，就得出按计划产量计算的毛料面积，填入第10栏。由净料面积 $S_{净}$ 和毛料的面积 $S_{毛}$ 各除以所用原材料面积，既得净料出材率和毛料出材率，填入第11、12栏。

零件的净料面积＝净料长度×净料宽度×零件的数量（m²）

零件的毛料面积＝毛料长度×毛料宽度×零件的数量（m²）

净料出材率＝零件的净料面积／所用原材料面积×100%

毛料出材率＝零件的毛料面积／所用原材料面积×100%

表2－16　原材料成本表——板材

1	2	3	4	5	6	7	8	9	10	11	12
零件名称	板材名称	零件的数量	净料尺寸		零件的净料面积	毛料尺寸		零件的毛料面积	所用原材料面积	净料出材率	毛料出材率
			长度	宽度		长度	宽度				

柜类板式材料的材料成本核算案例，可以产品的净料尺寸为数据来计算，如公司或工厂对生产的加工余量有明确的规定，也可按产品的毛料尺寸为数据来计算，二者的关系为：净料尺寸数据＋加工余量＝毛料尺寸数据，在材料成本核算表中要理清这个关系。就是以材料的利用率计算为依据的，材料的利用率应注明清楚，做到账目清晰明白。

例如柜类顶底板基材18mm中纤板的成本核算（表2－17）：

$$0.874m \times 0.389m \times 2 \div 90\% \times 28 元/m^2 = 21.16 元$$

表 2－17　　柜类顶底板材料成本核算表

序号	名称	材料	规格	件数	数量	单位	单价	价格/元	备注
1	顶底板	18 中纤板	874×389	2	0.68	m^2	28	21.16	利用率以 90% 计
		0.6mm 水曲柳单板	874×389	4	1.36	m^2	5	10.46	利用率以 65% 计
		22mm 水曲柳封边带	22		5.05	m	0.2	1.01	
		热熔胶			0.0228	kg	18	0.41	
		热压胶			0.34	kg	17	5.78	
2		油漆			1.45	m^2	30	43.5	
3		砂纸			1.45	m^2	4	5.8	

注：材料的单价仅供参考，计算时应以实际价格为准。

在加工过程中，各个工序都有可能出现废品，各种原料加工时的报废率也不尽相同。在严格实行工序检验的情况下，废品率总是随着加工过程的进行逐渐降低的，其总值一般不应超过 5%，计算时按计划产量并考虑加上报废率后的毛料材积。对于次要零件或小零件也可以不考虑其报废率。

最后根据以上的计算编出必须耗用的原料清单。为使配料时的加工剩余物最少，应当根据零件的具体情况，选用最佳规格尺寸的原料。在原料清单中，各种木质材料应当分类填写。

二、其他材料的计算

其他材料包括主要材料和辅助材料。主要材料有胶料、涂料、饰面材料、封边材料、玻璃镜子和金属（塑料）配件、包装材料等。辅助材料是指加工过程中必须使用的材料，如砂纸、拭擦材料、衬垫材料、棉花等。

应当按照材料消耗定额进行材料的计算，所谓材料消耗定额是指在具体生产条件下，为制造符合要求质量的产品所耗用的最少但是足够的材料数量。再乘以单位面积的消耗定额和计划产量，求出全年的总耗用量。

（一）主要材料的计算

1. 家具胶料成本的计算

胶料成本的计算一般是由涂胶面积计算出胶料的重量，乘以所采购的胶料价格：

胶料的成本＝涂胶面积×系数×涂胶面数量×零件（部件）数×胶料价格

式中系数指单位面积所消耗涂胶的重量定额。

例如柜类顶底板热压胶材料成本核算：

$$0.874m \times 0.389m \times 4 \times 0.250kg/m^2 \times 17 元/kg = 5.78 元$$

柜类顶底板热熔胶材料成本核算：

$$(0.874m + 0.389m) \times 4 \times 0.018m \times 0.250kg/m^2 \times 18 元/kg = 0.41 元$$

方材胶合涂胶量一般应控制在 $150 \sim 180g/m^2$。

指接处的涂胶量一般应控制在 $200 \sim 250g/m^2$。

普通乳白胶的涂胶量一般为 $150 \sim 250g/m^2$。

单板或薄木贴面，常常采用的胶种有脲醛树脂胶、聚醋酸乙烯酯乳液胶或两种胶粘剂的混合胶、改性的聚醋酸乙烯酯乳液胶和醋酸乙烯—N—羟甲基丙烯胺共聚乳液胶。贴面厚度小于0.4mm时，基材的涂胶量为100～120g/m²；贴面厚度大于0.4mm时，基材的涂胶量为120～150g/m²。刨花板和中密度纤维板为基材时，涂胶量为150～200g/m²。

封边工艺：中密度纤维板和刨花板涂胶量一般应在200～250g/m²以上（其他材料的涂胶量应为150～200g/m²）。

包边工艺：聚醋酸乙烯脂乳液胶（PVAc）涂胶量：面层材料的涂胶量为100～150g/m²，基材（刨花板）涂胶量为150～200g/m²等。

另一种计算胶料成本的方法是，按年生产计划算出制品须胶合的总面积，统计时，要按不同的胶种、基材进行分类；再由实际发生使用的总胶量，进行计算和总计，得出胶料的消耗定额（kg/m²），作为计算胶料成本的消耗定额。胶料消耗定额按工艺技术要求，胶种及涂胶方法而定。在计算时，应当根据先进企业的先进指标及实际生产条件加以标定。在合计中要按不同胶种进行累计。

2. 家具涂饰成本的计算

家具涂饰成本的计算一般是计算涂饰面积所耗用的各种涂料的成本。因此，对相同的涂饰工艺，计算家具涂饰面积是计算家具涂饰成本的主要方法，根据不同的涂饰要求分别计算，然后再汇总。

家具涂饰成本＝涂饰面积×系数×零件（部件）数量

式中系数指单位面积所耗用的涂料成本。

例如柜类顶底板的面涂料成本核算：

$$0.874\text{m}\times0.389\text{m}\times4\times30\ 元/\text{m}^2=40.80\ 元$$

柜类顶底板侧边（板件厚度）的厚度涂料成本核算：

$$(0.874\text{m}+0.389\text{m})\times4\times0.018\text{m}\times30\ 元/\text{m}^2=2.73\ 元$$

合计柜类顶底板的涂料成本＝40.80元＋2.73元＝43.53元

另一种计算方法是，按年生产计划算出制品须涂饰的总面积，统计时，要按不同的漆种、基材进行分类；再由实际发生使用的总涂料量，进行计算和总计，得出涂料的消耗定额（元/m²），作为计算涂料成本的消耗定额。涂料消耗定额按工艺技术要求，漆种及涂饰方法而定。在计算时，应当根据先进企业的先进指标及实际生产条件加以标定。在合计中要按不同胶种进行累计。

3. 饰面材料成本的计算

家具饰面材料包括各种各样的木皮（单板）、纸、藤等材料。

家具饰面材料成本＝家具饰面材料面积×胶贴面数量×零件（部件）数

例如柜类顶底板的饰面材料0.6mm水曲柳单板的成本核算：

$$0.874\text{m}\times0.389\text{m}\times4\div65\%\times5\ 元/\text{m}^2=10.46\ 元$$

家具饰面材料面积的消耗定额也要按设计中的工艺技术要求进行计算标定，并可参照先进企业中同等条件的消耗定额进行校正。在合计中应按不同材料种类进行累计。

4. 封边材料成本的计算

家具封边材料包括各种各样的PVC、纸封边材料、金属（塑料）封边材料等。

家具封边材料成本＝家具封边材料的面积或长度×封边数量×零件（部件）数

例如柜类顶底板 22mm×0.5mm 规格的封边材料成本核算：

$$(0.874\text{m}+0.389\text{m})\times 4\times 0.2\text{ 元/m}=1.01\text{ 元}$$

5. 玻璃镜子和金属（塑料）配件成本的计算

家具玻璃镜子和金属（塑料）配件成本 = 家具玻璃镜子或金属（塑料）配件的数量×零件（部件）数量

6. 包装材料成本的计算

家具包装材料包括纸皮或纸皮箱、珍珠棉、气泡塑料、泡塑板、泡塑护角、封口胶袋等。

家具包装材料成本 = 家具包装材料的面积×零件（部件）数量

以上计算的家具包装材料面积，乘以家具包装材料的消耗定额，计算出家具包装材料面积的全年耗用量。

家具封边材料面积或长度的消耗定额也要按设计中的工艺技术要求进行计算标定，并可参照先进企业中同等条件的消耗定额进行校正。在合计中应按不同材料种类进行累计。

（二）辅助材料的计算

砂纸成本的计算一般是计算砂磨木坯和涂饰的面积所耗用的各种砂纸的成本。因此，对相同的涂饰面积，计算家具涂饰面积是计算家具砂纸成本的主要方法，根据不同的产品要求分别计算砂纸用量，然后再汇总。

家具砂纸成本 = 涂饰面积×系数×零件（部件）数量

式中系数指单位面积所耗用的各种砂纸平均成本。

例如柜类顶底板的砂纸成本核算：

$$\{(0.874\text{m}\times 0.389\text{m})\times 4+(0.874\text{m}+0.389\text{m})\times 4\times 0.018\text{m}\}\times 4\text{ 元/m}^2=5.8\text{ 元}$$

也可将单位面积所耗用的各种砂纸的真实成本累加而得。按年生产计划算出制品须砂磨的总面积，统计时，要按不同号数的砂纸进行分类；再由实际发生使用的砂磨的总面积，进行计算和总计，得出砂纸的消耗定额（元/m^2），作为计算砂纸成本的消耗定额。砂纸消耗定额按工艺技术要求、砂磨及不同号数的砂纸方法而定。在计算时，应当根据先进企业的先进指标及实际生产条件加以标定。在合计中要按不同砂纸进行累计。

三、其他费用的计算

其他费用包括工人的工资、管理员工资、水电费、运费、设备维修费、办公电话费、设备折旧费、保险费、招待费、劳动保护费、低值易耗品、场地租金、差旅费、住宿费等，人工费要明确工种、单价、工程量、金额等。

（1）工人的工资要明确工种、单价、工程量、金额等。这样对核对家具工程各项费用也一目了然。

工人的工资有计件和计时两种方式。计件就是明确工种、单价、工程量、金额，是普遍采用的计算工资方式，体现了劳动者多劳多得的公平劳动；计时就是确定劳动者在单位时间内所获得的报酬，计时工资需要有良好的管理体制制约。

（2）管理员工资、水电费、运输费、设备维修费、办公电话费、保险费、招待费、劳动保护费、低值易耗品、场地租金、差旅费、住宿费均以所发生的实际金额费用为核算原则。

（3）设备折旧费是指以所使用的加工设备在单位使用年限内平均分摊的设备采购金额。设备折旧费要按设计中的工艺技术要求进行计算标定，并可参照先进企业中同等条件进行校正。在合计中应按不同标准进行折旧计算。

复习思考题

1. 家具的工艺流程包括哪些内容？
2. 家具裁板、配料主要包括哪些内容？
3. 家具结构的类型及装配要求有哪些？
4. 家具成本核算主要包括哪些内容？
5. 试分析如何设计一个合理的、有效的、完整的家具工艺文件，指导生产。

第三章　实木家具生产工艺文件案例解析

学习目的：了解实木家具工艺结构的特点，掌握实木家具工艺结构的要领，能合理正确地分解实木家具工艺文件。

学习内容：

实木家具工艺文件的内容：效果图和三视图、五金配件清单、生产工艺流程、零部件加工图。

学习要求：

了解实木家具工艺文件制作的要求、掌握实木家具工艺文件：效果图、三视图、配料规格材料表、五金配件清单、工艺流程、加工图、安装图等制作。

通专结合点：

1. 培养系统性了解实木家具工艺文件的要求，掌握实木家具工艺文件基本内容的制作要求。

2. 培养学生查阅资料的能力，了解现代实木家具工艺文件的最新发展动向。

挂裤架、饰架、花几、餐台、餐椅、扶手椅等，都是现代民用家具中常见常用的实木产品，本章从家具生产工厂的加工要求对上述实木家具进行工艺文件剖析，着重在家具的各种图纸如效果图、三视图、结构装配图、加工图；配料（裁板）规格材料表、五金材料清单、产品材料成本核算表；工艺流程等进行案例解析，以便给初学者一个直观的、完整的临摹学习案例。由于有的产品需要安装图，有的产品不需要安装图，同时产品包装图因工艺、客户需求不同也不尽相同，这里就不作为重点分析。案例剖析从易到难，简单扼要地将上述实木产品的工艺文件分解，好让初学者或爱好者容易学习。

一、挂裤架工艺文件设计案例解析

（一）饰架

如挂裤架三视图所示，挂裤架的三维功能尺寸约为 900mm（L）× 520mm（W）× 40mm（H）。

（二）确定材料、五金配件

（1）产品材料：桦木，涂装为原木色清漆。

（2）产品五金配件及参数如表 3 - 1、表 3 - 2、表 3 - 3 所示，包括偏心连接件、500mm 的两节侧导轨和圆木榫（规格 $\phi 8 \times 30$mm）。

表 3－1　　　　ϕ15mm 偏心连接件

简图	五金参数	简图	五金参数	加工参数
	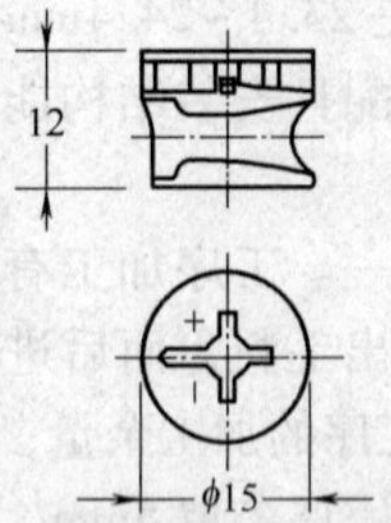	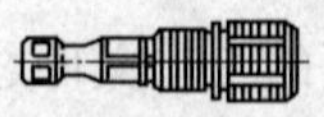	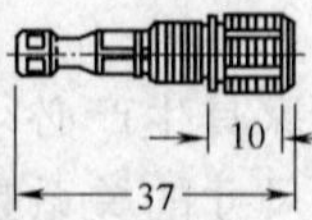	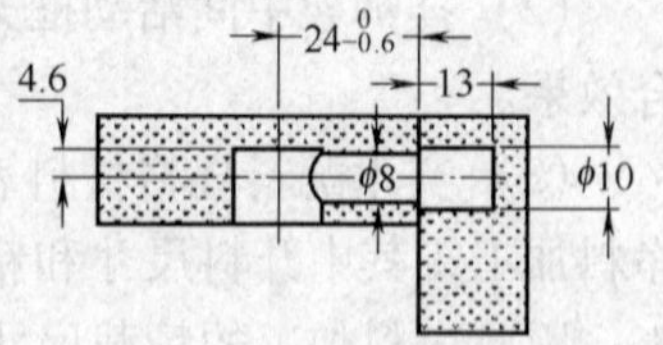

表 3－2　　　　500mm 的两节侧导轨五金参数

简图	五金参数	五金参数
	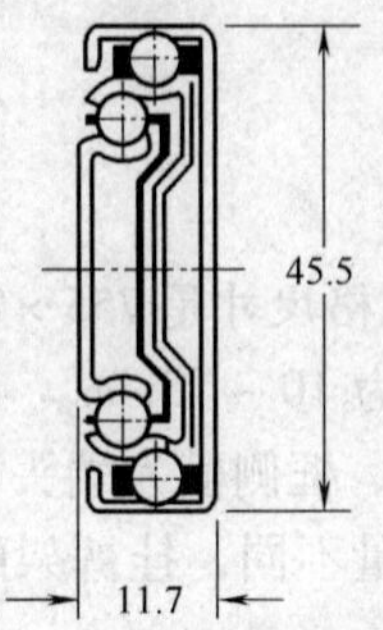	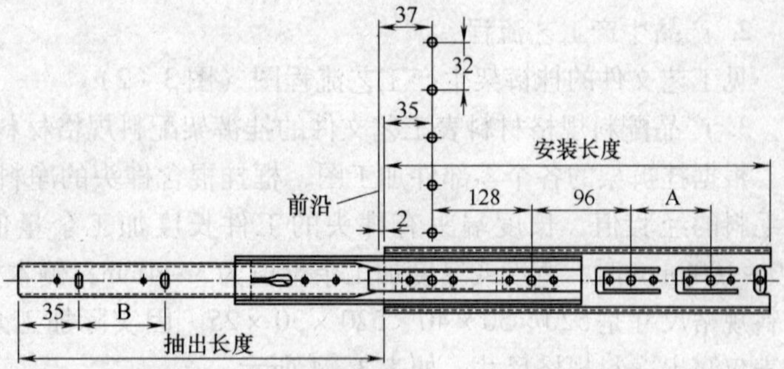

表 3－3　　　　500mm 的两节侧导轨加工参数

加工参数	加工参数
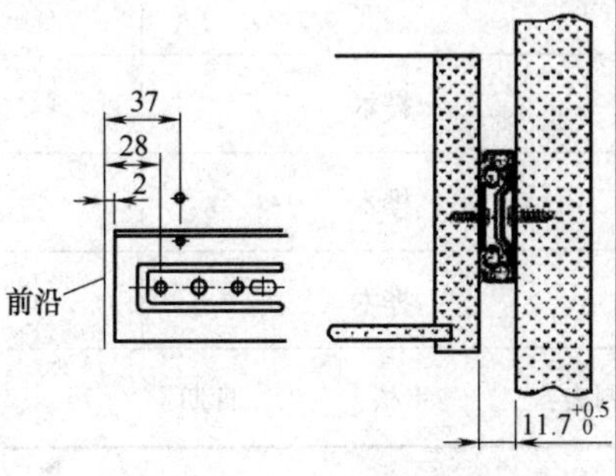	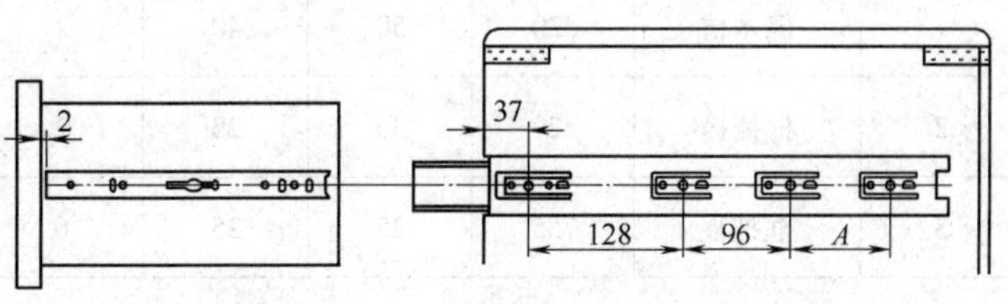

（三）挂裤架零部结构分解、结构设计

根据图纸设计要求，挂裤架属于家具小件产品，按整装（不拆装）生产工艺生产即可。挂裤架和柜类体采用偏心连接件安装，挂裤架的抽出活动功能采用三节导轨。

根据三视图的要求及所采用的五金配件进行挂裤架的结构分解。

（1）首先正确确定挂裤架中间活动框架的活动空间，以保证挂裤架的伸缩自如，间隙太大，挂裤架拉伸就左右晃动，且易掉落；间隙太小，则拉伸阻力增大，增加挂裤架拉伸难度。两节侧导轨的安装参数是 $11.7_{0}^{0.5}$，两侧的间隙总和是23.4～24.4mm之间。

（2）挂裤架中间活动框架采用榫头榫眼结构结合，易装配且安装结构能达到最佳结合效果。

（3）实木配料规格材料表是家具生产必须的工艺文件之一。工序加工有毛料加工和净料加工，其中开料尺寸和精截尺寸的关系是配料后先加工出毛料，而后进行净料的加工。因此净料加工的精截尺寸加上毛料加工工序到净料加工工序的加工余量，就是实木配料规格尺寸。实木加工余量按经验值板件长取10～20mm，宽、厚各取5mm。有弯曲加工的工件还需画线锯解，画线工序需要制作毛料的配料模板，弯曲工件加工时还需要制作弯曲工件加工模板。

（四）工艺文件

1. 产品效果图

见工艺文件的挂裤架效果图（图3－1）。

2. 产品生产工艺流程

见工艺文件的挂裤架生产工艺流程图（图3－2）。

3. 产品配料规格材料表工艺文件的挂裤架配料规格材料表。

根据挂裤架的各个零部件加工图，框挂棍含榫头的净料规格尺寸是755×25×25。根据毛料的经验值，长度端头有榫头的工件长度加工余量值为10～15mm。毛料长度在500～1000mm时，宽度或厚度加工余量值为3～4mm；侧木枋、框侧横为端头不含榫头的净料规格尺寸是520×50×40、520×30×25。因实际加工余量不同，挂裤架配料规格材料表仅写出净料规格尺寸，如表3－4所示。

表3－4　　挂裤架配料规格材料表

挂裤架配料规格材料表　规格：$L900\times W520\times H40$　单位：mm

序号	部件名称	精截尺寸			数量	材质、备注	页数
		长	宽	厚			
1	侧木枋	520	50	40	2	桦木	
2	框侧横	520	30	25	2	桦木	
3	框挂棍	755	25	25	6	桦木	

制表：　　审核：　　日期：

4. 产品五金配件清单见工艺文件的挂裤架五金配件清单（表3－5）所示，根据已确定的五金配件的工艺结构设计，将挂裤架五金材料配件整理列表，便于采购、生产、安装、成本核算使用。

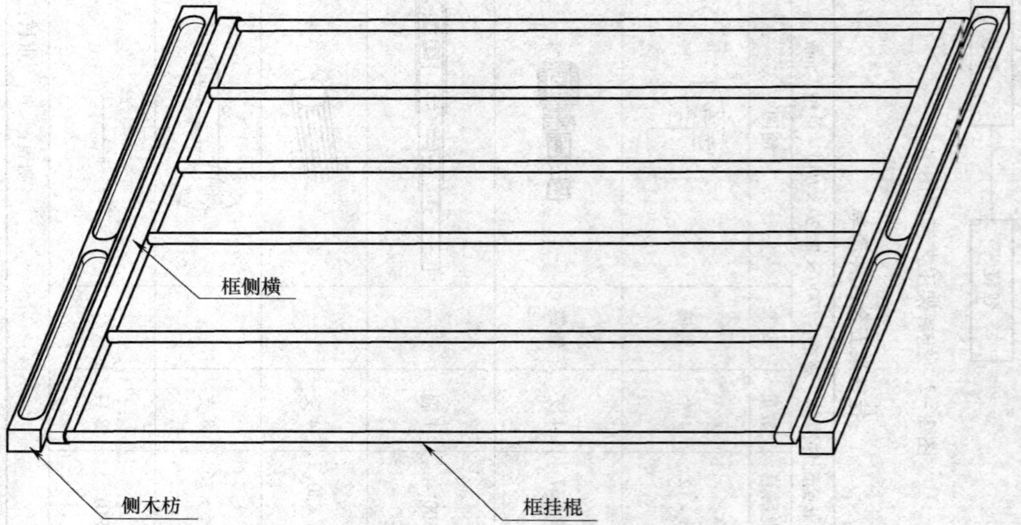

东莞职业技术学院	
产品名称	挂裤架
名称编号	
规　格	$L900 \times W520 \times H40$
材　质	表面材料：榉木
颜　色	
数　量	
工艺说明	1.接触地面脚部均加防滑脚垫。
其他说明	1.餐椅：拆装 2.材料：榉木 3.油漆：清漆
比　例	
设 计 人	江功南
绘 图 人	江功南
复 审 人	江功南
日　期	2010-12-5
页　号	共　页 第　页

图 3－1　挂裤架效果图

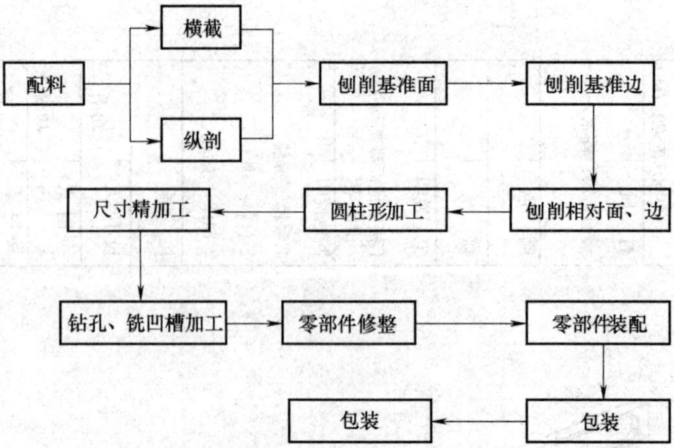

图 3－2 挂裤架工艺流程图

表 3－5 挂裤架五金配件清单

序号	名称	规格	数量	要求	简图	备注
挂裤架五金配件清单 规格：$L900 \times W520 \times H40$ 单位：mm						
1	偏心连接件锁扣	$\phi15 \times 12$	4 个	镀镍		五金的品牌不同影响加工安装的参数
2	偏心连接件螺纹杆	$\phi10 \times 37$	4 支	镀镍		五金的品牌不同影响加工安装的参数
3	三节导轨	500	1 副		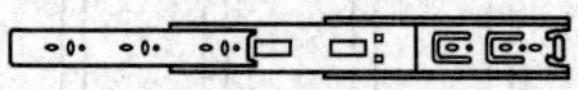	五金的品牌不同影响加工安装的参数
4	圆木榫	$\phi8 \times 30$	4 支		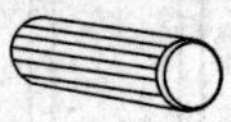	
5	沉头自攻螺钉	M3.5 × 16	8 支		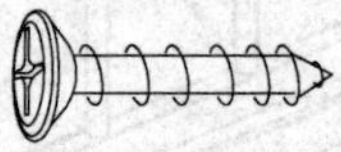	
6	气钉	F10	8 只			
				制表：	审核：	日期：

5. 产品材料成本核算表

见工艺文件的挂裤架材料成本核算表（表 3－6）所示。根据已确定的五金材料、工艺结构设计、生产工艺流程，进行挂裤架材料成本核算，便于监控采购、生产、安装、销售、售后服务等部门的实施。

表 3-6　挂裤架材料成本核算表

序号	名称	材料	规格(件数)	数量	单位	单价	价格/元	备注
1	侧木枋	桦木	520×50×40(2)	0.0021	m^3	2500	15	利用率以35%计
2	框侧横	桦木	520×30×25(2)	0.0008	m^3	2500	5.71	利用率以35%计
3	框挂棍	桦木	755×25×25(6)	0.0029	m^3	2500	20.71	利用率以35%计
4	白乳胶			0.1	kg	6	0.6	
5	油漆			0.45	m^2	30	13.5	
6	砂纸			0.45	m^2	3	1.35	
7	三合一锁扣			4	只	0.1	0.4	
8	三合一螺纹杆			4	只	0.1	0.4	
9	三合一预埋胶粒			4	只	0.05	0.2	
10	三节导轨		500	1	副	18	18	
11	圆木榫			4	只	0.01	0.04	
12	沉头自攻螺钉			6	支	0.01	0.06	
13	包装	纸箱		1	个	10	10	
14		珍珠棉		1.2	m^2	0.5	0.6	
15		泡沫塑料		1	m^2	1	1	
16		护角		4	只	0.2	0.8	
17	透明胶带			0.1	卷	5	0.5	
主、辅材料成本费用小计							88.87	
人工工资								
厂价（含毛利）								

制表：　　审核：　　日期：

6. 产品三视图

见工艺文件的挂裤架三视图（图 3-3）。

产品三视图按《家具制图》标准的正投影第一角画法绘制，为了能清楚明了地表达挂裤架的结构，除了三视图之外还绘制了挂裤架侧视图的剖视、结构装配图。

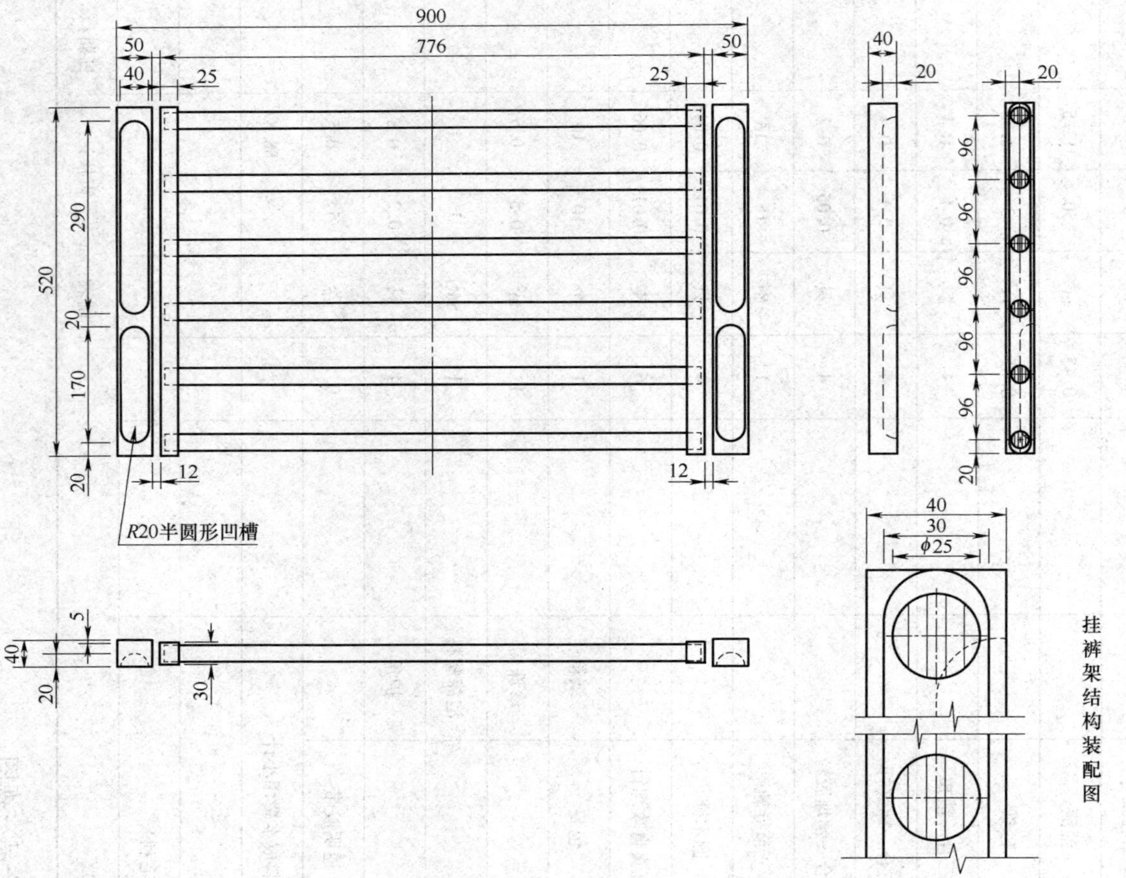

东莞职业技术学院	
产品名称	挂裤架
名称编号	
规　格	$L900\times W520\times H40$
材　质	表面材料：榉木
颜　色	
数　量	个
工艺说明	1.导轨：托底自动导轨
其他说明	1.挂裤架：整装 2.材料：榉木 3.油漆：清漆
比　例	
设 计 人	
绘 图 人	江功南
复 审 人	江功南
日　期	2010-2-4
页　号	共 4 页 第 1 页

图 3-3　挂裤架三视图

7. 产品零部件加工图

（1）挂裤架侧木枋零件加工图见图 3－4。

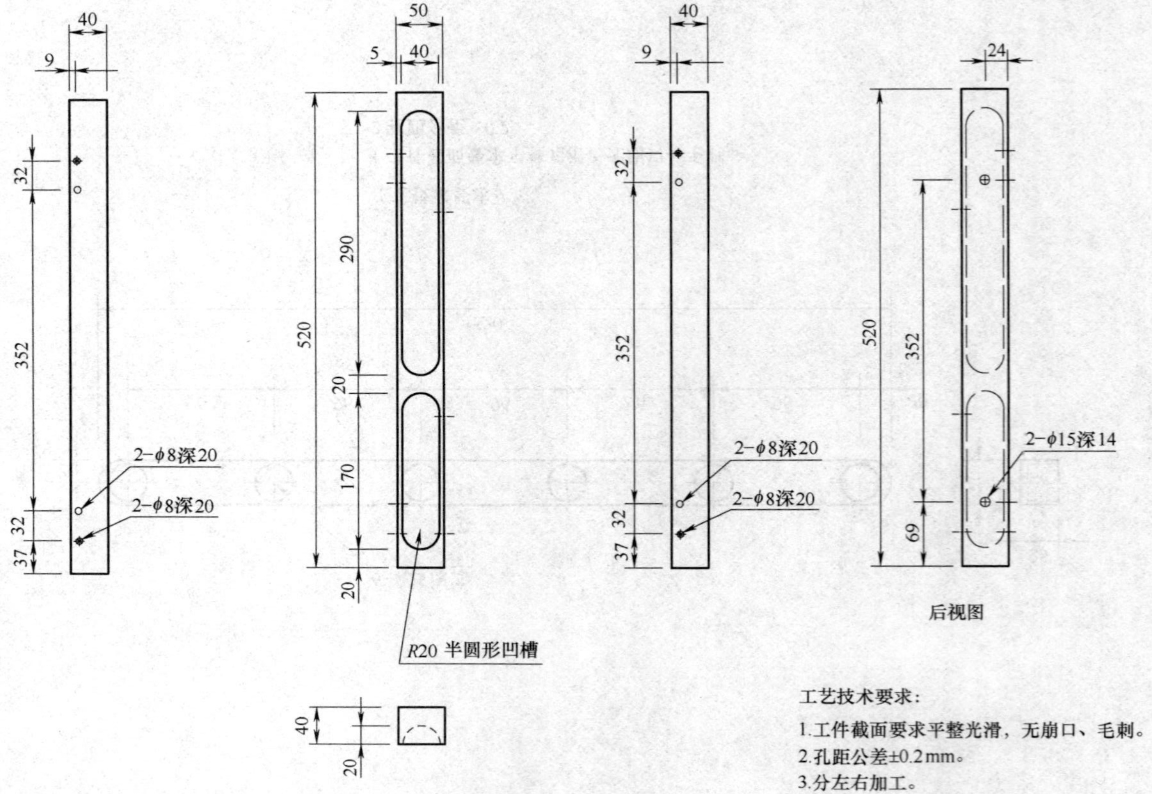

工艺技术要求：

1.工件截面要求平整光滑，无崩口、毛刺。

2.孔距公差±0.2mm。

3.分左右加工。

东莞职业技术学院	
产品名称	挂裤架侧木枋
名称编号	
规　格	L520×D50×H40
材　质	
表面材料：榉木	
颜　色	
数　量	2个
符号说明 1. ⊕ 暗铰链 2. ⊕ 偏心连接件孔 ◇ 预埋螺母孔 ○ 连接件连接孔 3. ⊚ 层板粒 4. ◆ 圆木销 5. + 螺丝钉 6. 一木纹方向 7. ∨ 封边 其他符号,如图说明。	
比　例	1:n
设 计 人	江功南
绘 图 人	江功南
复 审 人	江功南
日　期	2010-2-4
页　号	共 4 页 第 2 页

图 3－4　挂裤架侧木枋加工图

（2）挂裤架框侧横零部件加工图见图3－5。

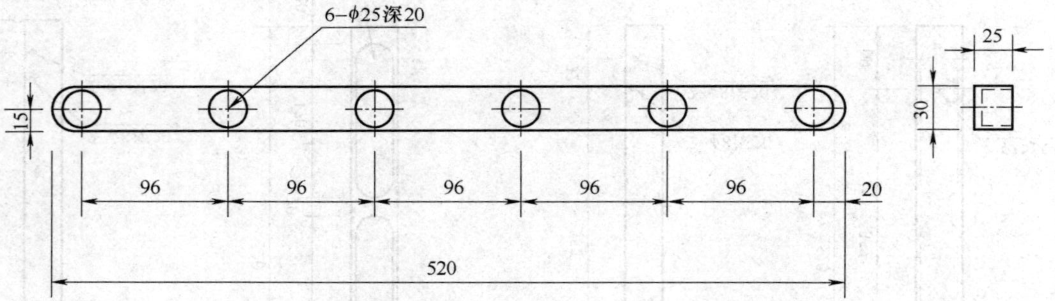

工艺技术要求：

1.工件截面要求平整光滑，无崩口、毛刺。

2.孔距公差±0.2。

东莞职业技术学院	
产品名称	挂裤架框侧横
名称编号	
规　格	$L520 \times D30 \times H25$
材　质	
表面材料：桦木	
颜　色	
数　量	2个
符号说明 1. ⊕ 暗铰链 2. ⊕ 偏心连接件孔 ◇ 预埋螺母孔 ○ 连接件连接孔 3. ⊚ 层板粒 4. ◆ 圆木销 5. ＋ 螺丝钉 6. 一木纹方向 7. ⌄ 封边 其他符号,如图说明。	
比　例	1:n
设计人	江功南
绘图人	江功南
复审人	江功南
日　期	2010-2-4
页　号	共 4 页 第 3 页

图3－5　挂裤架框侧横加工图

（3）挂裤架框挂棍零部件加工图见图 3－6。

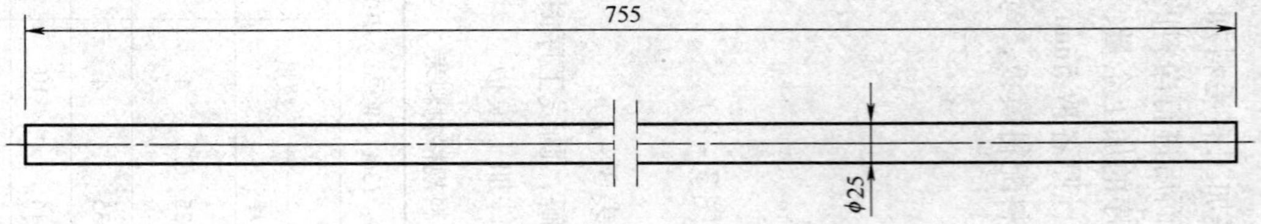

工艺技术要求：

工件截面要求平整光滑，无崩口、毛刺。

东莞职业技术学院	
产品名称	挂裤架框挂棍
名称编号	
规　格	$L755\times\phi25$
材　质	表面材料：榉木
颜　色	
数　量	6个
符号说明	1. ⊕ 暗铰链 2. ⊕ 偏心连接件孔 ◇ 预埋螺母孔 ○ 连接件连接孔 3. ⊚ 层板粒 4. ◆ 圆木销 5. ＋ 螺丝钉 6. 一 木纹方向 7. ⌵ 封边 其他符号,如图说明。
比　例	1:n
设 计 人	江功南
绘 图 人	江功南
复 审 人	江功南
日　期	2010-2-4
页　号	共 4 页 第 4 页

图 3－6　挂裤架框挂棍加工图

二、饰架工艺文件设计案例解析

（一）饰架

如饰架三视图所示，饰架的三维功能尺寸约为360mm(*L*) ×320mm(*W*) ×1000mm(*H*)。

（二）确定材料、五金配件

产品材料：桦木，涂装为原木色清漆。

（三）饰架零部结构分解、结构设计

根据图纸设计要求，饰架属于家具小件产品，按整装（不拆装）生产工艺生产即可。

根据三视图的要求进行饰架的结构分解。

(1) 饰架中间活动框架采用榫头榫眼结构结合，生产且安装结构能达到最佳结合效果。

(2) 饰架配料规格材料表：按照工序加工有毛料加工和净料加工，其中开料尺寸和精截尺寸的关系是配料上先加工出毛料，而后进行净料的加工的工艺分解。在净料加工的精截尺寸加上毛料加工工序到净料加工工序的加工余量，就是实木配料规格尺寸。实木加工余量按经验值板件长取10~20mm，宽、厚各取5mm。有弯曲加工的工件还需画线锯解，画线工序时需要制作毛料配料时的毛料配料模板，弯曲工件加工时还需要制作弯曲工件加工模板。

（四）工艺文件

1. 产品效果图

见工艺文件的饰架效果图（图3-7）。

2. 产品生产工艺流程

见工艺文件的饰架生产工艺流程图（图3-8）。

3. 产品配料规格材料表

见工艺文件的饰架配料规格材料表（表3-7）。

有弯曲加工的饰架脚工件还需画线锯解，画线工序时需要制作毛料配料时的毛料配料模板，弯曲工件加工时还需要制作弯曲工件加工模板。

表3-7　　饰架配料规格材料表

饰架配料规格材料表　规格：*L*360×*W*320×*H*1000　单位：mm

序号	部件名称	精截尺寸			数量	材质、备注	页数
		长	宽	厚			
1	脚	1000	35	35	4	桦木，按模：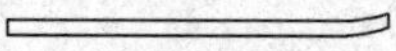	
2	面横	280	35	35	4	桦木	
3	横条	280	14	14	10	桦木	
4	横档	280	30	20	4	桦木	

制表：　　　审核：　　　日期：

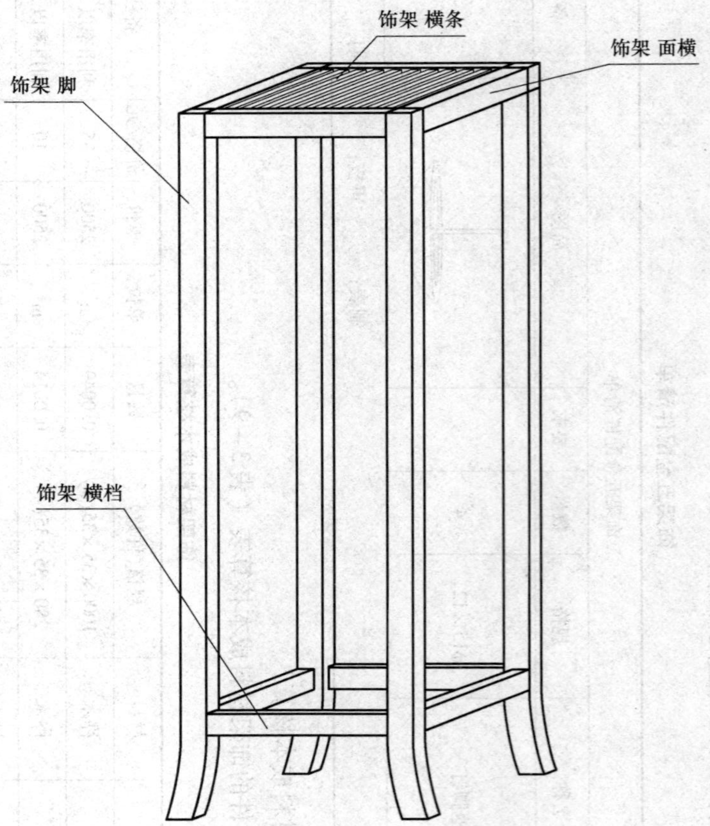

东莞职业技术学院	
产品名称	饰架
名称编号	
规　格	$L360 \times W320 \times H1000$
材　质	
表面材料：桦木	
颜　色	
数　量	个
工艺说明	
1.接触地面脚部均加防滑脚垫。	
其他说明	
1.饰架：固装 2.材料：桦木 3.油漆：清漆	
比　例	1:n
设计人	江功南
绘图人	江功南
复审人	江功南
日　期	2010-5-17
页　号	共　页 第　页

图 3－7　饰架效果图

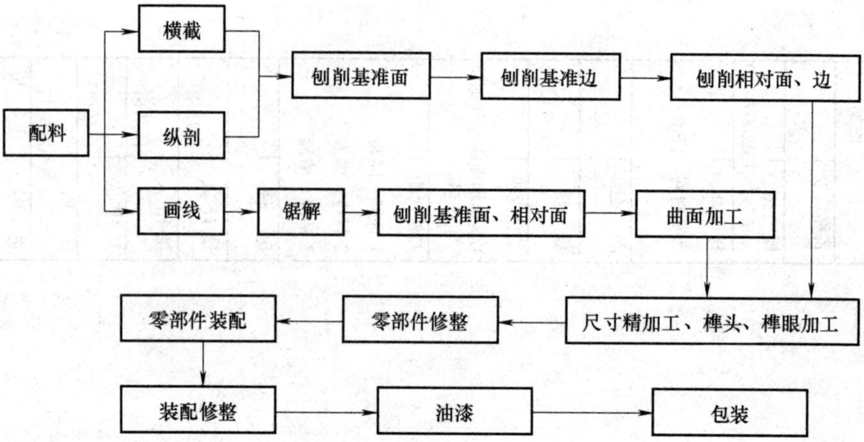

图3－8　饰架工艺流程图

4. 产品五金配件清单

见工艺文件的饰架五金配件清单（表3－8）。

表3－8　　饰架五金配件清单

饰架五金配件清单						
序号	名称	规格	数量	要求	简图	备注
1	地脚钉	$\phi15\times12$	4			
				制表：	审核：	日期：

5. 产品材料成本核算

见工艺文件的饰架材料成本核算表（表3－9）。

表3－9　　饰架材料成本核算表

序号	名称	材料	规格(件数)	数量	单位	单价	价格/元	备注
1	脚	桦木	1000×35×35(4)	0.0049	m^3	2500	35	利用率以35%计
2	面横	桦木	280×35×35(4)	0.0014	m^3	2500	10	利用率以35%计
3	横条	桦木	280×14×14(10)	0.0006	m^3	2500	4.29	利用率以35%计
4	横档	桦木	280×30×20(4)	0.0007	m^3	2500	5	利用率以35%计
5	白乳胶			0.2	kg	6	1.2	
6	油漆			1	m^2	30	30	
7	砂纸			1	m^2	3	3	
8	地脚钉		$\phi15\times12$	4	只	0.1	0.4	
9	商标			1	只	1	1	

续表

序号	名称	材料	规格(件数)	数量	单位	单价	价格/元	备注
10	包装	纸箱		1	个	25	25	
11		珍珠棉		1.5	m^2	0.5	0.75	
12		泡沫塑料		1.2	m^2	1	1.2	
13		护角		8	只	0.2	1.6	
14	透明胶带			0.2	卷	5	1	
主、辅材料成本费用小计							119.44	
人工工资								
厂价（含毛利）								

制表：　　审核：　　日期：

6. 产品三视图

见工艺文件的饰架三视图（图3-9）。

产品三视图按《家具制图》标准的正投影第一角画法绘制，为了能清楚明了的表达饰架的结构，绘制了饰架结构装配图。

7. 产品零部件加工图

（1）饰架脚零件加工图见图3-10。

（2）饰架横档加工图，见工艺文件的饰架横档零件加工图（图3-11）。

（3）饰架面横加工图，见工艺文件的饰架面横1零件加工图（图3-12）。

（4）饰架面横加工图，见工艺文件的饰架面横2零件加工图（图3-13）。

（5）饰架横条加工图，见工艺文件的饰架横条零件加工图（图3-14）。

三、餐台工艺文件设计案例解析

（一）餐台

如餐台三视图所示，餐台的三维功能尺寸约为1350mm(L)×850mm(W)×750mm(H)。

（二）确定材料、五金配件

（1）产品材料：桦木，涂装为原木色清漆。

（2）产品五金配件及参数M8×100的双头螺杆如表3-10所示，圆木榫。

表3-10　　双头连接件

简图	五金参数	简图	五金参数
	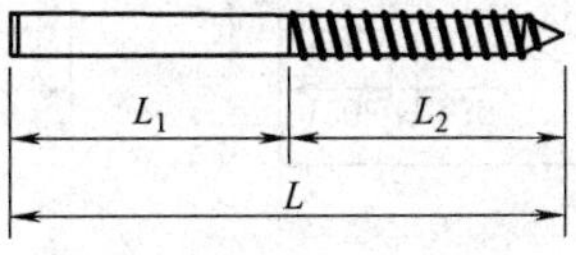	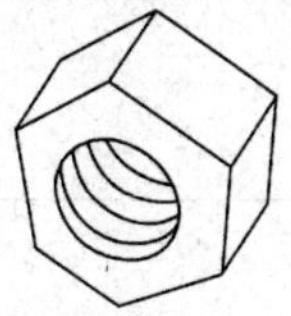	M8

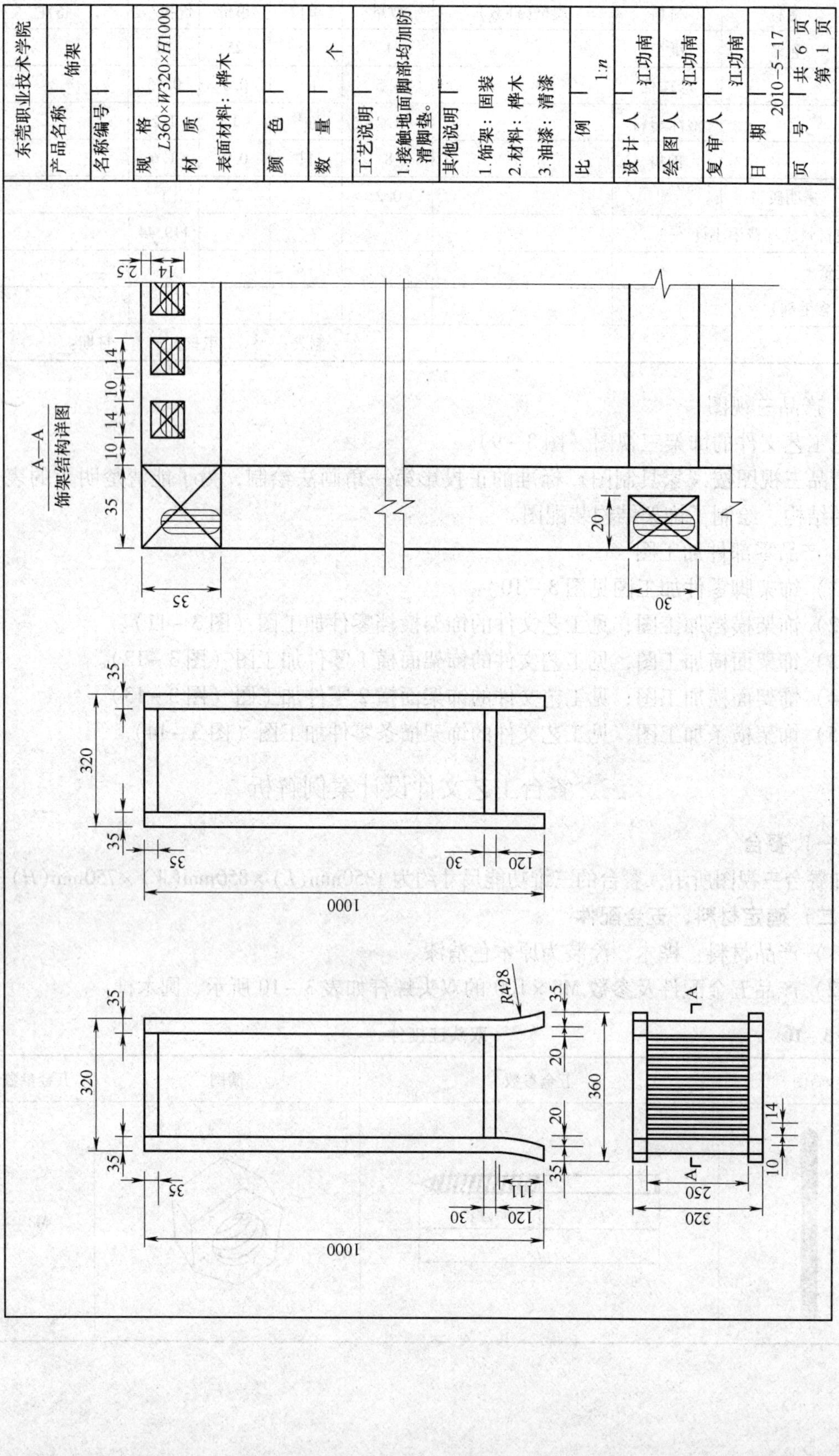
A—A
饰架结构详图
东莞职业技术学院
产品名称 饰架
名称编号
规 格 L360×W320×H1000
材 质
表面材料：榉木
颜 色
数 量 个
工艺说明
1.接触地面脚部均加防滑脚垫。
其他说明
1.饰架：固装
2.材料：榉木
3.油漆：清漆
比 例 1:n
设计人 江功南
绘图人 江功南
复审人 江功南
日 期 2010-5-17
页 号 共 6 页 第 1 页
R428

图 3－9 饰架三视图

工艺技术要求：

1.榫头的厚度小于榫眼的宽度0.1~0.2mm，榫头的宽度大于榫眼的长度0.5~1.0mm。

2.工件截面要求平整光滑，无崩口、毛刺。

3.脚分左右加工。

东莞职业技术学院	
产品名称	文件柜
部件名称	脚
规　格	$L1000\times W35\times H35$
材　质	表面材料：榉木
颜　色	原木色
数　量	4个
符号说明	1. ⊕ 暗铰链 2. ⊕ 偏心连接件孔 ◇ 预埋螺母孔 ○ 连接件连接孔 3. ◎ 层板粒 4. ◆ 圆木销 5. ＋ 螺丝钉 6. 一木纹方向 7. ∨ 封边 其他符号,如图说明。
比　例	1:n
绘图人	江功南
审核人	江功南
日　期	2010-5-17
页　号	共 6 页 第 2 页

图 3－10　饰架脚加工图

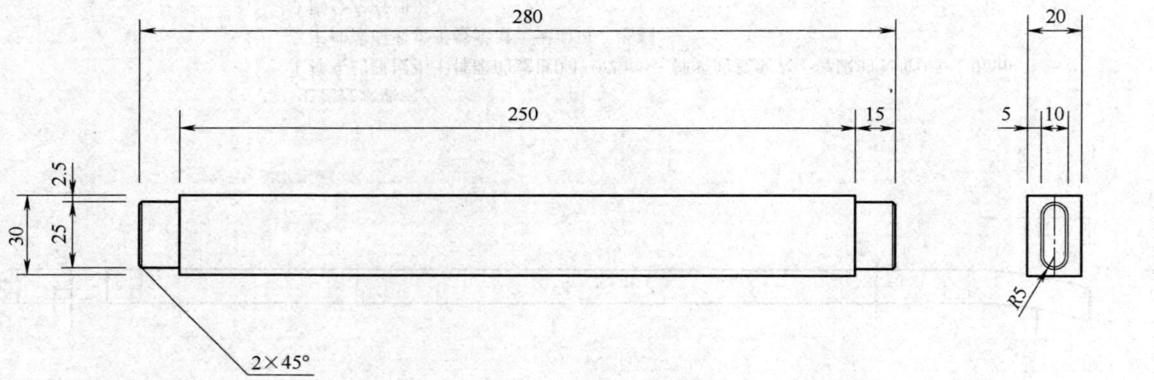

工艺技术要求：

1.榫头的厚度小于榫眼的宽度0.1~0.2mm,榫头的宽度大于榫眼的长度0.5~1.0mm。

2.工件截面要求平整光滑，无崩口、毛刺。

东莞职业技术学院	
产品名称	饰架
部件名称	横档
规　格	L280×W30×H20
材　质	
表面材料：桦木	
颜　色	原木色
数　量	4个
符号说明 1. ⊕ 暗铰链 2. ⊕ 偏心连接件孔 ◇ 预埋螺母孔 ○ 连接件连接孔 3. ◉ 层板粒 4. ◆ 圆木销 5. ＋ 螺丝钉 6. 一木纹方向 7. ∨ 封边 其他符号,如图说明。	
比　例	1:n
绘 图 人	江功南
审 核 人	江功南
日　期	2010-5-17
页　号	共 6 页 第 3 页

图 3－11　饰架横档加工图

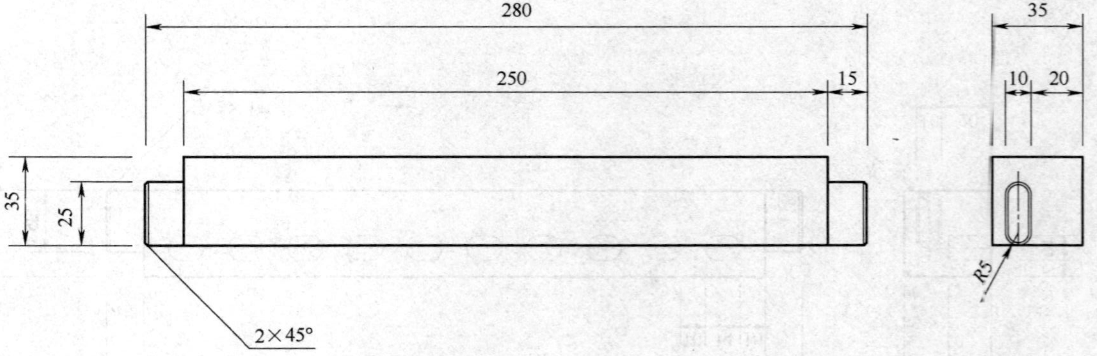

东莞职业技术学院	
产品名称	饰架
部件名称	面横
规　格	$L280 \times W35 \times H35$
材　质	
表面材料：桦木	
颜　色	原木色
数　量	2个
符号说明 1. ⊕ 暗铰链 2. ⊕ 偏心连接件孔 ◇ 预埋螺母孔 ○ 连接件连接孔 3. ● 层板粒 4. ◆ 圆木销 5. ＋ 螺丝钉 6. 一木纹方向 7. ∨ 封边 其他符号,如图说明。	
比　例	1:n
绘图人	江功南
审核人	江功南
日　期	2010-5-17
页　号	共 6 页 第 4 页

工艺技术要求：

1.榫头的厚度小于榫眼的宽度0.1~0.2mm,榫头的宽度大于榫眼的长度0.5~1.0mm。

2.工件截面要求平整光滑，无崩口、毛刺。

图 3－12　饰架面横加工图

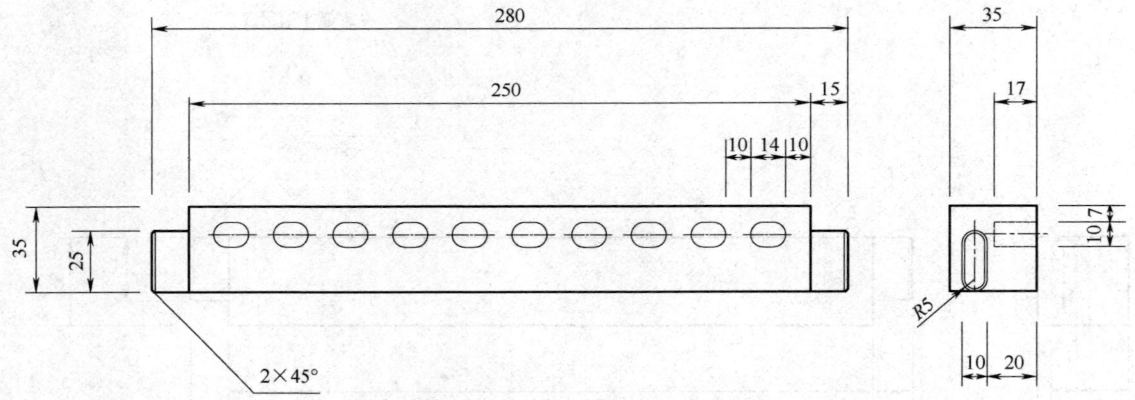

东莞职业技术学院	
产品名称	饰架
部件名称	面横
规　格	$L280\times W35\times H35$
材　质	
表面材料：桦木	
颜　色	原木色
数　量	2个
符号说明 1. ⊕ 暗铰链 2. ⊕ 偏心连接件孔 ◇ 预埋螺母孔 ○ 连接件连接孔 3. ◎ 层板粒 4. ◈ 圆木销 5. + 螺丝钉 6. — 木纹方向 7. ∨ 封边 其他符号,如图说明。	
比　例	1:n
绘图人	江功南
审核人	江功南
日　期	2010–5–17
页　号	共 6 页 第 5 页

工艺技术要求：

1.榫头的厚度小于榫眼的宽度0.1~0.2mm,榫头的宽度大于榫眼的长度0.5~1.0mm。

2.工件截面要求平整光滑，无崩口、毛刺。

图 3－13　饰架面横加工图

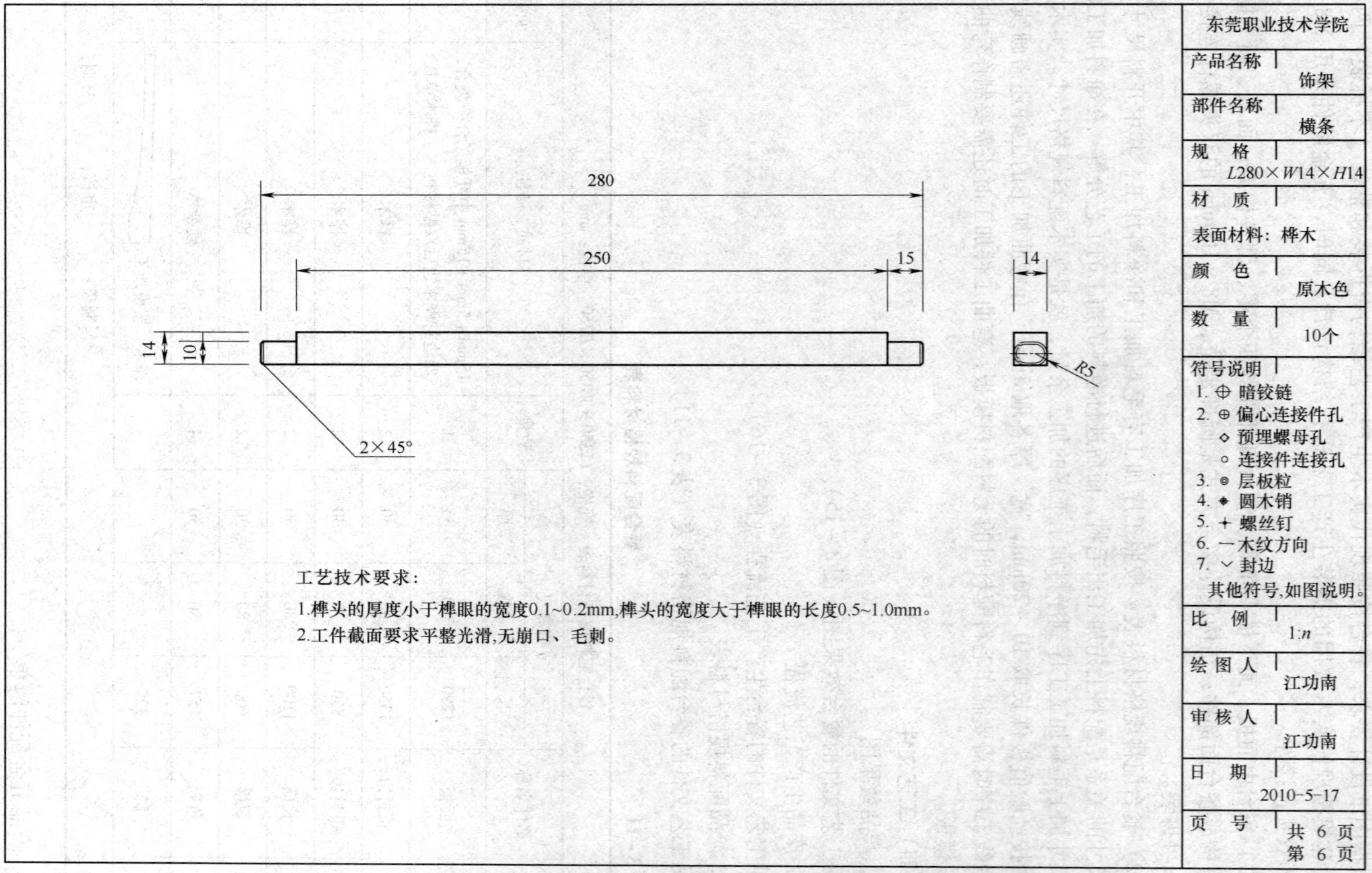

图 3-14 饰架横条加工图

（三）餐台零部件结构分解、结构设计

根据图纸设计要求，餐台按照现代实木生产工艺结构有拆装和整装（不拆装）两种方式。这里按现代实木常用的拆装生产工艺进行结构设计。同时，五金配件采用 M8 × 100mm 双头连接件。

(1) 餐台由面板、面下横、角码、餐台脚部件等四个零、部件构成；面板、面下横、角码可构成餐台面部件；结构设计接合方式是圆榫定位，M8 ×100mm 的双头螺杆连接件接合，可拆装。

(2) 餐台配料规格材料表：按照工序加工有毛料加工和净料加工，其中开料尺寸和精截尺寸的关系是配料上先加工出毛料，而后进行净料的加工的工艺分解。在净料加工的精截尺寸加上毛料加工工序到净料加工工序的加工余量，就是实木配料规格尺寸。实木加工余量按经验值板件长取 10 ~ 20mm，宽、厚各取 5mm。有弯曲加工的工件还需画线锯解，画线工序时需要制作毛料配料时的毛料配料模板，弯曲工件加工时还需要制作弯曲工件加工模板。

（四）工艺文件

1. 产品效果图

见工艺文件的餐台效果图（图 3 – 15）。

2. 产品生产工艺流程

见工艺文件的餐台生产工艺流程（图 3 – 16）。

3. 产品配料规格材料表

见工艺文件的餐台配料规格材料表（表 3 – 11）。

表 3 – 11　　餐台配料规格材料表

餐台配料规格材料表　规格：$L1350 \times W850 \times H750$　单位：mm

序号	部件名称	精截尺寸			数量	材质、备注	页数
		长	宽	厚			
1	面板	1290	790	35	1	15mm + 5mm + 15mm 中纤板三合一胶合，四边封桦木边后双贴樱桃木、桦木单板	
2	长封边	1350	35	30	2	桦木	
3	短封边	850	35	30	2	桦木	
4	长横	1100	80	30	2	桦木	
5	短横	600	80	30	2	桦木	
6	角码	157	80	30	4	硬杂木	
7	脚	725			4	桦木，按模加工 	

制表：　　　审核：　　　日期：

4. 产品五金配件清单

见工艺文件的餐台五金配件清单（表 3 – 12）。

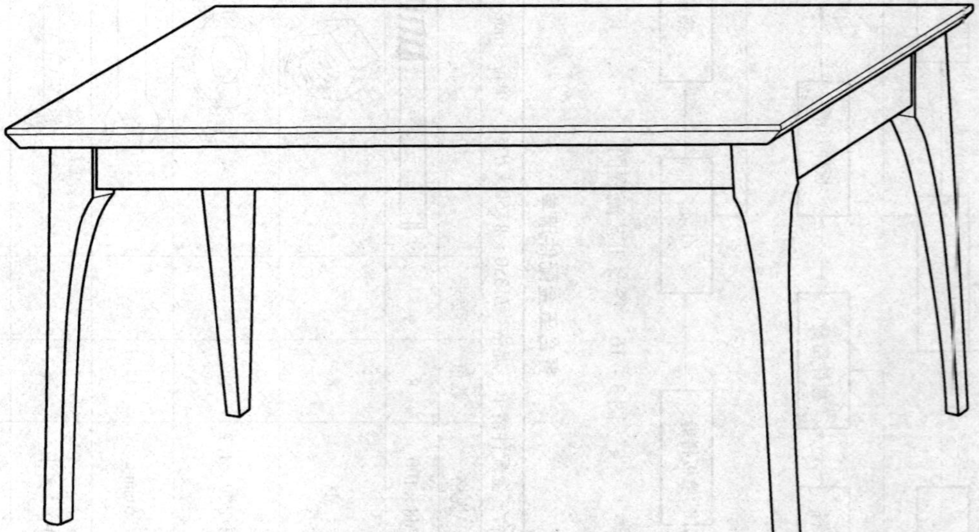

东莞职业技术学院	
产品名称	餐台
名称编号	
规　格	$L1350 \times W850 \times H750$
材　质 表面材料： 实木：榉木 饰面：樱桃木单板	
颜　色	
数　量	个
工艺说明 1.连接件：双头罗杆	
其他说明 1.挂裤架：拆装 2.材料：榉木 3.油漆：樱桃木色	
比　例	
设 计 人	
绘 图 人	江功南
复 审 人	江功南
日　期	2010-3-4
页　号	共 4 页 第 1 页

图 3－15　餐台效果图

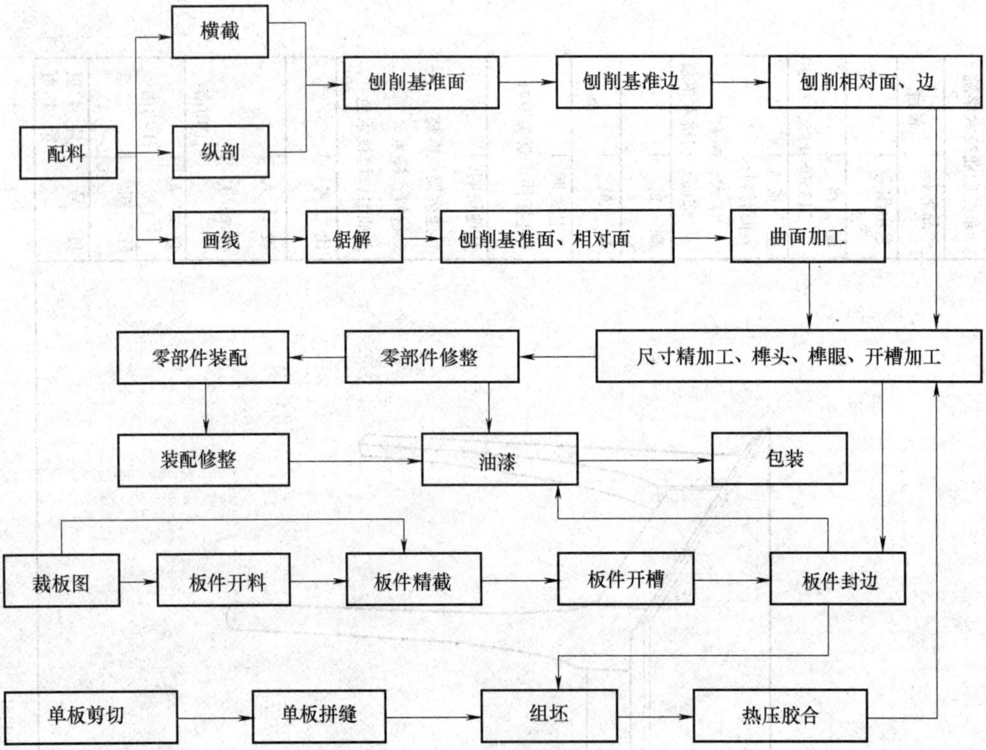

图 3－16　餐台工艺流程图

表 3－12　　　　　　　　　　　　　餐台五金配件清单

餐台五金配件清单　规格：$L1350 \times W850 \times H750$　单位：mm						
序号	名称	规格	数量	要求	简图	备注
1	双头螺杆	M8 × 100	8			
2	螺母	M8	8		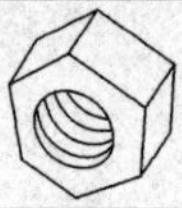	
3	平垫	$\phi13/\phi20 \times 1.2$	8		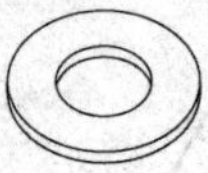	
4	扳手	5mm	1		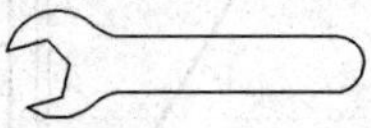	
5	沉头自攻螺钉	M3.5 × 30	26		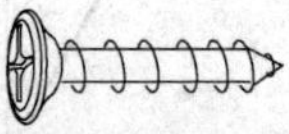	
6	圆木榫	$\phi8 \times 30$	16		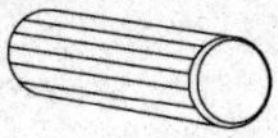	
7	脚钉	$\phi15 \times 12$	4			

制表：　　　　审核：　　　　日期：

5. 产品材料成本核算表

见工艺文件的餐台材料成本核算表（表3－13）。

表3－13　餐台材料成本核算表

序号	名称	材料	规格(件数)	数量	单位	单价	价格/元	备注
1	面板	中纤板	1290×790×15(2)	2.0382	m^2	22	49.82	利用率以90%计
2	面板	中纤板	1290×790×5(1)	1.0191	m^2	15	16.98	利用率以90%计
3	长封边	桦木	1350×35×30(2)	0.0029	m^3	2500	20.71	利用率以35%计
4	短封边	桦木	850×35×30(2)	0.0018	m^3	2500	12.86	利用率以35%计
5	长横	桦木	1100×80×30(2)	0.0053	m^3	2500	37.86	利用率以35%计
6	短横	桦木	600×80×30(2)	0.0029	m^3	2500	20.71	利用率以35%计
7	角码	硬杂木	157×80×30(4)	0.0015	m^3	1500	5	利用率以45%计
8	脚	桦木	715×106×60(4)	0.0182	m^3	2500	129.93	利用率以35%计
9	白乳胶			0.5	kg	6	3	
10	热压胶			0.57	kg	17	9.69	
11	油漆			2.2	m^2	30	66	
12	反面油漆			1.5	m^2	20	30	
13	砂纸			3.7	m^2	3	11.1	
14	双头螺杆		M8×100	8	只	0.15	1.2	
15	螺母		M8	8	只	0.1	0.8	
16	平垫		ϕ13/ϕ20×1.2	8	只	0.01	0.08	
17	扳手		5mm	1	只	0.1	0.1	
18	沉头自攻螺丝钉		M3.5×30	26	只	0.01	0.26	
19	圆木榫		ϕ8×30	16	只	0.01	0.16	
20	脚钉		ϕ15×12	4	只	0.1	0.4	
21	商标			1	只	1	1	
22	包装	纸箱		1	个	38	38	
23		珍珠棉		4	m^2	0.5	2	
24		泡沫塑料		1.5	m^2	1	1.5	
25		护角		4	只	0.2	0.8	
26	透明胶带			0.3	卷	5	3	
主、辅材料成本费用小计							462.96	
人工工资								
厂价（含毛利）								

制表：　　审核：　　日期：

6. 产品三视图

见工艺文件的餐台三视图（图3－17）。

产品三视图按《家具制图》标准的正投影第一角画法绘制，为了能清楚明了的表达餐台的结构，除了三视图之外还绘制了餐台俯视图的半剖视、餐台脚的大样图、餐台面板的边部形状详图。

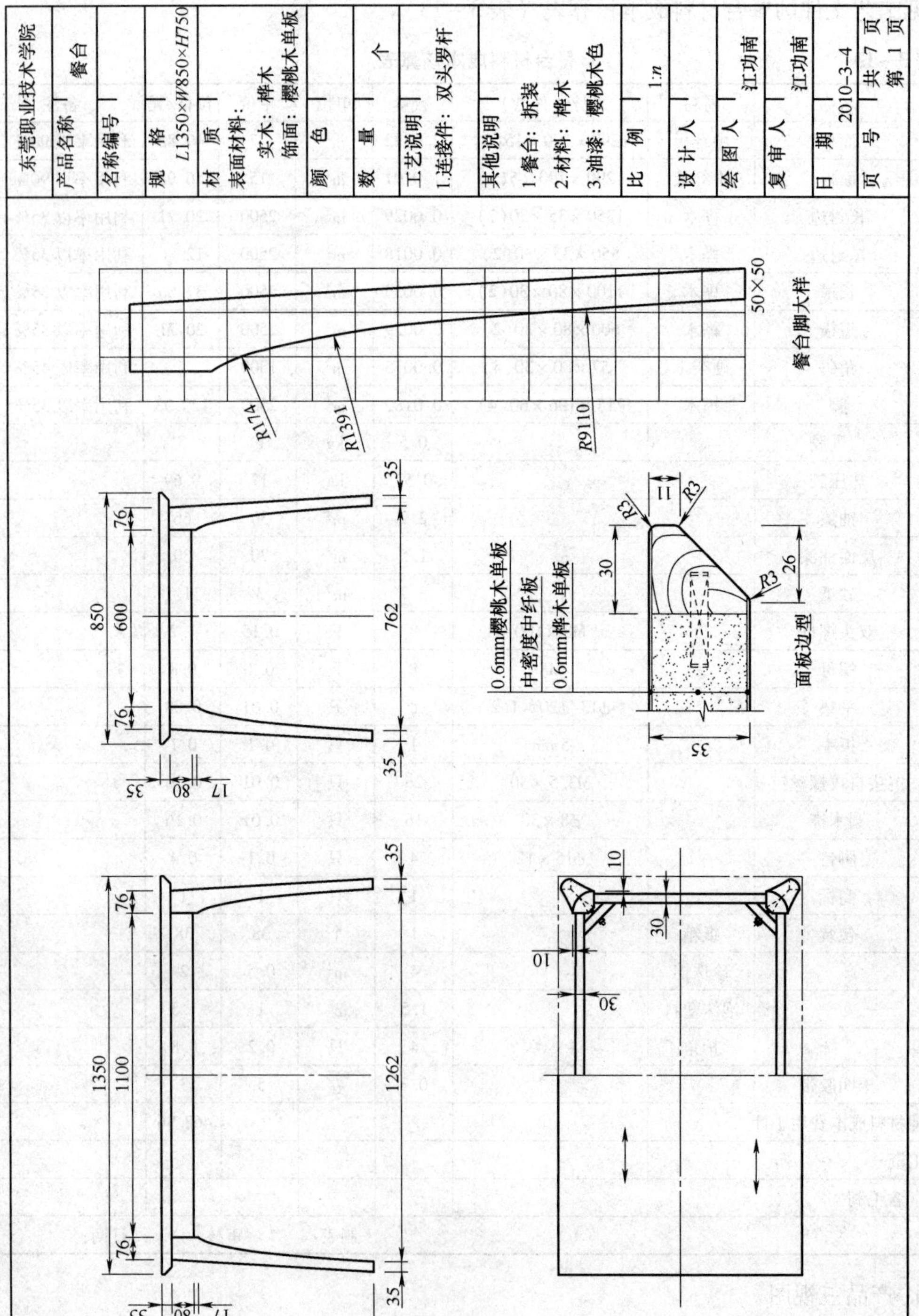

东莞职业技术学院
产品名称 餐台
名称编号
规格 L1350×W850×H750
材质
表面材料：
实木：桦木
饰面：樱桃木单板
颜色
数量 个
工艺说明
1.连接件：双头罗杆
其他说明
1.餐台：拆装
2.材料：桦木
3.油漆：樱桃木色
比例 1:n
设计人
绘图人 江功南
复审人 江功南
日期 2010-3-4
页号 共 7 页 第 1 页
R174
R1391
R9110
50×50
餐台脚大样
0.6mm樱桃木单板
中密度中纤板
0.6mm桦木单板
R3
11
30
26
35
面板边型
1350
1100
1262
750
850
600
762
76
35
80
17
10

图 3－17 餐台三视图

7. 产品结构装配图

见工艺文件的餐台结构装配图（图 3－18）。

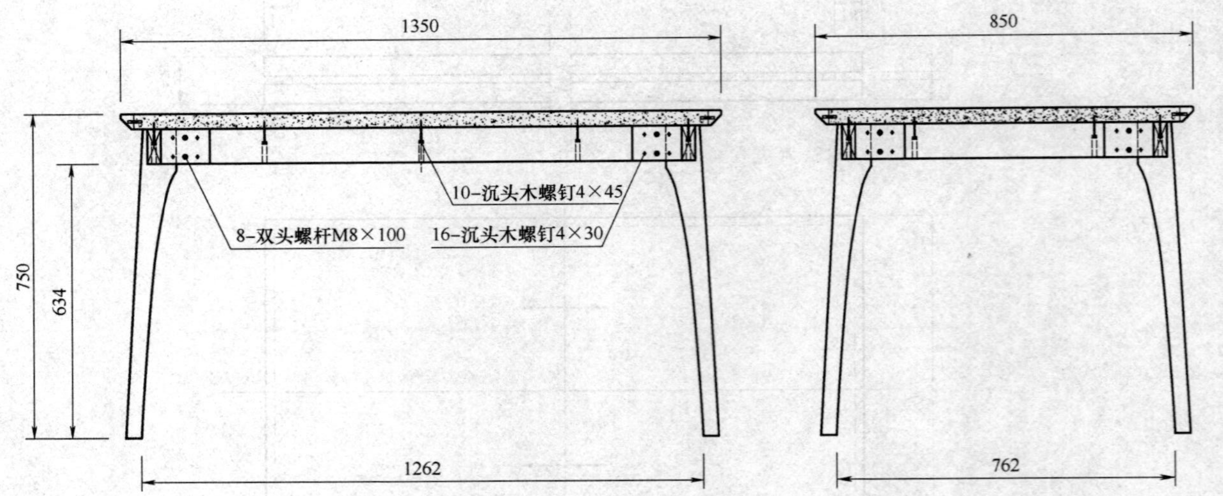

东莞职业技术学院	
产品名称	餐台
名称编号	
规　格	$L1350 \times W850 \times H750$
材　质 表面材料： 实木：榉木 饰面：樱桃木单板	
颜　色	
数　量	个
工艺说明 1.连接件：双头罗杆	
其他说明 1.餐台：拆装 2.材料：榉木 3.油漆：樱桃木色	
比　例	1:n
设 计 人	
绘 图 人	江功南
复 审 人	江功南
日　期	2010-3-4
页　号	共 7 页 第 2 页

图 3－18　餐台结构装配图

8. 产品零部件加工图

（1）餐台面板零件加工图见工艺文件的餐台面板加工图（图3－19）。

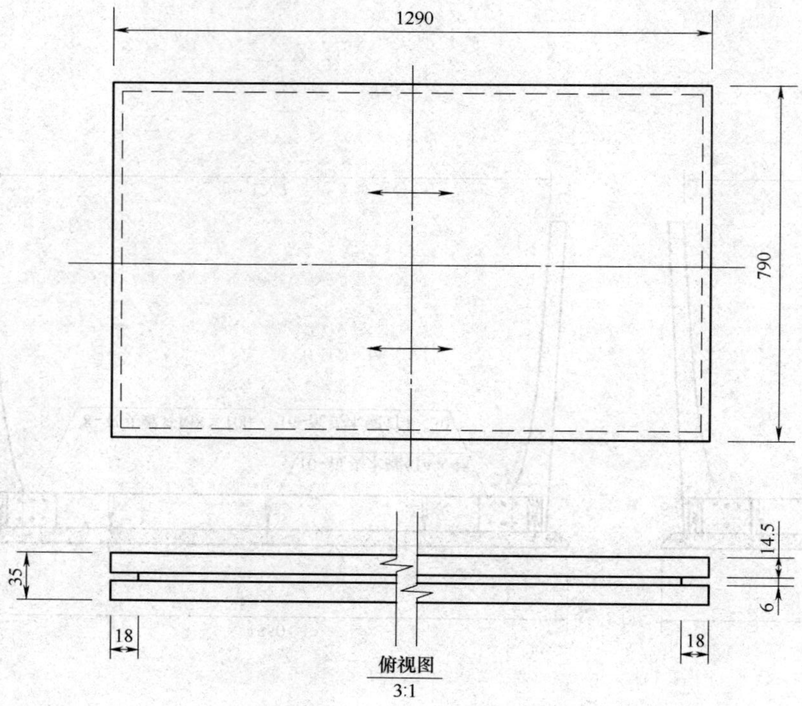

工艺技术要求：

1.工件加工尺寸误差 ≤±0.25mm。

2.工件加工无崩口、毛刺。

东莞职业技术学院	
产品名称	餐台
名称编号	面板
规　格	$L1290\times D790\times H35$
材　质	
表面材料：榉木	
颜　色	
数　量	1个
符号说明 1. ⊕ 暗铰链 2. ⊕ 偏心连接件孔 ◇ 预埋螺母孔 ○ 连接件连接孔 3. ◎ 层板粒 4. ◆ 圆木销 5. ＋ 螺丝钉 6. 一 木纹方向 7. ∨ 封边 其他符号,如图说明。	
比　例	1:n
设 计 人	江功南
绘 图 人	江功南
复 审 人	江功南
日　期	2010-3-4
页　号	共 7 页 第 3 页

图3－19　餐台面板加工图

（2）餐台长、短封边加工图见工艺文件的餐台长、短封边加工图（图 3 – 20）。

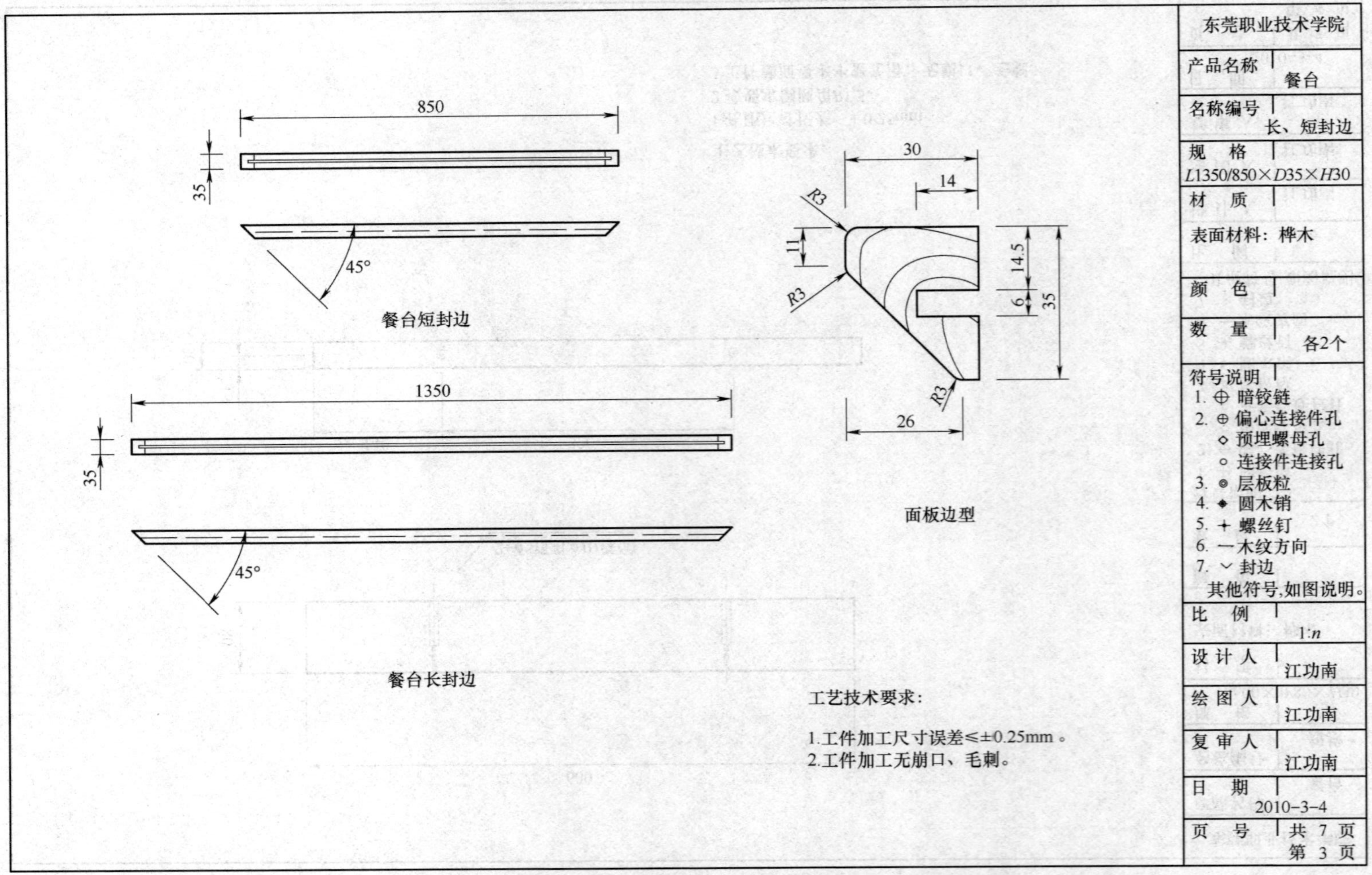

图 3 – 20　餐台长、短封边加工图

（3）餐台短横零件加工图见工艺文件的餐台短横加工图（图 3－21）。

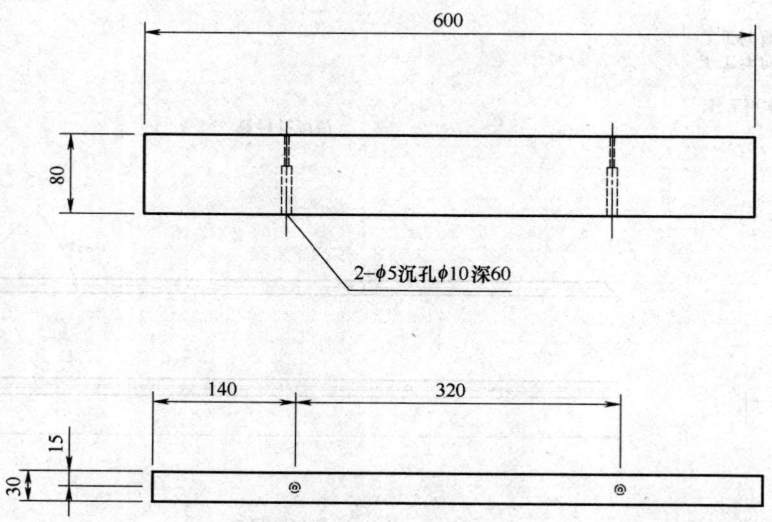

工艺技术要求：

1.孔距尺寸误差≤±0.25mm 。
2.按要求倒圆角$R1.5$。
3.工件截面要求平整光滑，无崩口、毛刺。

东莞职业技术学院	
产品名称	餐台
名称编号	短横
规　格	$L600\times W80\times H30$
材　质	
表面材料：桦木	
颜　色	
数　量	2个
符号说明 1. ⊕ 暗铰链 2. ⊕ 偏心连接件孔 ◇ 预埋螺母孔 ○ 连接件连接孔 3. ◎ 层板粒 4. ◆ 圆木销 5. ＋ 螺丝钉 6. 一木纹方向 7. ∨ 封边 其他符号,如图说明。	
比　例	1:n
设 计 人	江功南
绘 图 人	江功南
复 审 人	江功南
日　期	2010-3-4
页　号	共 7 页 第 4 页

图 3－21　餐台短横加工图

（4）餐台长横零件加工图见工艺文件的餐台长横加工图（图 3－22）。

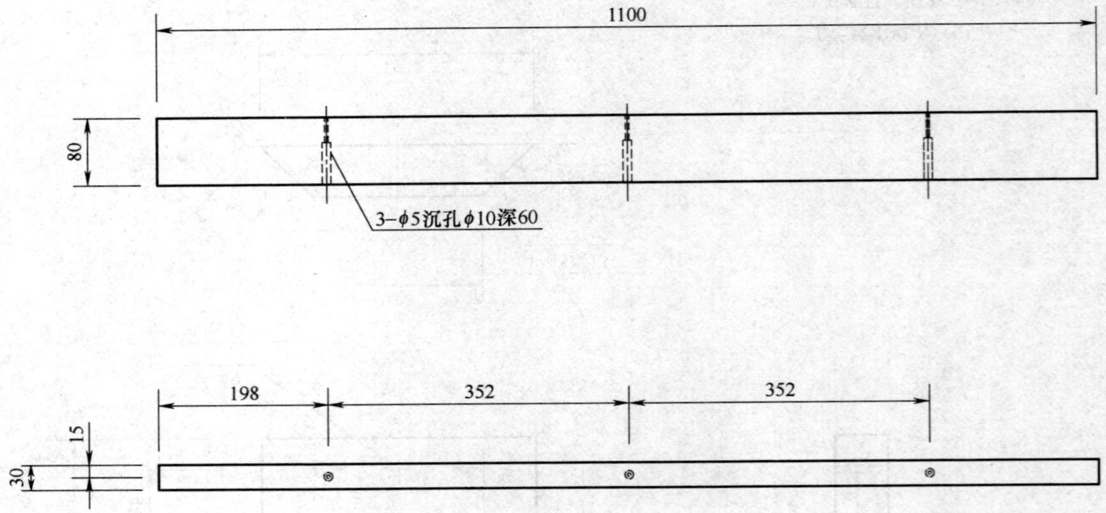

工艺技术要求：

1.孔距尺寸误差≤±0.25mm。

2.按要求倒圆角$R1.5$。

3.工件截面要求平整光滑，无崩口、毛刺。

东莞职业技术学院	
产品名称	餐台
名称编号	长横
规　格	$L1100\times W80\times H30$
材　质	
表面材料：桦木	
颜　色	
数　量	2个
符号说明 1. ⊕ 暗铰链 2. ⊕ 偏心连接件孔 ◇ 预埋螺母孔 ○ 连接件连接孔 3. ◎ 层板粒 4. ◆ 圆木销 5. ＋ 螺丝钉 6. 一 木纹方向 7. ∨ 封边 其他符号,如图说明。	
比　例	1:n
设 计 人	江功南
绘 图 人	江功南
复 审 人	江功南
日　期	2010-3-4
页　号	共 7 页 第 5 页

图 3－22　餐台长横加工图

（5）餐台角码零件加工图见图 3－23。

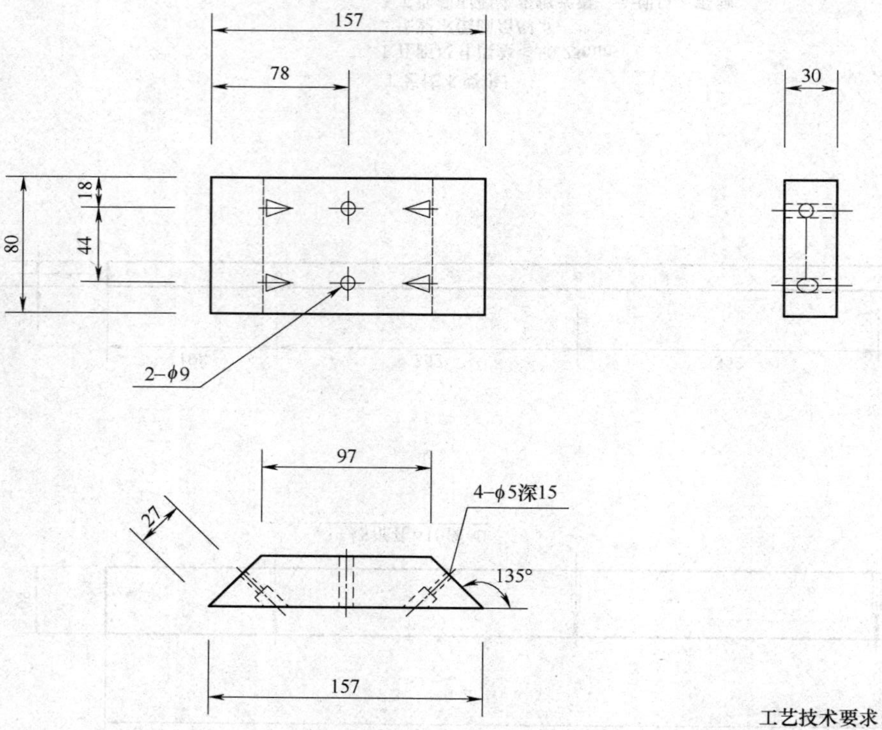

工艺技术要求：

1.孔距尺寸误差≤±0.25mm。

2.工件材料要求坚硬，无崩口、毛刺。

东莞职业技术学院	
产品名称	餐台
名称编号	角码
规　格	$L157\times W80\times H30$
材　质	
表面材料：桦木	
颜　色	
数　量	4个
符号说明 1. ⊕ 暗铰链 2. ⊕ 偏心连接件孔 ◇ 预埋螺母孔 ○ 连接件连接孔 3. ⊚ 层板粒 4. ◈ 圆木销 5. ＋ 螺丝钉 6. 一木纹方向 7. ⌵ 封边 其他符号,如图说明。	
比　例	1:n
设 计 人	江功南
绘 图 人	江功南
复 审 人	江功南
日　期	2010-3-4
页　号	共 7 页 第 6 页

图 3－23　餐台角码加工图

（6）餐台脚加工图见图 3－24。

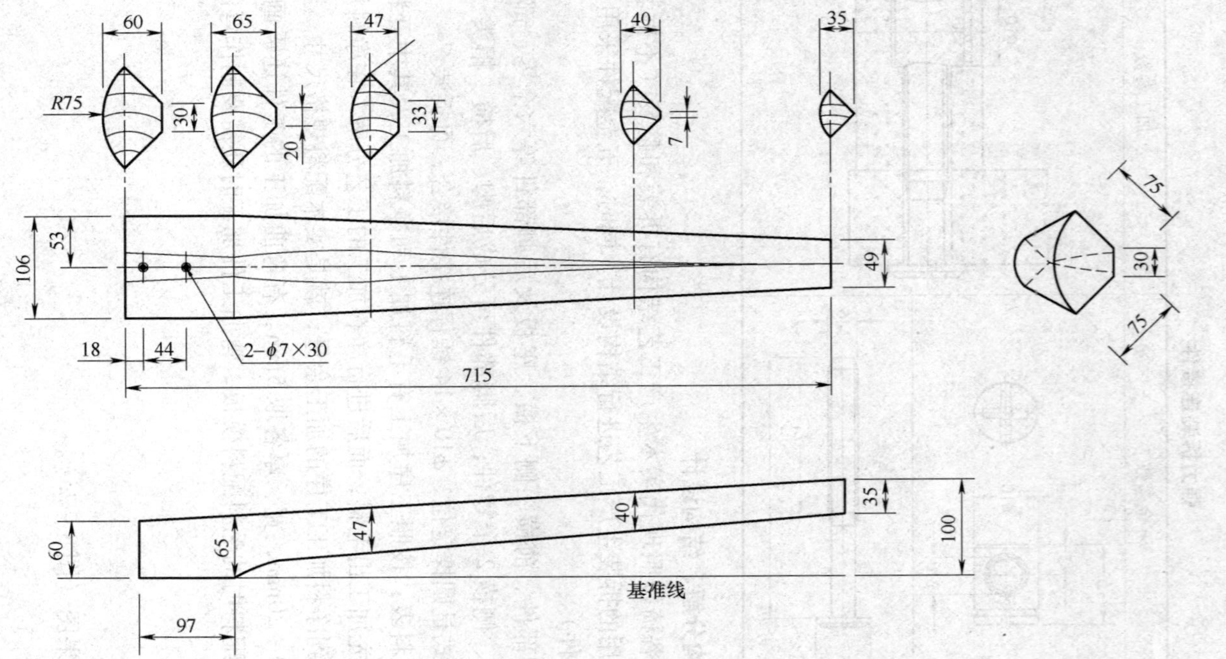

工艺技术要求：

1.孔距尺寸误差≤±0.25mm。
2.按要求倒圆角R1.5。
3.工件截面要求平整光滑，无崩口、毛刺。

东莞职业技术学院	
产品名称	餐台脚
名称编号	
规　格	L715×W106×H60
材　质	表面材料：榉木
颜　色	
数　量	4个
符号说明 1. ⊕ 暗铰链 2. ⊕ 偏心连接件孔 ◇ 预埋螺母孔 ○ 连接件连接孔 3. ◎ 层板粒 4. ◆ 圆木销 5. ＋ 螺丝钉 6. 一 木纹方向 7. ⌄ 封边 其他符号，如图说明。	
比　例	
设 计 人	江功南
绘 图 人	江功南
复 审 人	江功南
日　期	2010-3-4
页　号	共 7 页 第 7 页

图 3－24　餐台脚加工图

四、餐椅工艺文件设计案例解析

（一）餐椅

如餐椅三视图所示，餐椅的三维功能尺寸约为450mm（L）×550mm（W）×885mm（H）。

（二）确定材料、五金配件

（1）产品材料：桦木，涂装为原木色清漆。

（2）产品五金配件及参数如表3－14所示，强力拆装连接件、圆木榫。

表3－14　　强力拆装连接件

简图	五金参数	加工参数
	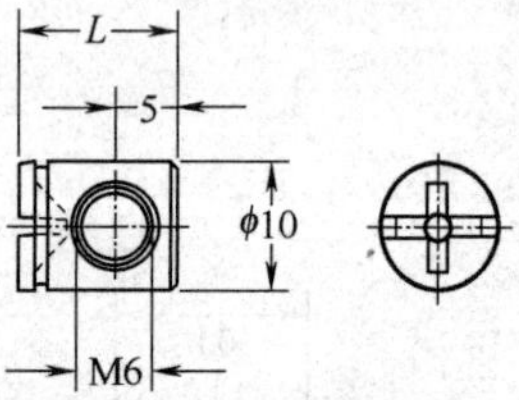 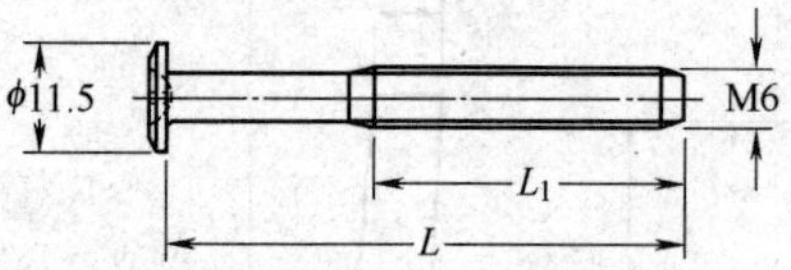	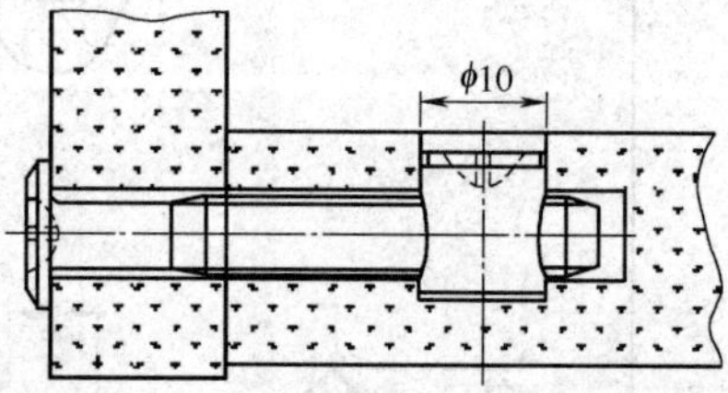

（三）餐椅零部件结构分解、结构设计

根据图纸设计要求，餐椅按照现代实木生产工艺结构有拆装和整装（不拆装）两种方式，这里按现代实木常用的拆装生产工艺进行结构设计。同时，五金配件采用$\phi10\times14$锤仔连接件（四合一连接件）。

（1）餐椅由左右前脚部件、前横、侧下横、座板及后脚部件等六个零、部件构成；左右前脚部件可分成前脚、侧横2个零件；后脚部件可分成后脚、后横、帽头、背条12个零件；结构设计接合方式是圆榫定位，$\phi10\times14$锤仔连接件接合，可拆装。

（2）餐椅配料规格材料表：按照工序加工有毛料加工和净料加工，其中开料尺寸和精截尺寸的关系是配料上先加工出毛料，而后进行净料加工的工艺分解。在净料加工的精截尺寸加上毛料加工工序到净料加工工序的加工余量，就是实木配料规格尺寸。实木加工余量按经验值板件长取10～20mm，宽、厚各取5mm。有弯曲加工的工件还需画线锯解，画线工序时需要制作毛料配料时的毛料配料模板，弯曲工件加工时还需要制作弯曲工件加工模板。

（四）工艺文件

1. 产品效果图

见工艺文件的餐椅效果图（图3－25）。

2. 产品生产工艺流程

见工艺文件的餐椅生产工艺流程图（图3－26）。

3. 产品配料规格材料表

见工艺文件的餐椅配料规格材料表（表3－15）。

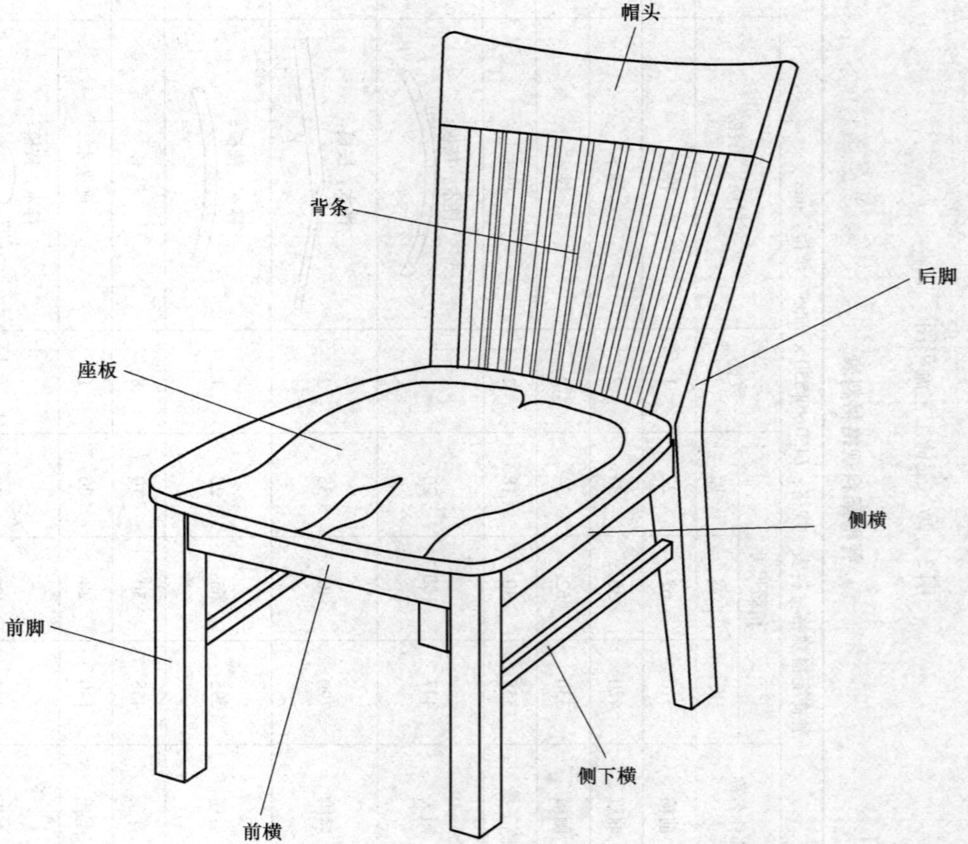

东莞职业技术学院	
产品名称	餐椅
名称编号	
规　格	$L450 \times W550 \times H885$
材　质	表面材料：榉木
颜　色	
数　量	个
工艺说明	1.接触地面脚部均加防滑脚垫。
其他说明	1.餐椅：拆装 2.材料：榉木 3.油漆：清漆
比　例	
设 计 人	江功南
绘 图 人	江功南
复 审 人	江功南
日　期	2010-2-17
页　号	共　页 第　页

图 3－25　餐椅效果图

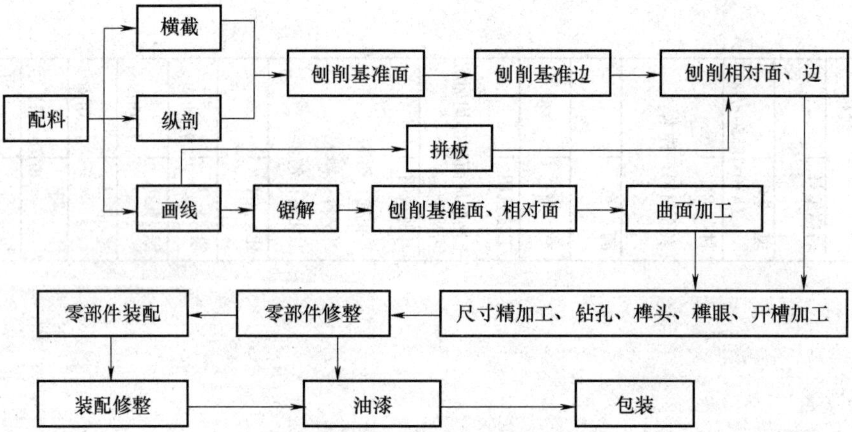

图 3－26　餐椅工艺流程图

表 3－15　　餐椅配料规格材料表

餐椅配料规格材料表　规格：$L450\times W550\times H885$　单位：mm							
序号	部件名称	精截尺寸			数量	材质、备注	页数
		长	宽	厚			
1	前横	310	62	22	1	桦木	
2	前脚	420	35	35	2	桦木	
3	侧横	330	62	24	2	桦木	
4	侧下横	355	30	18	2	桦木	
5	帽头	447	100	20	1	桦木，按模：	
6	后脚	790	40	35	2	桦木，按模：	
7	后横	295	55	20	1	桦木，按模：	
8	背条	458	30	10	8	桦木	
9	座托	140	28	20	1	硬杂木	
10	座板	407	420	20	1	桦木，按模：	
						制表：　　审核：　　日期：	

4. 产品五金配件清单

见工艺文件的餐椅五金配件清单（表 3－16）。

表 3-16　　　　餐椅五金配件清单

餐椅五金配件清单

序号	名称	规格	数量	要求	简图	备注
1	圆柱螺母	ϕ10×14（M6）	4		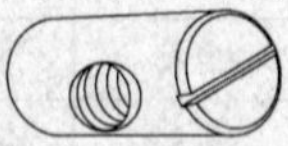	
2	杯头螺杆	M6×60	4		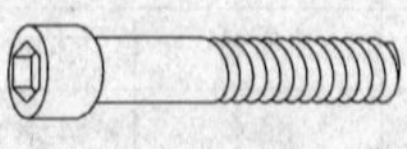	
3	平垫	ϕ13/ϕ20×1.2	4		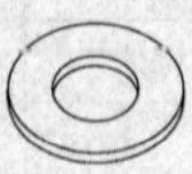	
4	内六角扳手	5mm	1		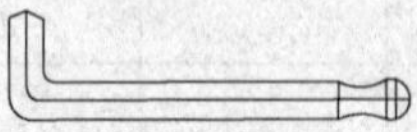	
5	圆木塞	ϕ14×13（×ϕ12）	4	实木	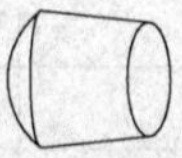	
6	角码	25×25×1.2	4			
7	沉头自攻螺钉	M3.5×16	8		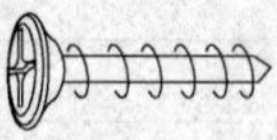	
8	沉头自攻螺钉	M3.5×30	4		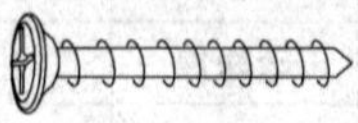	
9	圆木销	ϕ8×30	20		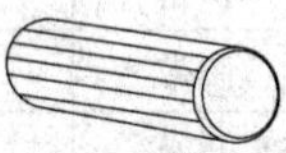	
10	脚钉	ϕ15×12	4		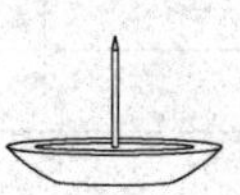	

制表：　　　审核：　　　日期：

5. 产品材料成本核算表

见工艺文件的餐椅材料成本核算表（表 3-17）。

表3－17　　餐椅材料成本核算表

序号	名称	材料	规格(件数)	数量	单位	单价	价格/元	备注
1	前横	桦木	310×62×22(1)	0.0005	m^3	2500	3.57	利用率以35%计
2	前脚	桦木	420×35×35(2)	0.001	m^3	2500	7.14	利用率以35%计
3	侧横	桦木	330×62×24(2)	0.001	m^3	2500	7.14	利用率以35%计
4	侧下横	桦木	365×30×18(2)	0.0004	m^3	2500	2.86	利用率以35%计
5	帽头	桦木	447×100×20(1)	0.0009	m^3	2500	11.25	利用率以20%计
6	后脚	桦木	790×40×35(2)	0.0023	m^3	2500	27.65	利用率以20%计
7	后横	桦木	307×55×20(1)	0.0004	m^3	2500	4.22	利用率以20%计
8	背条	桦木	458×30×10(8)	0.0011	m^3	2500	7.86	利用率以35%计
9	座托	硬杂木	140×28×20(1)	0.0001	m^3	2500	0.71	利用率以35%计
10	座板	桦木	407×420×25(1)	0.0043	m^3	2500	30.71	利用率以35%计
11	圆柱螺母		ϕ10×14(M6)	4	支	0.15	0.6	
12	杯头螺杆		M6×60	4	支	0.01	0.04	
13	平垫		ϕ13×1.2	4	只	0.01	0.04	
14	内六角扳手		5mm	1	只	0.15	0.15	
15	圆木塞			4	只	0.16	0.64	
16	角码		25×25×1.2	4	只	0.1	0.4	
17	自攻螺丝		M3.5×16	8	只	0.01	0.08	
18	自攻螺丝		M3.5×30	12	只	0.01	0.12	
19	圆木销		ϕ8×30	20	只	0.01	0.2	
20	地脚钉		ϕ15×12	4	只	0.1	0.4	
21	白乳胶			0.2	kg	6	1.2	
22	油漆			1	m^2	30	30	
23	砂纸			1	m^2	3	3	
24	商标			1	只	1	1	
25	包装	纸箱		1	个	25	25	
26		珍珠棉		2	m^2	0.5	1	
27		泡沫塑料		1	m^2	1	1	
28		护角		8	只	0.2	1.6	
29		胶带		0.5	卷	5	2.5	
主、辅材料成本费用小计							172.08	
工人工资								
厂价（含毛利）								

制表：　　审核：　　日期：

6. 产品三视图

见工艺文件的餐椅三视图（图3－27）。

产品三视图按《家具制图》标准的正投影第一角画法绘制，为了能清楚明了地表达餐椅的结构，除了三视图之外还绘制了餐椅俯视图的剖视及餐椅的结构装配图。

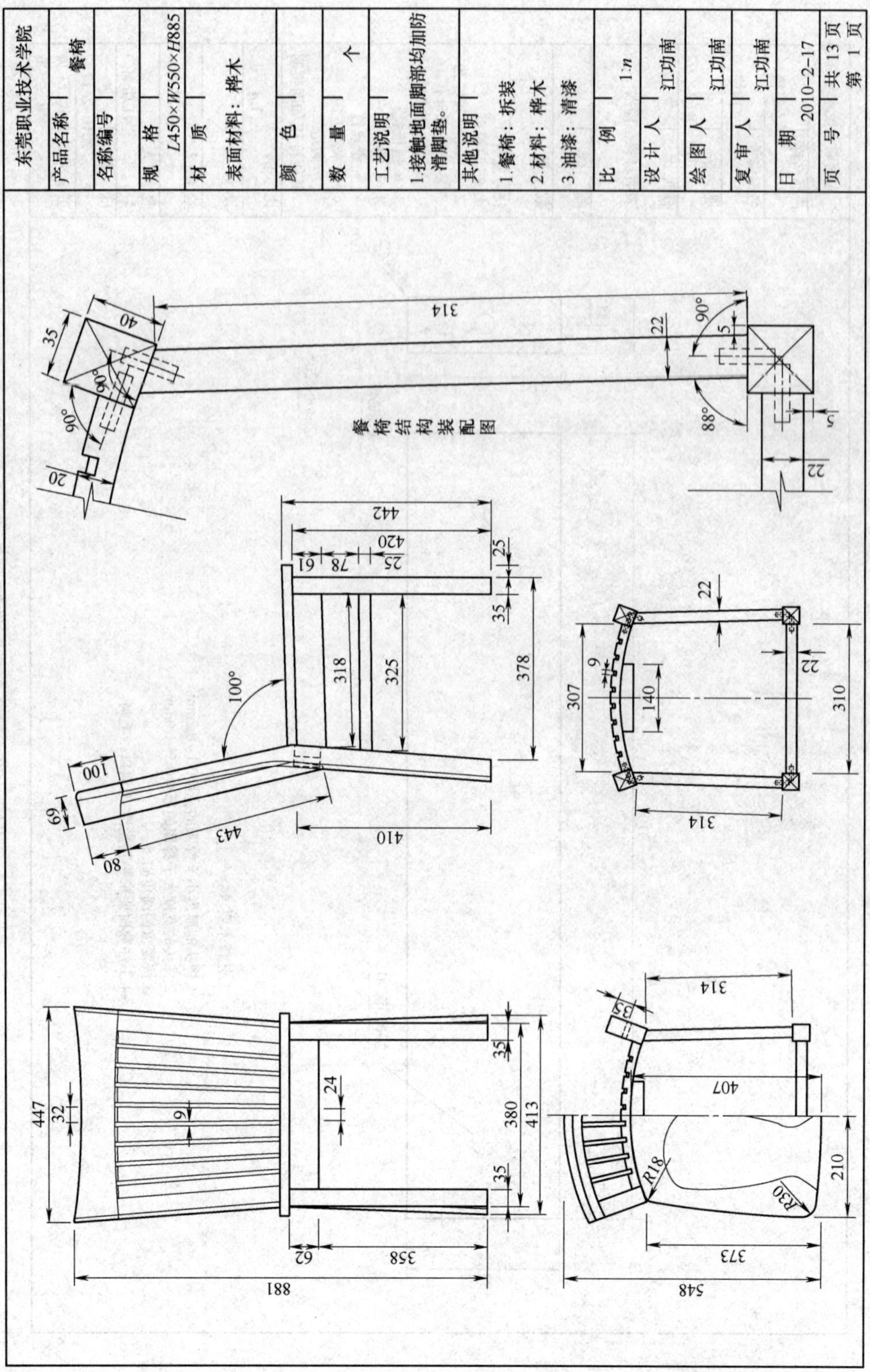
东莞职业技术学院
产品名称　餐椅
名称编号
规　格　L450×W550×H885
材　质
表面材料：榉木
颜　色
数　量　个
工艺说明
1.接触地面脚部均加防滑脚垫。
其他说明
1.餐椅：拆装
2.材料：榉木
3.油漆：清漆
比　例　1:n
设 计 人　江功南
绘 图 人　江功南
复 审 人　江功南
日　期　2010-2-17
页　号　共 13 页　第 1 页
餐椅结构装配图
881
447
358
62
548
373
407
314
210
R18
R30
310
307
140
442
420
378
318
325
443
410
100°
90°
88°

图 3-27　餐椅三视图

7. 产品零部件加工图

（1）餐椅前横零件加工图见图 3－28。

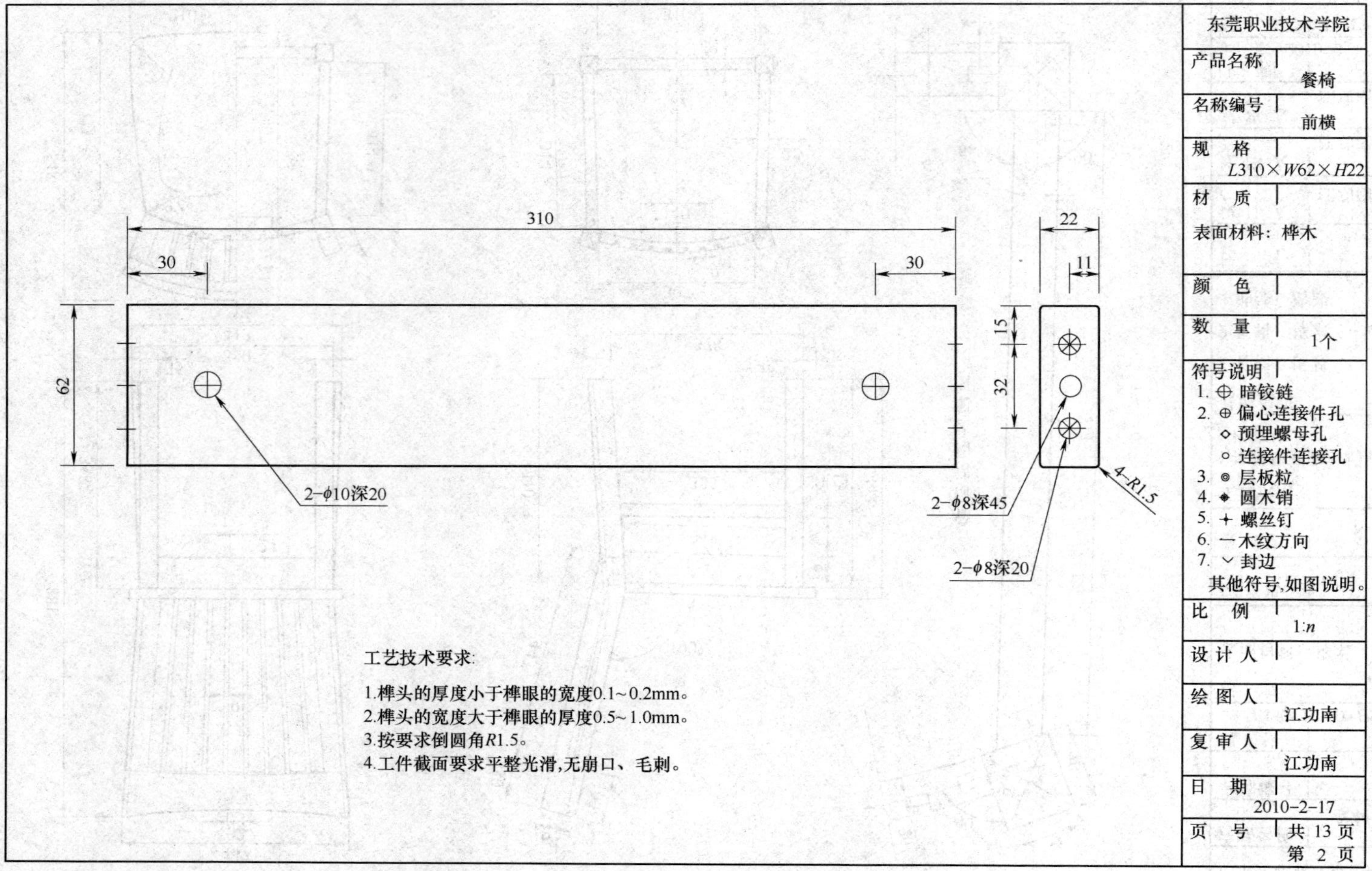

图 3－28　餐椅前横零件加工图

（2）餐椅前脚部件加工图，见餐椅工艺文件的餐椅前脚部件加工图（图 3－29）。

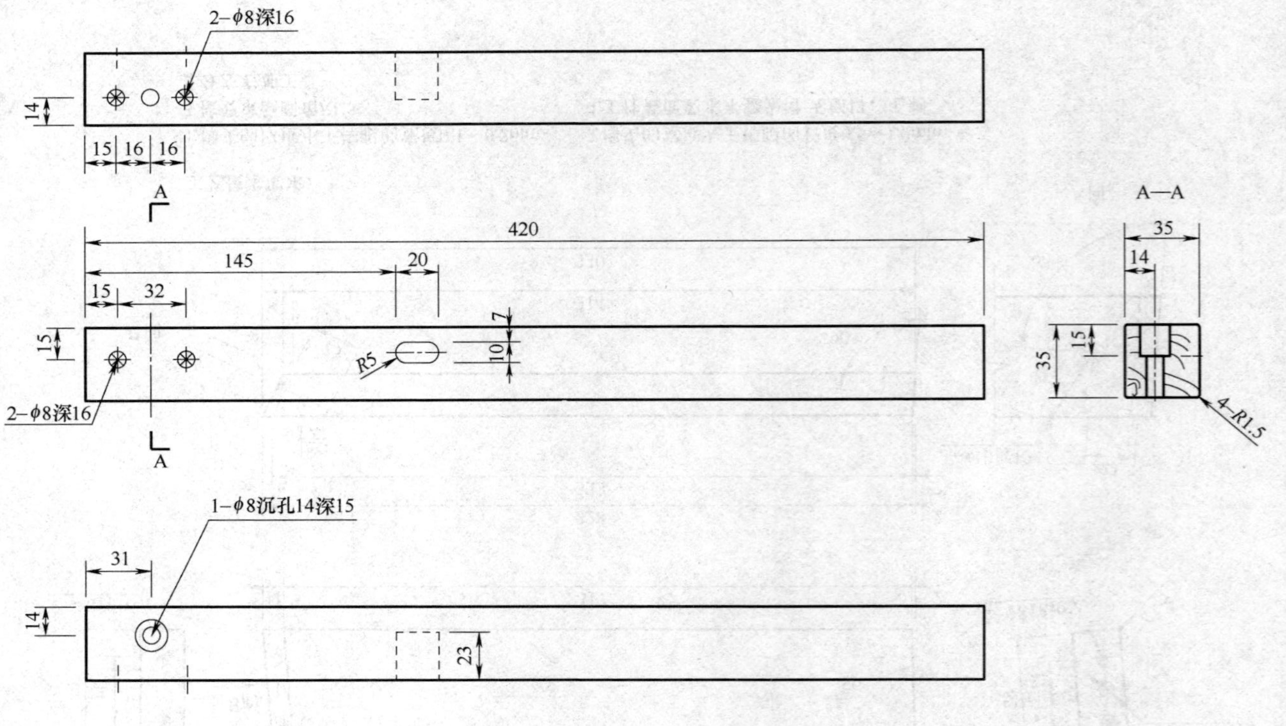

工艺技术要求：

1.榫头的厚度小于榫眼的宽度0.1～0.2mm。　2.榫头的宽度大于榫眼的长度0.5～1.0mm。

3.按要求倒圆角$R1.5$。　4.工件截面要求平整光滑,无崩口、毛刺。

5.分左右加工。

东莞职业技术学院	
产品名称	餐椅前脚
名称编号	
规　格	$L420 \times D35 \times H35$
材　质	
表面材料：榉木	
颜　色	
数　量	2个
符号说明 1. ⊕ 暗铰链 2. ⊕ 偏心连接件孔 ◇ 预埋螺母孔 ○ 连接件连接孔 3. ◎ 层板粒 4. ◆ 圆木销 5. ＋ 螺丝钉 6. 一木纹方向 7. ∨ 封边 其他符号,如图说明。	
比　例	1:n
设 计 人	
绘 图 人	江功南
复 审 人	江功南
日　期	2010-2-17
页　号	共 13 页 第 3 页

图 3－29　餐椅前脚部件加工图

（3）餐椅侧横零件加工图，见工艺文件的餐椅侧横加工图（图3－30）。

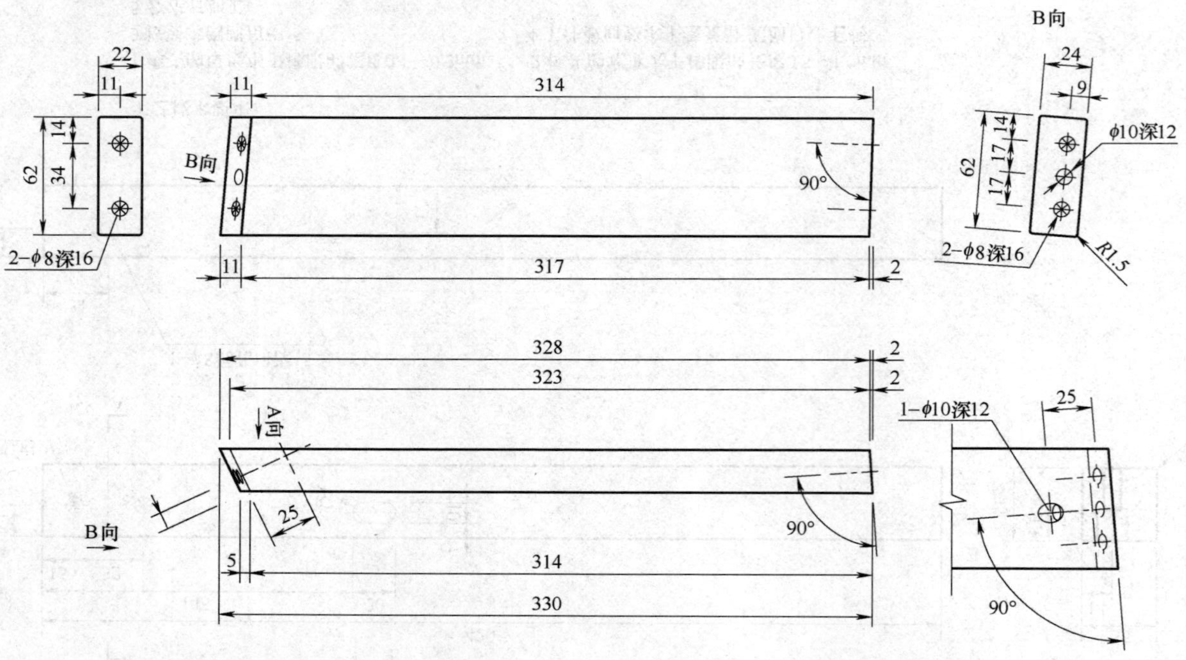

工艺技术要求：

1.榫头的厚度小于榫眼的宽度0.1～0.2mm。 2.榫头的宽度大于榫眼的长度0.5～1.0mm。
3.按要求倒圆角R1.5。 4.工件截面要求平整光滑,无崩口、毛刺。
5.分左右加工。

东莞职业技术学院	
产品名称	餐椅侧横
名称编号	
规　格	L330×W62×H24
材　质	
表面材料：桦木	
颜　色	
数　量	2个
符号说明 1. ⊕ 暗铰链 2. ⊕ 偏心连接件孔 ◇ 预埋螺母孔 ○ 连接件连接孔 3. ◎ 层板粒 4. ◆ 圆木销 5. ＋ 螺丝钉 6. 一木纹方向 7. ∨ 封边 其他符号,如图说明。	
比　例	1:n
设 计 人	
绘 图 人	江功南
复 审 人	江功南
日　期	2010-2-17
页　号	共 13 页 第 4 页

图3－30　餐椅侧横加工图

（4）餐椅侧下横零件加工图，见工艺文件的餐椅侧下横加工图（图 3－31）。

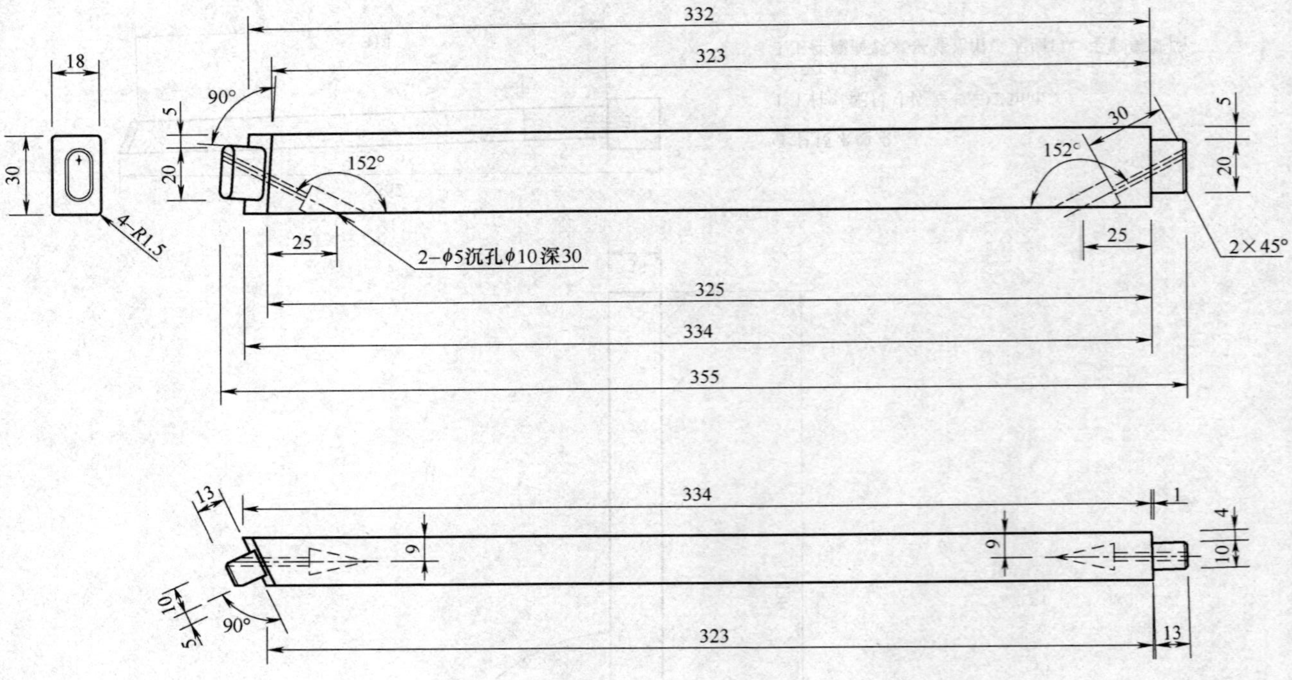

工艺技术要求：

1.榫头的厚度小于榫眼的宽度0.1～0.2mm。 2.榫头的宽度大于榫眼的长度0.5～1.0mm。

3.按要求倒圆角R1.5。 4.工件截面要求平整光滑，无崩口、毛刺。

5.分左右加工。

东莞职业技术学院	
产品名称	餐椅侧下横
名称编号	
规　格	$L355 \times D30 \times H18$
材　质	
表面材料：桦木	
颜　色	
数　量	2个
符号说明 1. ⊕ 暗铰链 2. ⊕ 偏心连接件孔 ◇ 预埋螺母孔 ○ 连接件连接孔 3. ⊚ 层板粒 4. ◆ 圆木销 5. ＋ 螺丝钉 6. 一木纹方向 7. ⌵ 封边 其他符号，如图说明。	
比　例	1:n
设计人	
绘图人	江功南
复审人	江功南
日　期	2010-2-17
页　号	共 13 页 第 5 页

图 3－31　餐椅侧下横加工图

（5）餐椅前脚零件加工图，见工艺文件的餐椅前脚加工图（图 3－32）。

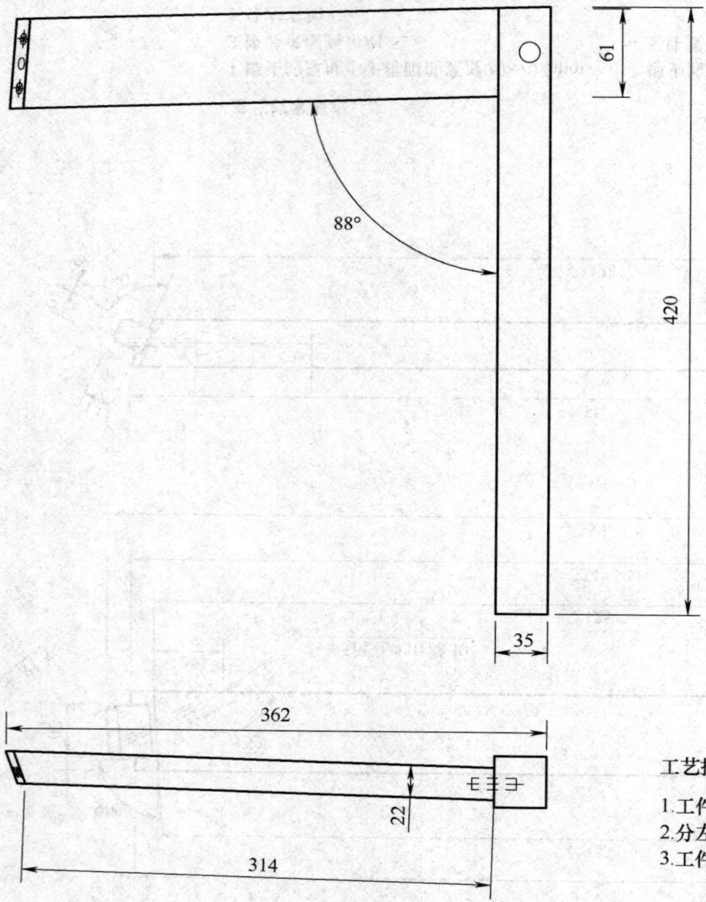

工艺技术要求:

1.工件装配尺寸误差≤±0.25mm。
2.分左右装配。
3.工件截面要求平整光滑，无崩口、毛刺等缺陷。

东莞职业技术学院	
产品名称	餐椅前脚部件
名称编号	
规　格	$L362 \times D35 \times H420$
材　质	表面材料：榉木
颜　色	
数　量	2个
符号说明	1. ⊕ 暗铰链 2. ⊕ 偏心连接件孔 ◇ 预埋螺母孔 ○ 连接件连接孔 3. ◎ 层板粒 4. ◆ 圆木销 5. + 螺丝钉 6. 一木纹方向 7. ∨ 封边 其他符号,如图说明。
比　例	1:n
设 计 人	江功南
绘 图 人	江功南
复 审 人	江功南
日　期	2010-2-17
页　号	共 13 页 第 6 页

图 3－32　餐椅前脚加工图

（6）餐椅后脚部件加工图，见工艺文件的餐椅后脚部件加工图（图 3－33）。

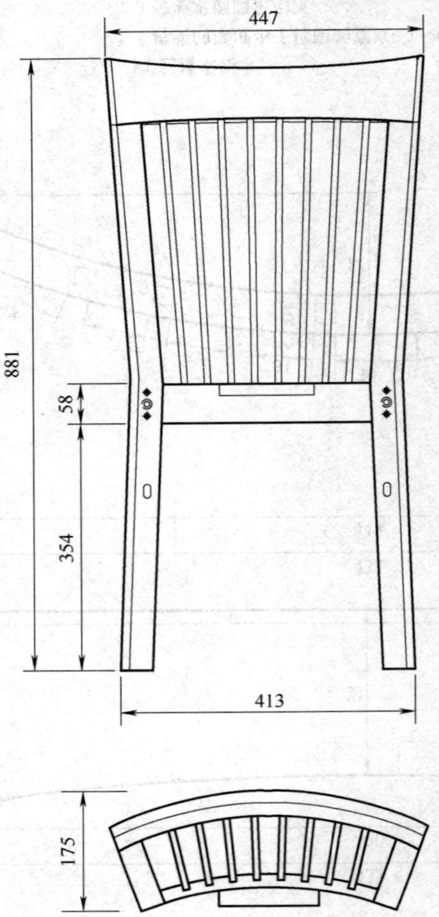

工艺技术要求：

1.工件装配尺寸误差 ≤±0.25mm。

2.工件截面要求平整光滑，无崩口、毛刺等缺陷。

东莞职业技术学院	
产品名称	餐椅 后脚部件
名称编号	
规　格	L447×W175×H881
材　质	
表面材料：桦木	
颜　色	
数　量	1个
工艺说明	
1.接触地面脚部均加防滑脚垫。	
其他说明	
1.餐椅：拆装	
2.材料：桦木	
3.油漆：清漆	
比　例	1:n
设 计 人	江功南
绘 图 人	江功南
复 审 人	江功南
日　期	2010-2-17
页　号	共 13 页 第 7 页

图 3－33　餐椅后脚部件加工图

（7）餐椅帽头零件加工图，见工艺文件的餐椅帽头加工图（图 3－34）。

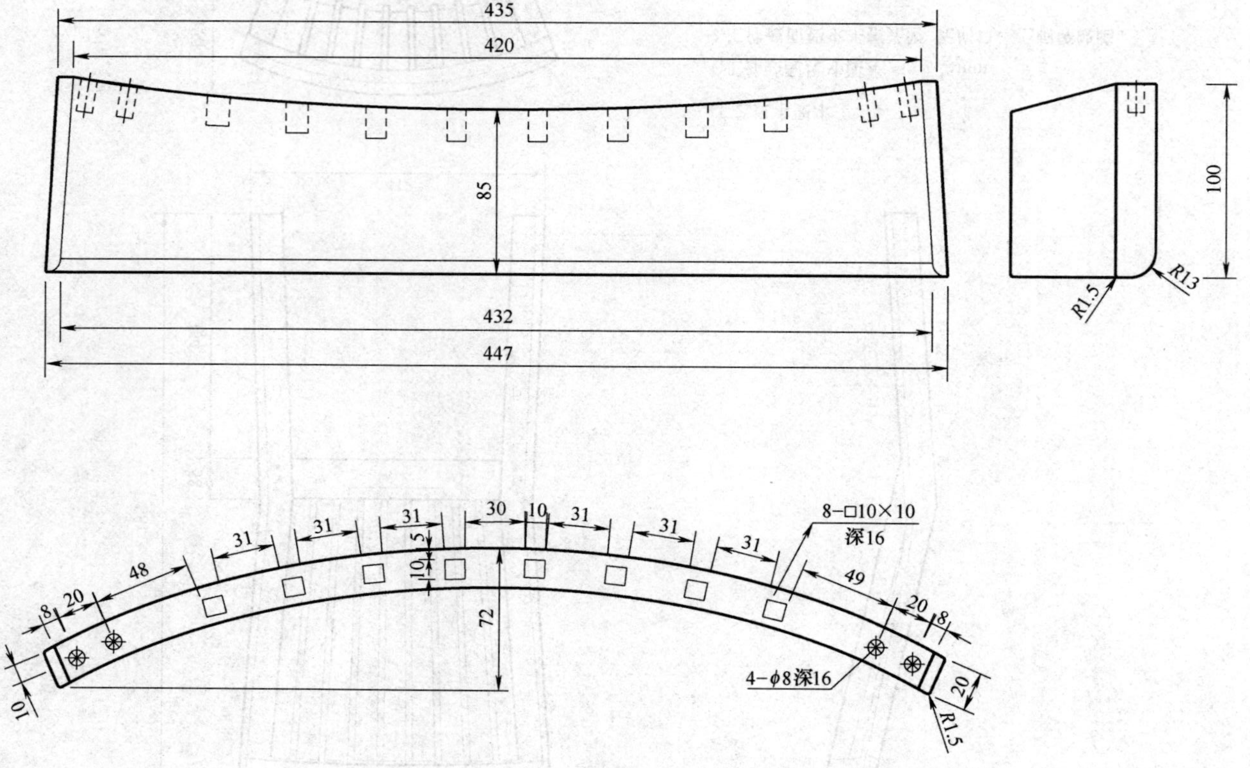

东莞职业技术学院	
产品名称	餐椅帽头
名称编号	
规　格	$L447 \times D100 \times H20$
材　质	表面材料：桦木
颜　色	
数　量	1个
符号说明	1. ⊕ 暗铰链 2. ⊕ 偏心连接件孔 ◇ 预埋螺母孔 ○ 连接件连接孔 3. ◎ 层板粒 4. ◆ 圆木销 5. ＋ 螺丝钉 6. 一木纹方向 7. ∨ 封边 其他符号,如图说明。
比　例	1:*n*
设 计 人	
绘 图 人	江功南
复 审 人	江功南
日　期	2010-2-17
页　号	共 13 页 第 8 页

工艺技术要求：

1.榫头的厚度小于榫眼的宽度0.1～0.2mm。　2.榫头的宽度大于榫眼的长度0.5～1.0mm 。

3.按要求倒圆角*R*1.5。　4.工件截面要求平整光滑,无崩口、毛刺。

图 3－34　餐椅帽头加工图

（8）餐椅座托零件加工图，见工艺文件的餐椅座托加工图（图 3－35）。

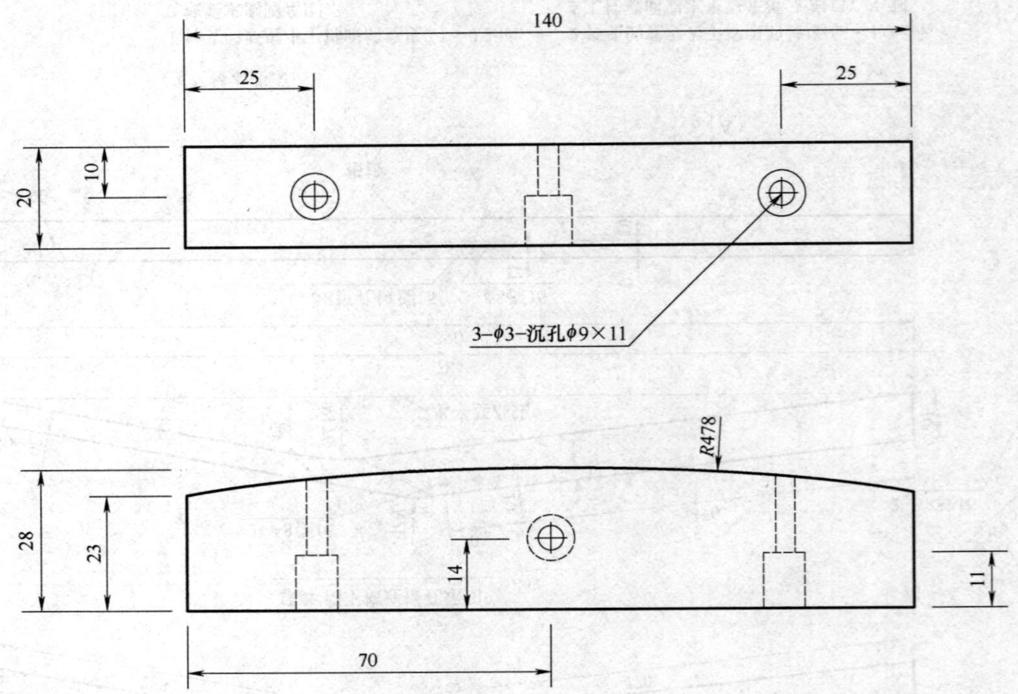

工艺技术要求：

工件截面要求平整光滑,无崩口、毛刺。

东莞职业技术学院	
产品名称	餐椅座托
名称编号	
规　格	L140×W28×H20
材　质	表面材料：榉木
颜　色	
数　量	1个
符号说明	1. ⊕ 暗铰链 2. ⊕ 偏心连接件孔 ◇ 预埋螺母孔 ○ 连接件连接孔 3. ◎ 层板粒 4. ◆ 圆木销 5. ＋ 螺丝钉 6. 一木纹方向 7. ∨ 封边 其他符号,如图说明。
比　例	1:n
设 计 人	
绘 图 人	江功南
复 审 人	江功南
日　期	2010-2-17
页　号	共 13 页 第 9 页

图 3－35　餐椅座托加工图

（9）餐椅后脚零件加工图，见工艺文件的餐椅后脚加工图（图 3－36）。

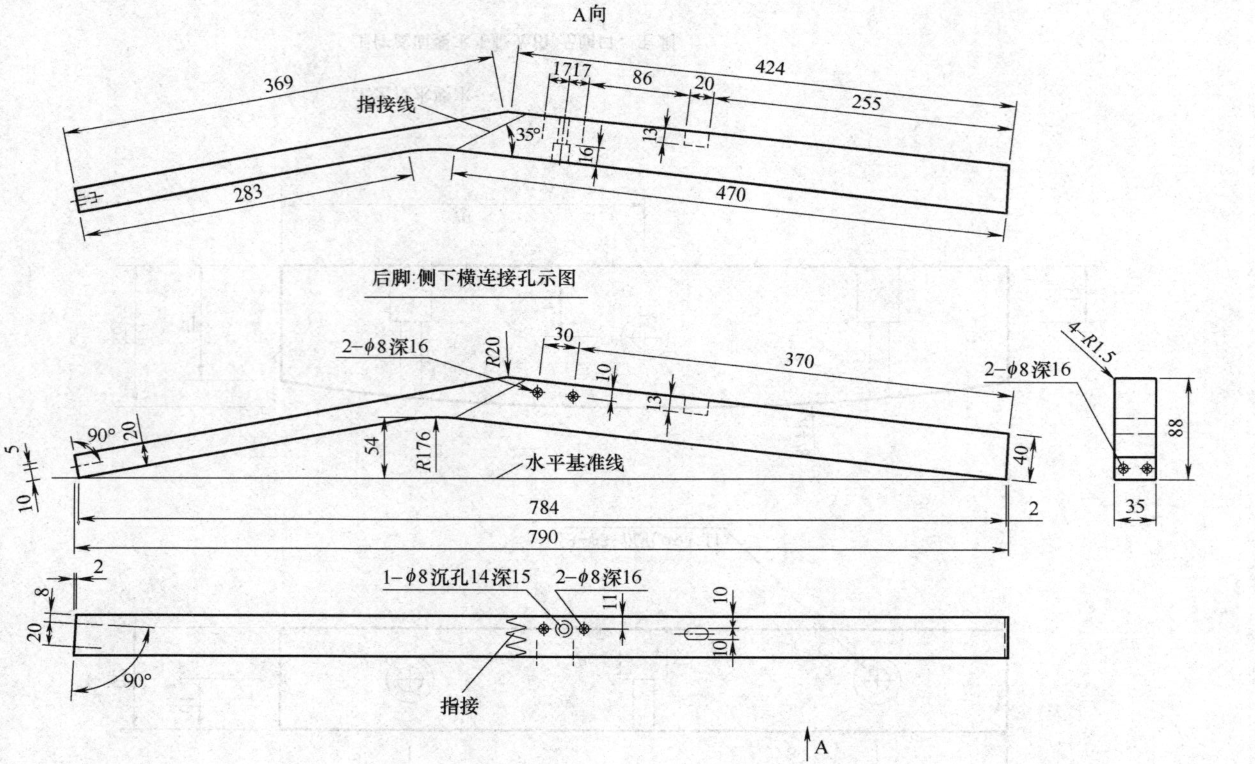

工艺技术要求：

1.榫头的厚度小于榫眼的宽度0.1～0.2mm。 2.榫头的宽度大于榫眼的长度0.5～1.0mm。
3.按要求倒圆角R1.5。 4.工件截面要求平整光滑,无崩口、毛刺。
5.分左右加工。

东莞职业技术学院	
产品名称	餐椅后脚
名称编号	
规　格	$L790 \times D40 \times H35$
材　质	
表面材料：桦木	
颜　色	
数　量	2个
符号说明 1. ⊕ 暗铰链 2. ⊕ 偏心连接件孔 ◇ 预埋螺母孔 ○ 连接件连接孔 3. ◎ 层板粒 4. ◈ 圆木销 5. ✚ 螺丝钉 6. 一 木纹方向 7. ∨ 封边 其他符号,如图说明。	
比　例	1:n
设 计 人	
绘 图 人	江功南
复 审 人	江功南
日　期	2010-2-17
页　号	共 13 页 第 10页

图 3－36　餐椅后脚加工图

（10）餐椅后横零件加工图，见工艺文件的餐椅后横加工图（图 3－37）。

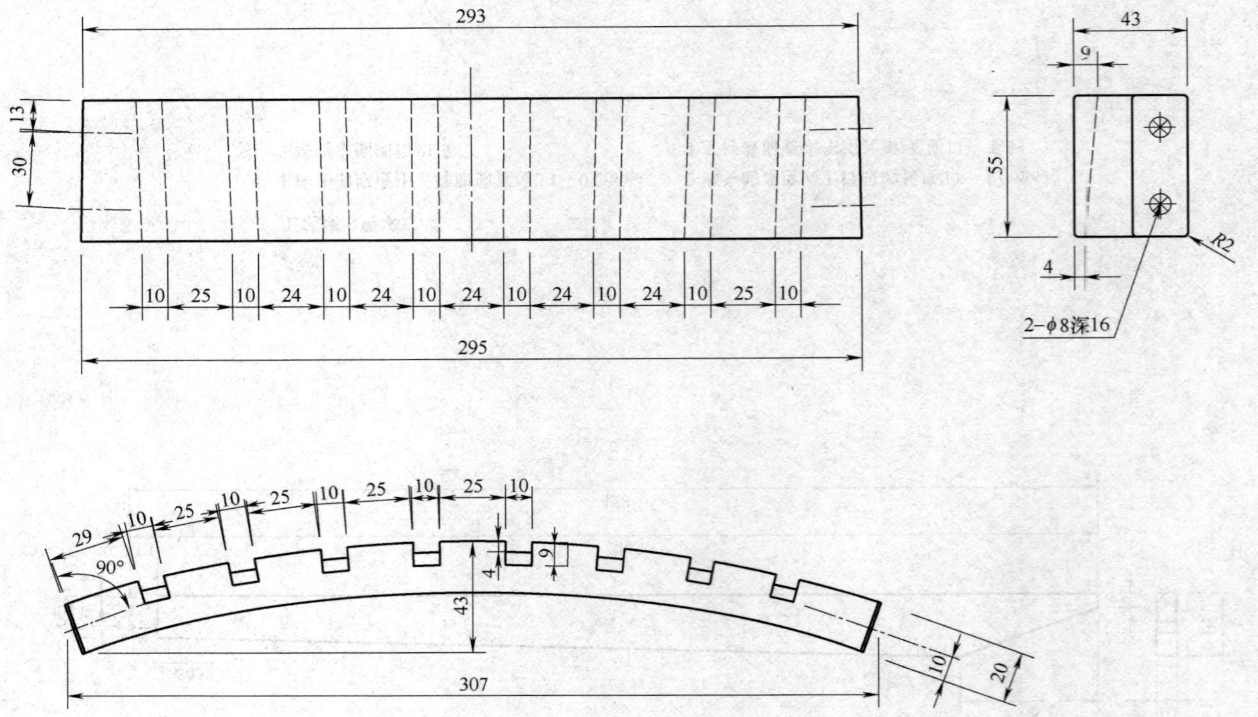

东莞职业技术学院	
产品名称	餐椅后横
名称编号	
规　格	L295×W55×H55
材　质	
表面材料：榉木	
颜　色	
数　量	1个
符号说明 1. ⊕ 暗铰链 2. ⊕ 偏心连接件孔 ◇ 预埋螺母孔 ○ 连接件连接孔 3. ◎ 层板粒 4. ◆ 圆木销 5. ＋ 螺丝钉 6. 一木纹方向 7. ⌄ 封边 其他符号,如图说明。	
比　例	1:n
设 计 人	
绘 图 人	江功南
复 审 人	江功南
日　期	2010-2-17
页　号	共 13 页 第 11 页

工艺技术要求：

1.榫头的厚度小于榫眼的宽度0.1～0.2mm。　2.榫头的宽度大于榫眼的长度0.5～1.0mm。

3.按要求倒圆角$R1.5$。　4.工件截面要求平整光滑,无崩口、毛刺。

图 3－37　餐椅后横加工图

（11）餐椅背条零件加工图，见工艺文件的餐椅背条加工图（图 3 - 38）。

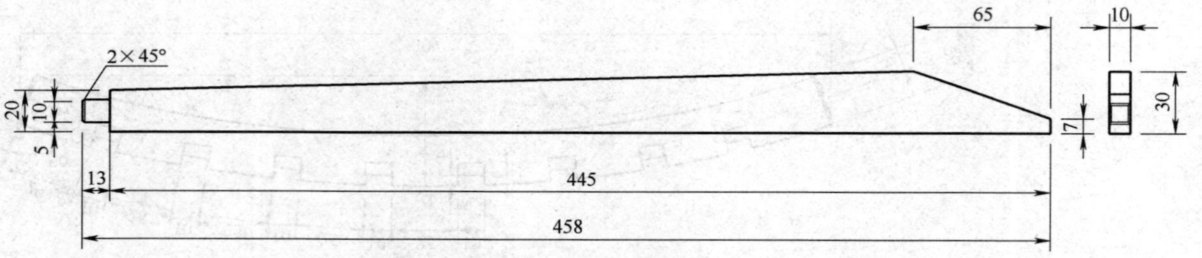

工艺技术要求：

1.榫头的厚度小于榫眼的宽度0.1～0.2mm。 2.榫头的宽度大于榫眼的长度0.5～1.0mm。

3.按要求倒圆角$R1.5$。 4.工件截面要求平整光滑,无崩口、毛刺。

东莞职业技术学院	
产品名称	餐椅背条
名称编号	
规　格	$L458\times W30\times H10$
材　质	
表面材料：桦木	
颜　色	
数　量	8个
符号说明 1. ⊕ 暗铰链 2. ⊕ 偏心连接件孔 ◇ 预埋螺母孔 ○ 连接件连接孔 3. ⊚ 层板粒 4. ◆ 圆木销 5. + 螺丝钉 6. 一木纹方向 7. ⌄ 封边 其他符号,如图说明。	
比　例	1:n
设 计 人	
绘 图 人	江功南
复 审 人	江功南
日　期	2010-2-17
页　号	共 13 页 第 12 页

图 3 - 38　餐椅背条加工图

（12）餐椅座板零件加工图，见工艺文件的餐椅座板加工图（图 3－39）。

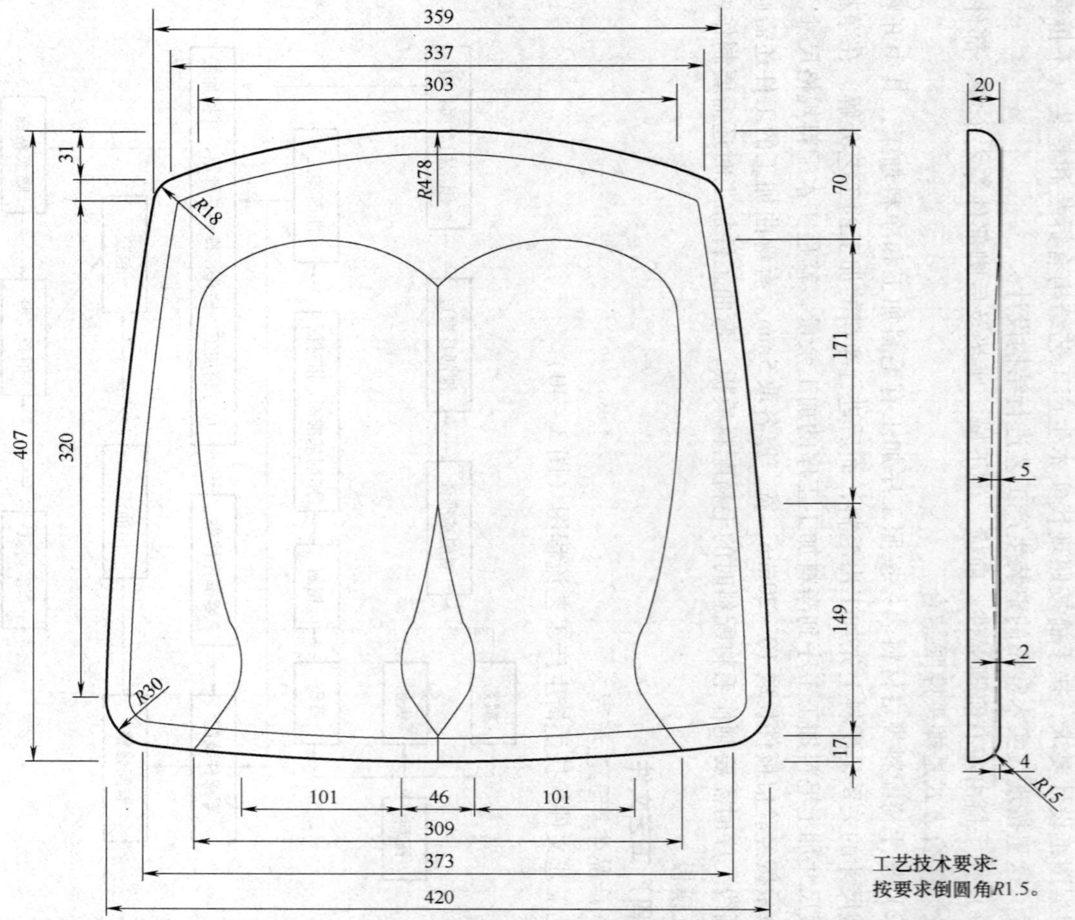

工艺技术要求：
按要求倒圆角$R1.5$。

东莞职业技术学院	
产品名称	餐椅座板
名称编号	
规　格	$L420 \times W407 \times H20$
材　质	
表面材料：桦木	
颜　色	
数　量	1个
符号说明 1. ⊕ 暗铰链 2. ⊕ 偏心连接件孔 ◇ 预埋螺母孔 ○ 连接件连接孔 3. ⊚ 层板粒 4. ◆ 圆木销 5. ＋ 螺丝钉 6. 一木纹方向 7. ∨ 封边 其他符号,如图说明。	
比　例	1:n
设 计 人	
绘 图 人	江功南
复 审 人	江功南
日　期	2010-2-17
页　号	共 13 页 第 13 页

图 3－39　餐椅座板加工图

五、扶手椅工艺文件设计案例解析

（一）扶手椅

如扶手椅三视图所示，扶手椅的三维功能尺寸约为576mm（H）×670mm（W）×910mm（D）。

（二）确定材料、五金配件

（1）产品材料：桦木，涂装为原木色清漆。

（2）产品五金配件及连接件有平头杯螺杆、自攻螺钉及圆木销等。

（三）扶手椅零部结构分解、结构设计

根据图纸设计要求，扶手椅按照现代实木生产工艺结构有拆装和整装（不拆装）两种方式。这里按现代实木常用的整装生产工艺进行结构设计。

（1）扶手椅由左右前脚部件、前横、侧下横、座垫及后脚部件等六个零、部件构成；结构设计接合方式是榫头榫眼结合。

（2）扶手椅配料规格材料表：按照工序加工有毛料加工和净料加工，其中开料尺寸和精截尺寸的关系是配料上先加工出毛料，而后进行净料的加工的工艺分解。在净料加工的精截尺寸加上毛料加工工序到净料加工工序的加工余量，就是实木配料规格尺寸。实木加工余量按经验值板件长取10～20mm，宽、厚各取5mm。有弯曲加工的工件还需画线锯解，画线工序时需要制作毛料配料时的毛料配料模板，弯曲工件加工时还需要制作弯曲工件加工模板。

（四）工艺文件

1. 产品生产工艺流程

见工艺文件的扶手椅生产工艺流程图（图3－40）。

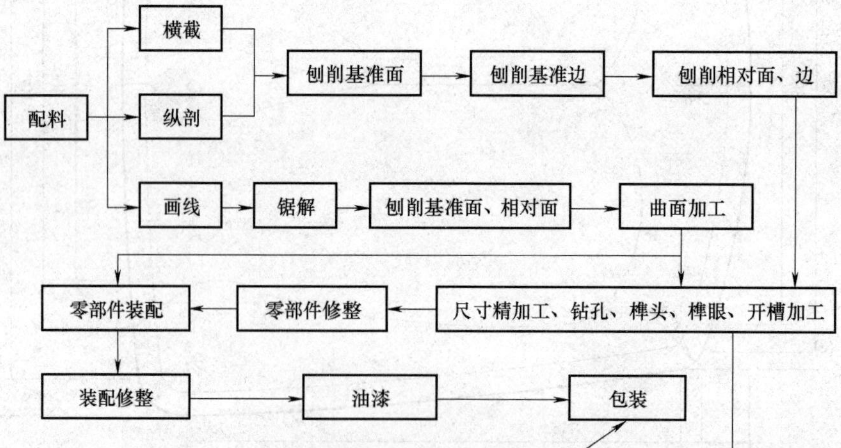

图3－40 扶手椅工艺流程图

2. 产品配料规格材料表

见工艺文件的扶手椅配料规格材料表（表3－18）。

表 3－18　　扶手椅配料规格材料表

扶手椅配料规格材料表　规格：L576 × W670 × H910　单位：mm

序号	部件名称	精截尺寸			数量	材质、备注	页数
		长	宽	厚			
1	后横档	510	50	30	1	桦木	
2	前横档	528	50	30	1	桦木	
3	横档	530	70	26	1	桦木	
4	侧横	406	50	30	2	桦木	
5	前脚	560	60	40	2	桦木，按模：	
6	后脚	867	50	40	2	桦木，按模：	
7	扶手	516	53	30	2	桦木，按模：	
8	背板				1	弯板，按图加工	
9	座板	475	460	12	1	夹板，按图加工	

制表：　　审核：　　日期：

3. 产品五金配件清单

见工艺文件的扶手椅五金配件清单（表 3－19）。

表 3－19　　扶手椅五金材料清单

扶手椅五金配件清单

序号	名称	规格	数量	要求	简图	备注
1	平头杯螺杆	M6 × 70	2 支		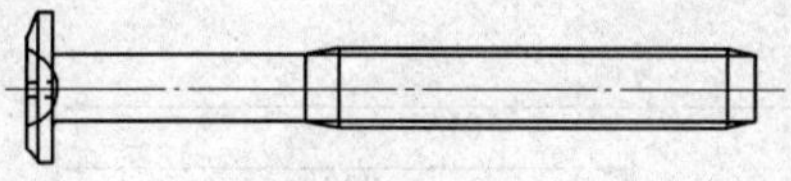	配套四爪螺母
2	自攻螺钉	M3.5 × 30	20 支		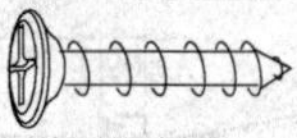	
3	圆木销	ϕ8 × 30	16 支		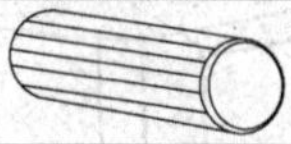	
4	脚钉	ϕ18 × 18	4 支			
5	气钉	F10	8 只	直钉		

制表：　　审核：　　日期：

4. 产品三视图

见工艺文件的扶手椅三视图（图 3－41）。

产品三视图按《家具制图》标准的正投影第一角画法绘制，为了能清楚明了地表达扶手椅的结构，除了三视图之外还绘制了扶手椅俯视图的半剖视。

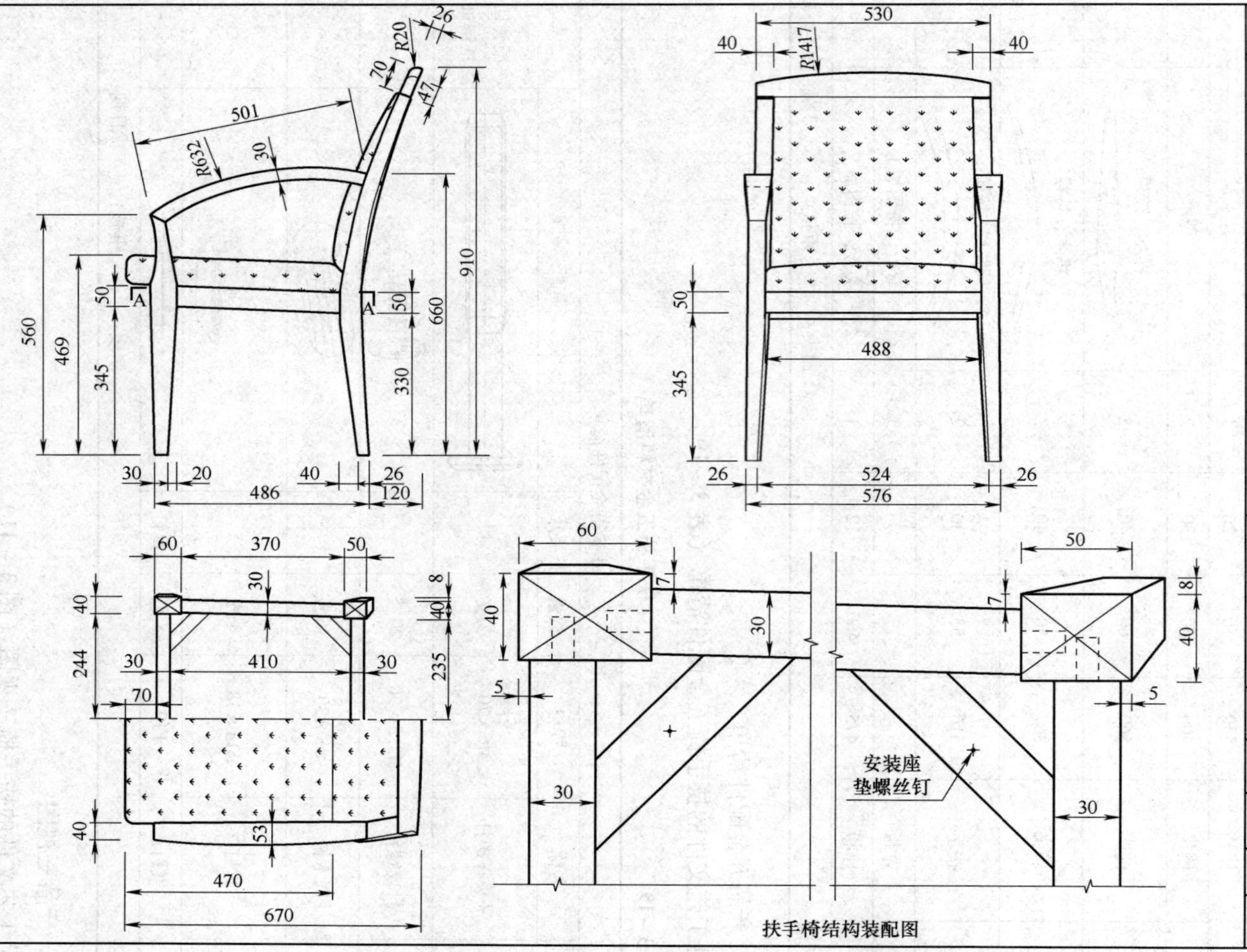

扶手椅结构装配图

东莞职业技术学院	
产品名称	扶手椅
部件名称	
规　格	L576×W670×H910
材　质	表面材料：榉木
颜　色	原木色
数　量	个
工艺说明	1.接触地面脚部均加防滑脚垫。
其他说明	1.固装 2.榉木 3.清漆 其他符号，如图说明。
比　例	1:n
绘 图 人	江功南
审 核 人	江功南
日　期	2010-10-25
页　号	共 8 页 第 1 页

图 3-41　扶手椅三视图

5. （1）扶手椅后横档零件加工图，见工艺文件的扶手椅后横档加工图（图 3－42）。

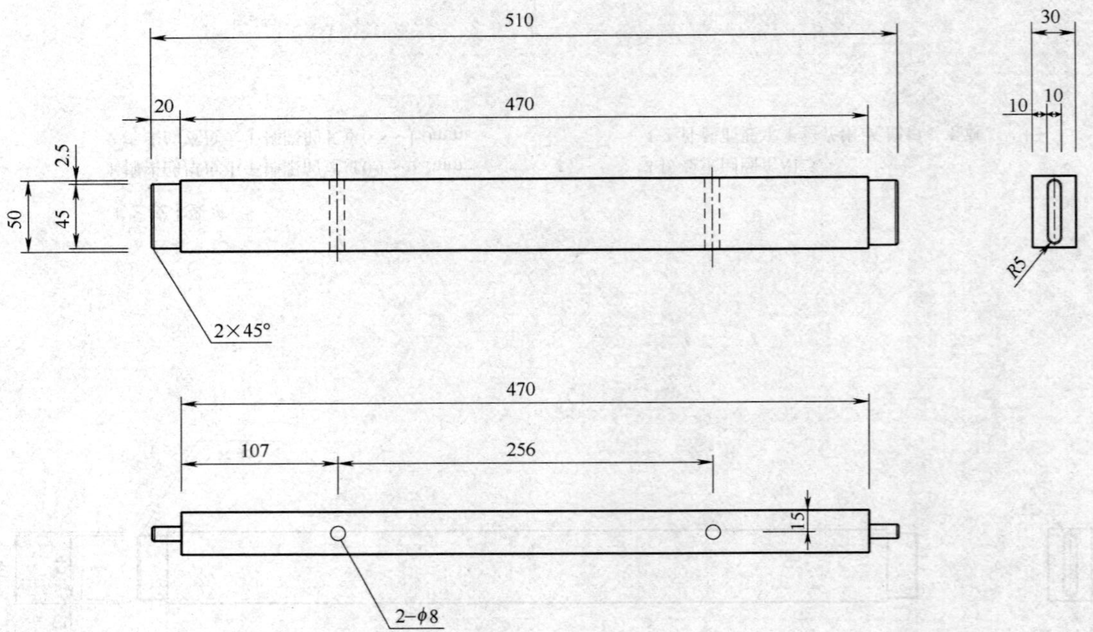

工艺技术要求：

1.榫头的厚度小于榫眼的宽度0.1～0.2mm。

2.榫头的宽度大于榫眼的长度0.5～1.0mm。

3.按要求倒圆角R1.5。

4.工件截面要求平整光滑,无崩口、毛刺。

东莞职业技术学院	
产品名称	扶手椅
部件名称	后横档
规　格	$L510\times W50\times H30$
材　质	
表面材料：桦木	
颜　色	原木色
数　量	1支
符号说明 1. ⊕ 暗铰链 2. ⊕ 偏心连接件孔 ◇ 预埋螺母孔 ○ 连接件连接孔 3. ◎ 层板粒 4. ◆ 圆木销 5. + 螺丝钉 6. 一木纹方向 7. ∨ 封边 其他符号,如图说明。	
比　例	1:n
绘 图 人	江功南
审 核 人	江功南
日　期	2010-10-25
页　号	共 8 页 第 2 页

图 3－42　扶手椅后横档加工图

（2）扶手椅前横档零件加工图，见工艺文件的扶手椅前横档加工图（图 3－43）。

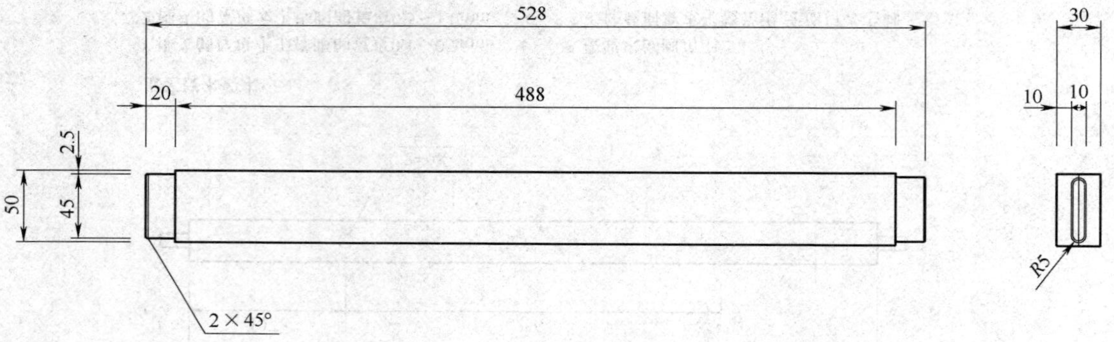

工艺技术要求:

1.榫头的厚度小于榫眼的宽度0.1～0.2mm。
2.榫头的宽度大于榫眼的长度0.5～1.0mm。
3.按要求倒圆角$R1.5$。
4.工件截面要求平整光滑,无崩口、毛刺。

东莞职业技术学院	
产品名称	扶手椅
部件名称	前横档
规　格	$L528\times W50\times H30$
材　质	
表面材料：榉木	
颜　色	原木色
数　量	1支
符号说明 1. ⊕ 暗铰链 2. ⊕ 偏心连接件孔 ◇ 预埋螺母孔 ○ 连接件连接孔 3. ◎ 层板粒 4. ◈ 圆木销 5. ＋ 螺丝钉 6. 一木纹方向 7. ∨ 封边 其他符号,如图说明。	
比　例	1:n
绘图人	江功南
审核人	江功南
日　期	2006-10-25
页　号	共 8 页 第 3 页

图 3－43　扶手椅前横档加工图

（3）扶手椅横档零件加工图，见工艺文件的扶手椅横档加工图（图 3-44）。

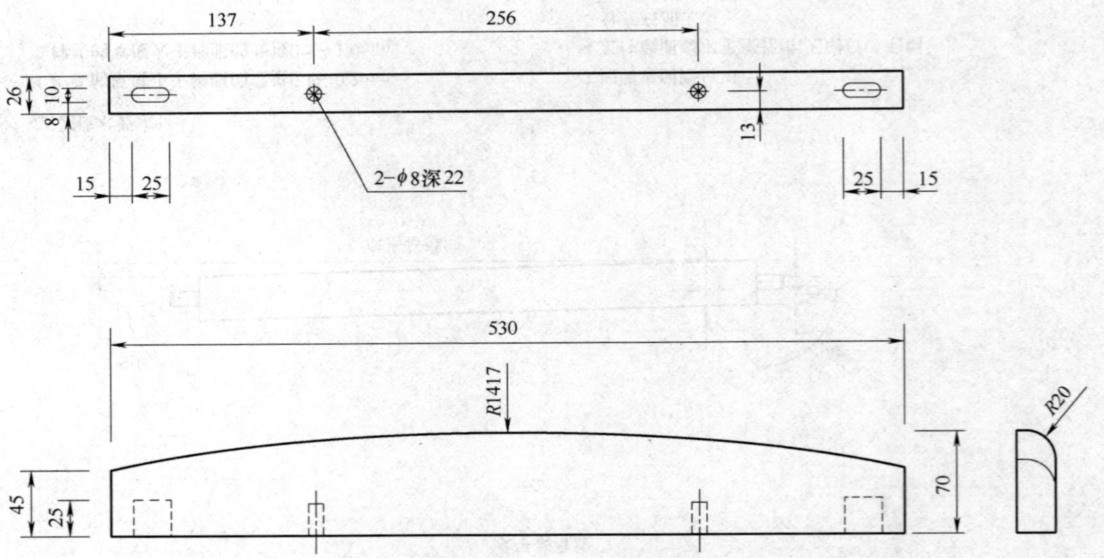

工艺技术要求：

1.榫头的厚度小于榫眼的宽度0.1～0.2mm。

2.榫头的宽度大于榫眼的长度0.5～1.0mm。

3.按要求倒圆角R1.5。

4.工件截面要求平整光滑,无崩口、毛刺。

东莞职业技术学院	
产品名称	扶手椅
部件名称	横档
规　格	L530×W70×H26
材　质	
表面材料：桦木	
颜　色	原木色
数　量	1支
符号说明 1. ⊕ 暗铰链 2. ⊕ 偏心连接件孔 ◇ 预埋螺母孔 ○ 连接件连接孔 3. ⊚ 层板粒 4. ◆ 圆木销 5. + 螺丝钉 6. 一木纹方向 7. ∨ 封边 其他符号,如图说明。	
比　例	1:n
绘 图 人	江功南
审 核 人	江功南
日　期	2010-10-25
页　号	共 8 页 第 4 页

图 3-44　扶手椅横档加工图

（4）扶手椅侧横零件加工图，见工艺文件的扶手椅侧横加工图（图 3－45）。

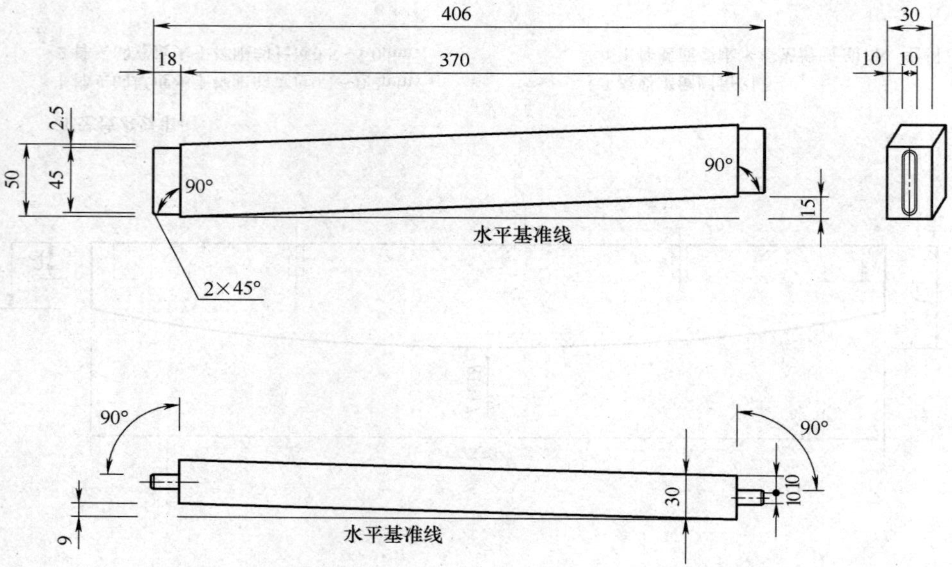

工艺技术要求：

1.榫头的厚度小于榫眼的宽度0.1～0.2mm。
2.榫头的宽度大于榫眼的长度0.5～1.0mm。
3.按要求倒圆角R1.5。
4.工件截面要求平整光滑,无崩口、毛刺。
5.分左右加工。

东莞职业技术学院	
产品名称	扶手椅
部件名称	侧横
规　格	L406×W50×H30
材　质	
表面材料：桦木	
颜　色	原木色
数　量	2支
符号说明 1. ⊕ 暗铰链 2. ⊕ 偏心连接件孔 ◇ 预埋螺母孔 ○ 连接件连接孔 3. ⊚ 层板粒 4. ◈ 圆木销 5. ＋ 螺丝钉 6. 一木纹方向 7. ∨ 封边 其他符号,如图说明。	
比　例	1:n
绘 图 人	江功南
审 核 人	江功南
日　期	2010-10-25
页　号	共 8 页 第 5 页

图 3－45　扶手椅侧横加工图

（5）扶手椅扶手零件加工图，见工艺文件的扶手椅扶手加工图（图3－46）。

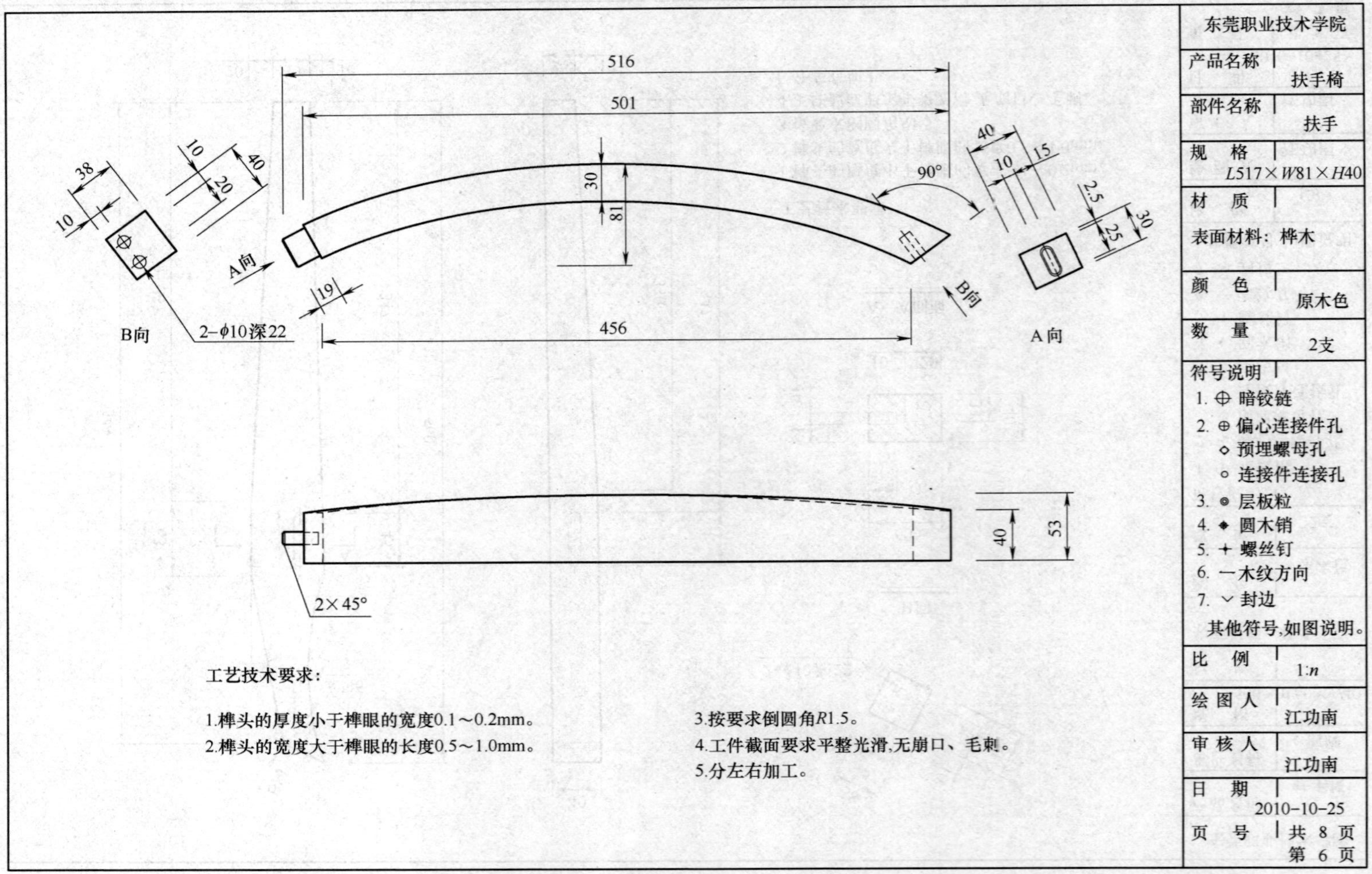

图3－46　扶手椅扶手加工图

（6）扶手椅前脚零件加工图，见工艺文件的扶手椅前脚加工图（图 3－47）。

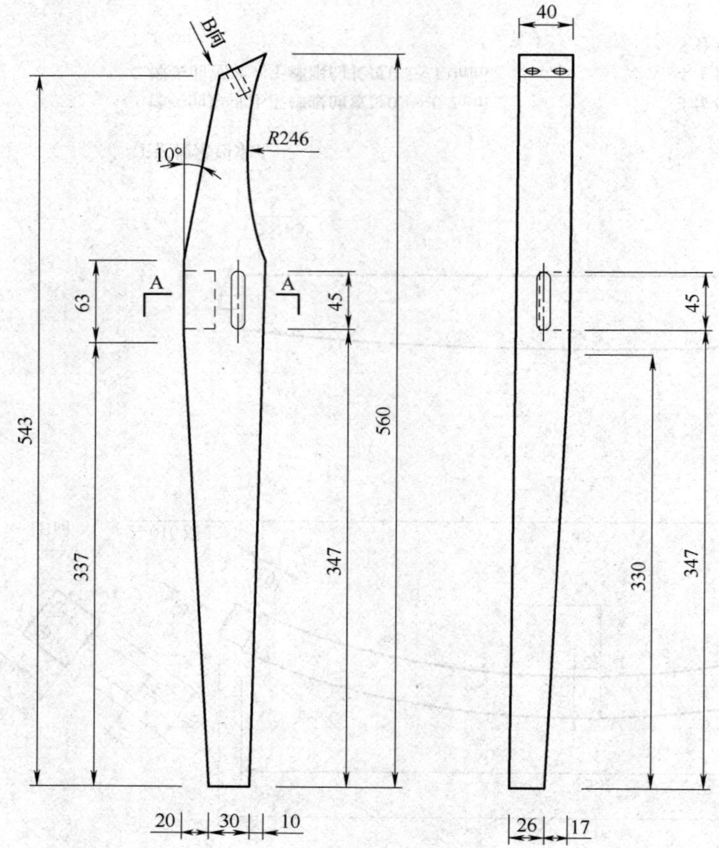

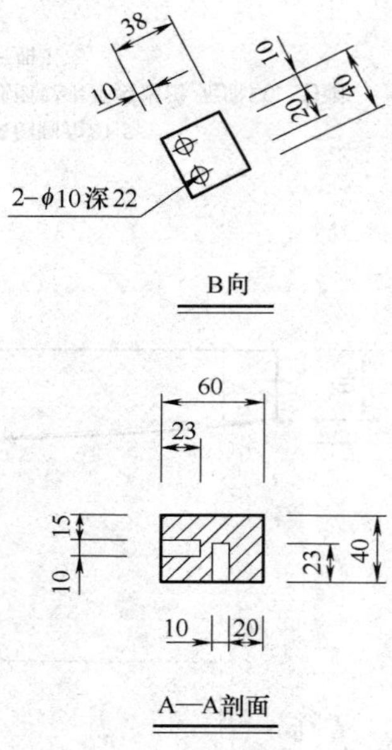

工艺技术要求：

1.榫头的厚度小于榫眼的宽度0.1～0.2mm。
2.榫头的宽度大于榫眼的长度0.5～1.0mm。
3.按要求倒圆角$R1.5$。
4.工件截面要求平整光滑，无崩口、毛刺。
5.分左右加工。

东莞职业技术学院	
产品名称	扶手椅
部件名称	前脚
规　格	$L560\times W60\times H40$
材　质	
表面材料：桦木	
颜　色	原木色
数　量	2支
符号说明 1. ⊕ 暗铰链 2. ⊕ 偏心连接件孔 ◇ 预埋螺母孔 ○ 连接件连接孔 3. ◎ 层板粒 4. ◈ 圆木销 5. ＋ 螺丝钉 6. 一木纹方向 7. ∨ 封边 其他符号，如图说明。	
比　例	1∶n
绘 图 人	江功南
审 核 人	江功南
日　期	2010-10-25
页　号	共 8 页 第 7 页

图 3－47　扶手椅前脚加工图

（7）扶手椅后脚零件加工图，见工艺文件的扶手椅后脚加工图（图3－48）。

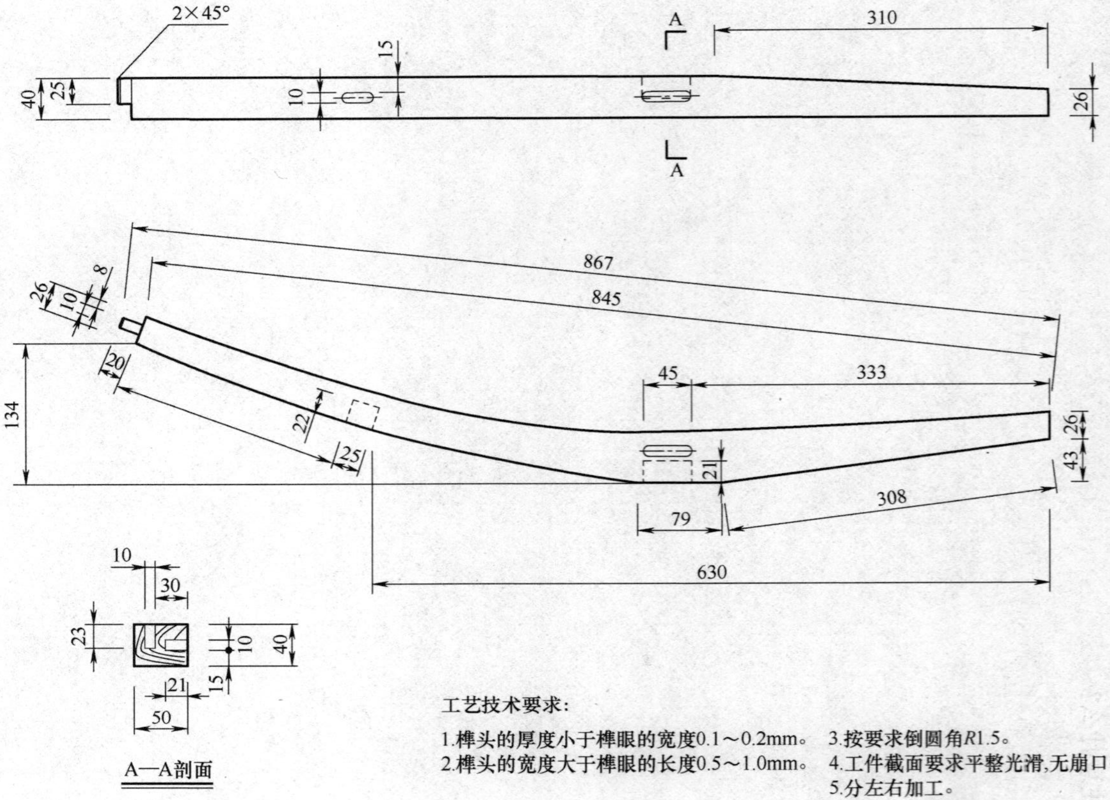

东莞职业技术学院	
产品名称	扶手椅
部件名称	后脚
规　格	$L867\times W108\times H40$
材　质	表面材料：桦木
颜　色	原木色
数　量	2支
符号说明	1. ⊕ 暗铰链 2. ⊕ 偏心连接件孔 ◇ 预埋螺母孔 ○ 连接件连接孔 3. ◎ 层板粒 4. ◆ 圆木销 5. ＋ 螺丝钉 6. 一木纹方向 7. ∨ 封边 其他符号,如图说明。
比　例	1:n
绘图人	江功南
审核人	江功南
日　期	2010-10-25
页　号	共 8 页　第 8 页

图3－48　扶手椅后脚加工图

复习思考题

1. 实木家具企业的工艺设计包括哪些内容？实木家具进行工艺设计的依据有哪些？

2. 试分析在编制实木家具的工艺卡片和工艺流程图时，应注意哪些问题。

3. 分析总结现代实木家具椅类、餐台类、实木床类常用的结构设计和五金材料及加工参数。

4. 如何制作实木家具的工艺文件？

5. 如何做好实木家具成本核算？

6. 分析如何按批量生产及可批量订单生产的要求进行实木家具工艺设计，为提高生产效率应注意什么？

第四章　板式家具和“32mm 系统”工艺文件案例解析

学习目的：了解板式家具工艺结构的特点，掌握板式家具工艺结构的要领，能合理正确地分解板式家具工艺文件。

学习内容：

板式家具工艺文件的内容：效果图和三视图、排板图、配料规格材料表、五金配件清单、生产工艺流程、零部件加工图、安装图。

学习要求：

了解板式家具工艺文件制作的要求，掌握板式家具工艺文件：效果图、三视图、裁板、配料规格材料表、五金配件清单、排板图、工艺流程、加工图、安装图等制作。

通专结合点：

1. 培养系统性了解板式家具工艺文件制作的要求，掌握板式家具工艺文件：效果图、三视图、裁板、配料规格材料表、五金配件清单、排板图、工艺流程、加工图、安装图的制作。

2. 培养学生查阅资料的能力，了解现代板式家具工艺的最新发展动向。

板式家具和“32mm 系统”家具在现代板式家具中常见的产品有床头柜、梳妆台、衣柜、大床等。本章从家具生产工厂的加工要求，对上述板式家具和“32mm 系统”家具进行工艺文件剖析，着重对家具的各种图纸如：效果图、三视图、结构装配、加工图；配料（裁板）规格材料表、五金材料清单、产品材料成本核算表、工艺流程等进行案例解析，以便给初学者一个直观的、完整的临摹学习案例。床头柜、梳妆台、大床等产品中，有的产品需要安装图，有的产品不需要安装图；产品包装图因工艺、客户需求不同也不尽相同。故床头柜、梳妆台、大床的包装图和排板图、安装图就不作分解，仅对衣柜的排板图、安装图案例进行解析。板式家具和“32mm 系统”家具案例剖析从易到难，这里简单扼要地将上述产品的工艺文件分解，好让初学者或爱好者容易学习。

一、床头柜工艺文件设计案例解析

（一）床头柜

如床头柜工艺文件中的三视图所示，床头柜的三维功能尺寸约为 500mm（*L*）×450mm（*W*）×600mm（*H*），精确尺寸可按“32mm 系统”要求进行微调。

（二）确定材料、五金配件

（1）产品材料：桦木，涂装为原木色清漆。

（2）产品五金配件及参数如表 4－1～表 4－6 所示。

表 4－1 柜体偏心连接件

简图	五金参数	简图	五金参数	加工参数
	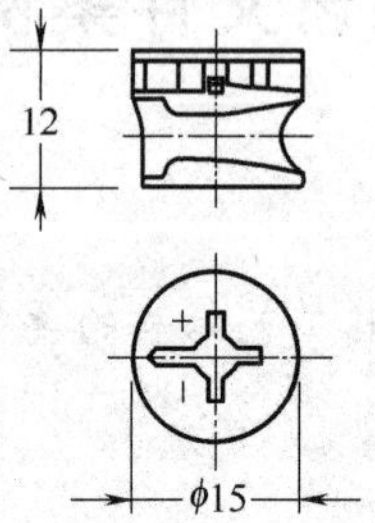		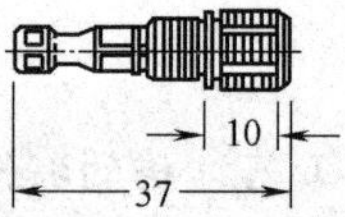	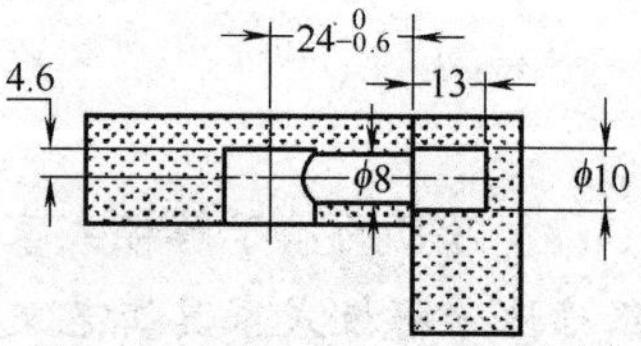

表 4－2 柜桶偏心连接件

简图	五金参数	简图	五金参数	加工参数
	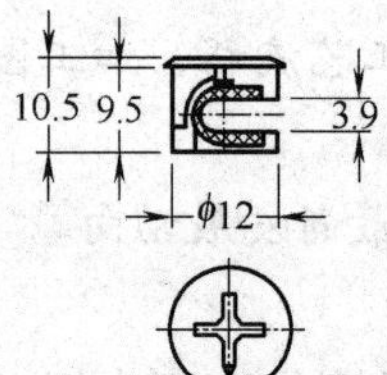		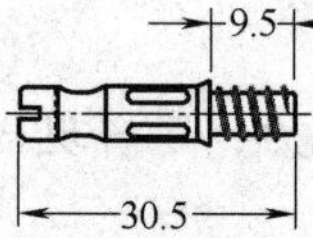	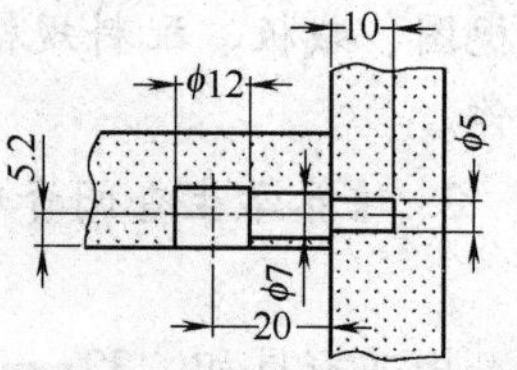

表 4－3 柜桶螺丝连接件

简图	五金参数	简图	五金参数
	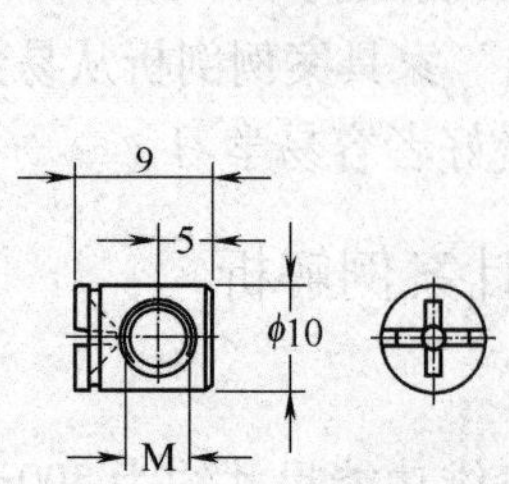		M3. 5 ×16 M3. 5 ×25

表 4－4　　350mm 的托底导轨

简图	五金参数及加工参数
	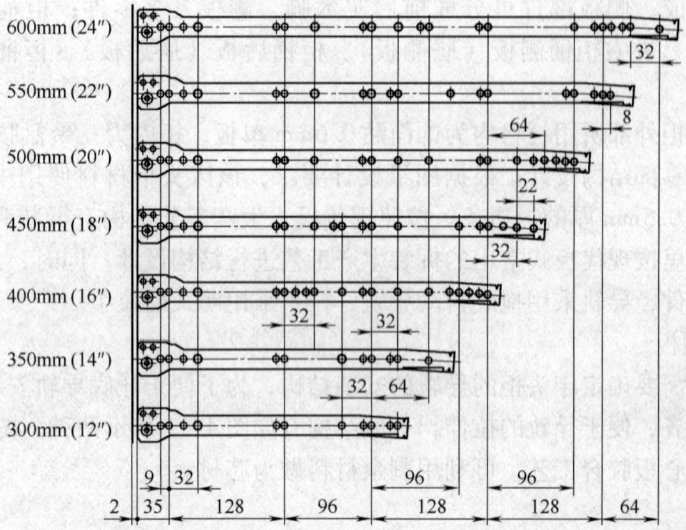

表 4－5　　350mm 的托底导轨

加工参数	加工参数
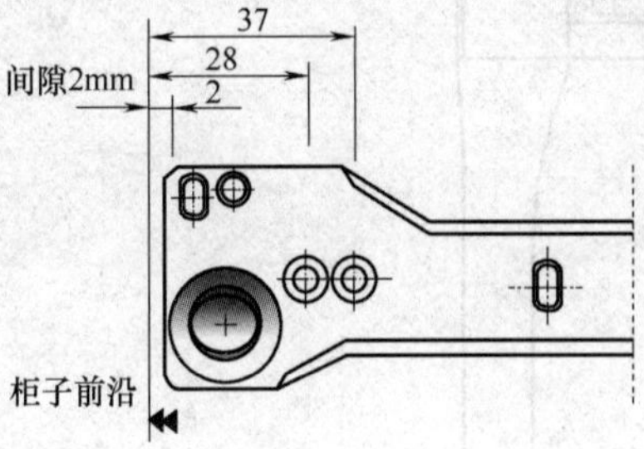	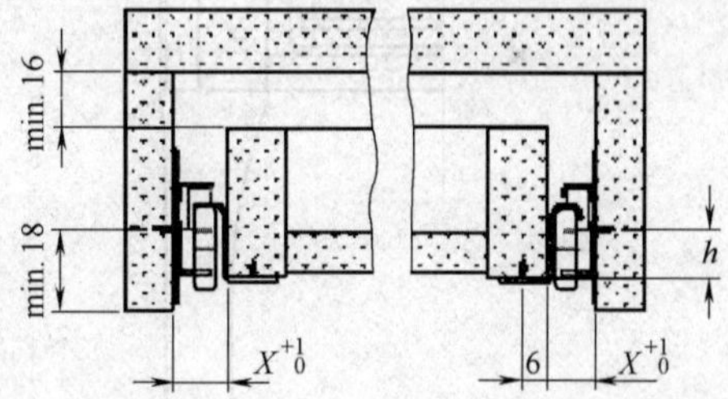曲轨：*h*=15mm　　材料厚度：1.0mm *X*=12.5 直轨：*h*=11.5mm　　材料厚度：1.2mm *X*=13

表 4－6　　拉手

简图	五金参数及加工参数
	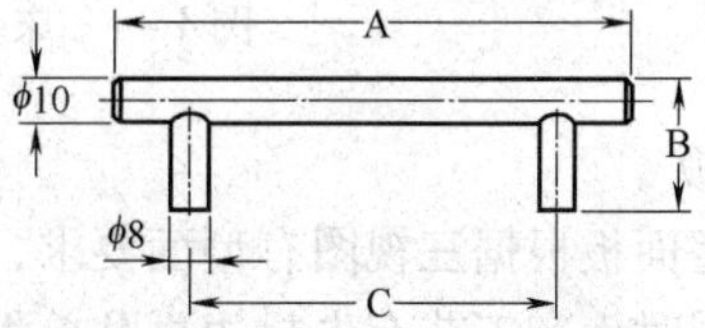

型号	A	B	C	型号	A	B	C
CF11-96	136	35	96	CF11-192	232	35	192
CF11-128	168	35	128	CF11-288	328	35	288
CF11-160	200	35	160	CF11-352	392	35	352
				CF11-448	488	35	448

（三）结构分解、结构设计

床头柜根据三视图结构可分解为面板、左右侧板部件、底板、背板及柜桶部件等六个零部件构成；侧板部件可分成前后实木脚、侧板三个零件；柜桶部件可分成柜桶面板（屜面板）、左右柜桶侧板（屜侧板）、柜桶后板（屜后板）、柜桶底板（屜底板）五个零件。

床头柜外部所用材料均为饰面贴 0.6mm 单板，柜内为三聚氰胺板制作。

柜体零部结构设计：根据图纸设计要求，该床头柜材料使用中纤双面饰面贴 0.6mm 单板，用 0.5mm 厚的封边条。按照现代板式生产工艺结构有拆装和整装（不拆装）两种方式。这里按现代板式常用的拆装生产工艺进行结构设计。同时，五金配件采用 $\phi15\times12$ 偏心连接件，导轨采用拖底自动导轨，拉手采用明式的拉手。

1. 侧板

首先需要确定床头柜的导轨的安装结构，为了便于托底导轨安装，侧板内侧必须要求与脚枋平齐，便于导轨的拉伸，一般结构有如图 4-1 所示两种。图 4-1 的侧板可采用实心板、空心板胶合工艺，可利用剩余材料做为芯材。

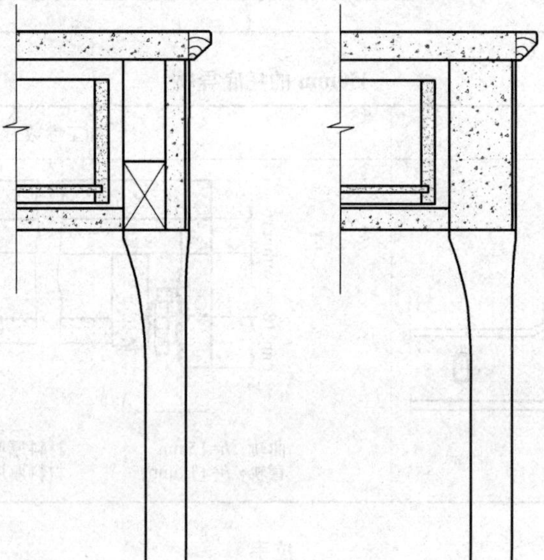

图 4-1　床头柜的导轨的安装结构

2. 面板

床头柜面板根据三视图有型面要求，按工艺要求型面的材质必须是木材材质，故需封实木边。同时生产工艺有先封边再贴单板后铣型和先贴单板再封边后铣型两种（图 4-2）。前者工艺流程能保证材质的一致性，且无拼缝，木材含水率有偏差时也不会出现裂缝和出现高低不平整的现象，是高档家具常使用的加工工艺。

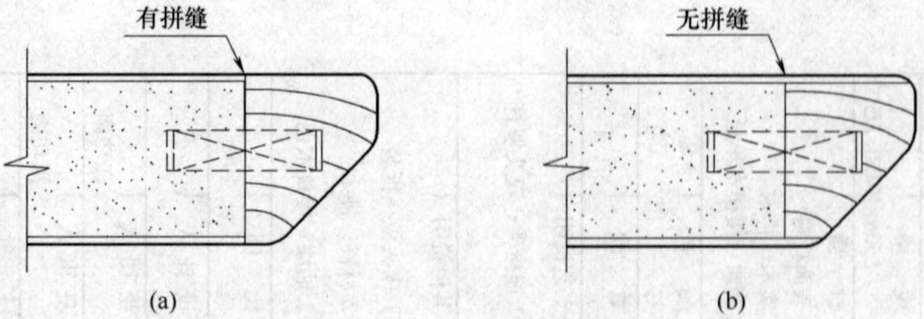

图 4－2　床头柜面板的贴面工艺

3. 背板

用 18mm 三聚氰胺板制作，加强床头柜结构，同时因为尺寸较小亦可利用余料加工，提高利用率，避免使用 5mm 板件增加板件的厚度种类。

4. 柜桶部件

抽屉结构采用抽屉的屉体与抽面采用企业常用的拆装生产工艺的结构设计，偏心连接的连接结构，要求抽屉装入柜体时保证较高精密配合。抽屉的侧板高度尺寸按标准化要求实施，如图 4－3 所示抽屉的侧板高度尺寸定为：80mm、110mm、130mm、150mm 几种尺寸；厚度有：12mm、15mm。

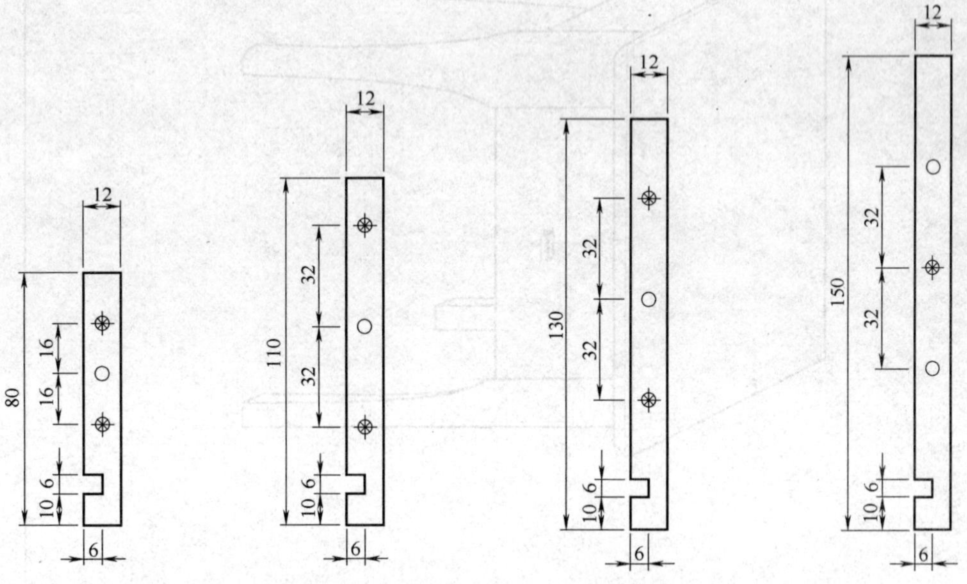

图 4－3　抽屉的侧板高度尺寸标准化

（四）工艺文件

1. 产品效果图

见工艺文件的床头柜效果图（图 4－4）。

2. 产品生产工艺流程

见工艺文件的床头柜生产工艺流程图（图 4－5）。

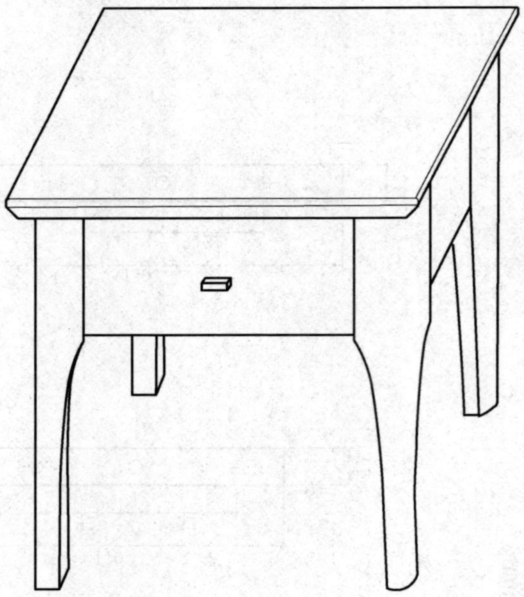

东莞职业技术学院	
产品名称	床头柜
名称编号	
规　格	$L500 \times W450 \times H500$
材　质	表面材料: 实木：榉木 饰面：樱桃木单板
颜　色	
数　量	个
工艺说明	1.连接件：双头罗杆
其他说明	1.床头柜：拆装 2.材料：榉木 3.油漆：樱桃木色
比　例	1:n
设 计 人	
绘 图 人	江功南
复 审 人	江功南
日　期	2009-12-4
页　号	共　页 第　页

图 4－4　床头柜效果图

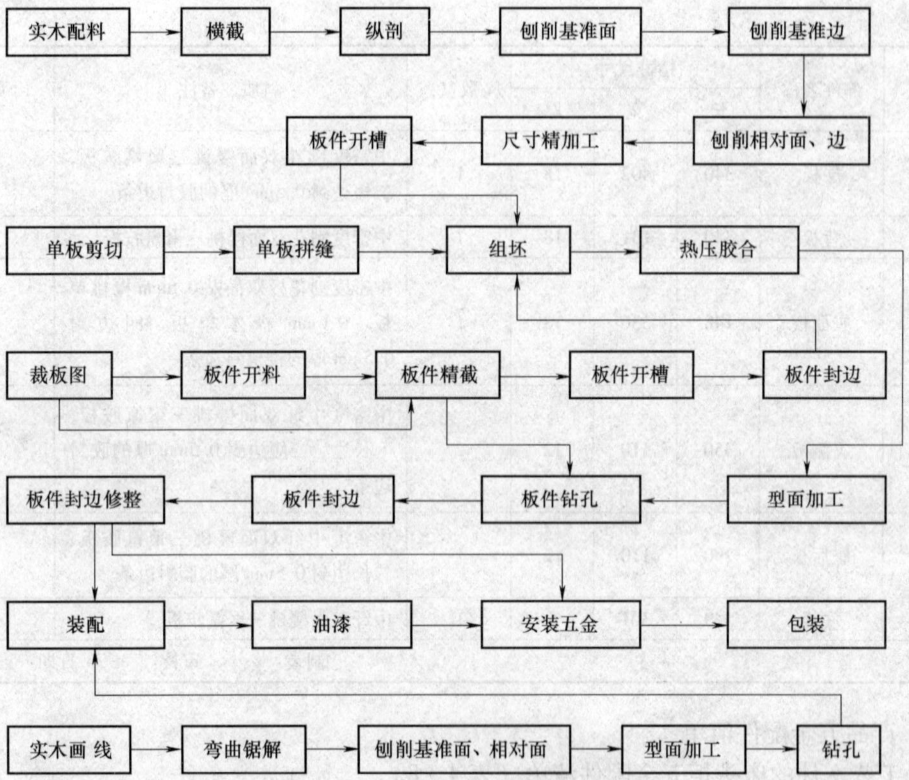

图 4－5　床头柜工艺流程图

3. 产品裁板、配料规格材料表

见工艺文件的床头柜产品裁板、配料规格材料表（表 4－7）。

表 4－7　　床头柜裁板、配料规格材料表

序号	部件名称	精截尺寸			数量	材质、备注	页数
		长	宽	厚			
1	面板	460	430	25	1	中密度中纤板，二短边、一长边封 20mm 木封边，双面贴 0.6mm 樱桃单板、0.6mm 桦木单板，一长边封 0.5mm 厚的樱桃封边条	
2	面封边	500	25	20	1	桦木	
3	面封边	450	25	20	2	桦木	
4	面封边	500	25	0.5	1	0.5mm 厚樱桃单板封边条	
5	侧板	150	306	55	2	18＋18＋18 中密度刨花板三合一胶合，双面贴 0.6mm 樱桃单板、0.6mm 桦木单板，一长边封 0.5mm 厚的胶封边条	
6	脚	475	60	60	4	桦木	

续表

序号	部件名称	精截尺寸			数量	材质、备注	页数
		长	宽	厚			
7	层板	340	402	18	1	中密度刨花双面樱桃三聚氰胺板，二短边封 0.5mm 厚的胶封边条	
8	背板	340	131	18	1	中密度刨花双面樱桃三聚氰胺板	
9	屉面板	148	336	18	1	中密度刨花板双面贴 0.6mm 樱桃单板、0.6mm 桦木单板，四边封 0.5mm 厚的樱桃封边条	
10	屉侧板	350	110	12	2	中密度中纤双面樱桃三聚氰胺板，一长边、二短边封 0.5mm 厚的胶封边条	
11	屉后板	290	110	12	1	中密度中纤双面樱桃三聚氰胺板，二长边封 0.5mm 厚的胶封边条	
12	底板	349	301	5	1	中纤双面樱桃三聚氰胺板	
						制表：　　审核：　　日期：	

4. 产品五金配件清单

见工艺文件的床头柜五金配件清单（表 4 - 8）。

表 4 - 8　　床头柜五金配件清单表

床头柜五金配件清单						
序号	名称	规格	数量	要求	简图	备注
1	偏心连接件锁扣	$\phi14.5\times13$	12 个	镀镍	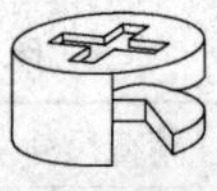	五金配件的品牌不同会影响加工安装的参数
2	偏心连接件螺纹杆	M6 × 41	12 支	镀镍		同上
4	二合一锁扣		2	镀镍		同上
5	二合一螺纹杆		2	镀镍		同上
6	托底导轨	14″	1 副		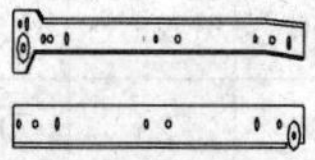	同上
7	螺丝胶粒	$\phi5.5\times12$			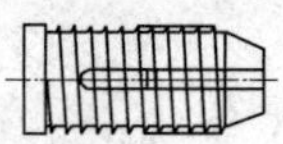	
8	柜桶螺纹连接件		2 支		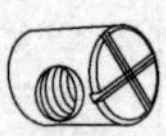	

续表

床头柜五金配件清单

序号	名称	规格	数量	要求	简图	备注
9	沉头自攻螺钉	M3.5×16	8 支		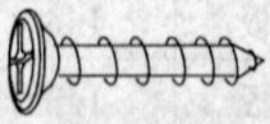	
10	沉头自攻螺钉	M3.5×25	2 支		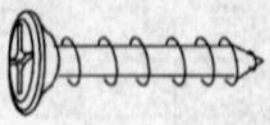	
11	拉手	136×35×10	1 支		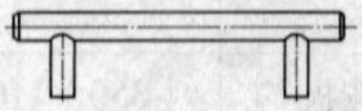	
12	半圆头机螺钉	M4×22	2 只		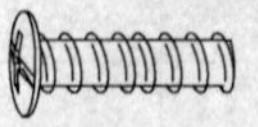	
13	圆木销	$\phi8\times30$	16 支		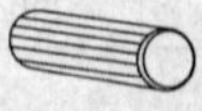	
14	圆木销	$\phi6\times25$	8 支		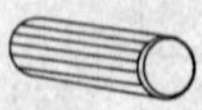	

制表：　　　审核：　　　日期：

5. 材料成本核算表

见工艺文件的床头柜材料成本核算表（表 4-9）。

表 4-9　床头柜材料成本核算表

序号	名称	材料	规格(件数)	数量	单位	单价	价格/元	备注
		25 中纤板	460×430(1)	0.1978	m^2	39	8.57	利用率以 90% 计
		0.6mm 樱桃单板	500×450(1)	0.225	m^2	5	1.73	利用率以 65% 计
		0.6mm 桦木单板	500×450(1)	0.225	m^2	2	0.69	利用率以 65% 计
1	面板	28mm 樱桃封边带		0.5	m	0.2	0.1	
		热熔胶		0.003	kg	18	0.06	
		乳白胶		0.009	kg	6	0.05	
		热压胶		0.27	kg	17	4.59	
		18 中纤板	150×306(6)	0.2754	m^2	28	8.57	利用率以 90% 计
		0.6mm 樱桃单板	150×306(2)	0.0918	m^2	5	0.71	利用率以 65% 计
		0.6mm 桦木单板	150×306(2)	0.0918	m^2	2	0.28	利用率以 65% 计
2	侧板	60mm 胶封边带	34mm	0.612	m	0.25	0.15	
		热熔胶		0.009	kg	18	0.16	
		热压胶		0.0459	kg	17	0.78	
		乳白胶		0.0459	kg	6	0.28	
		18 三聚氰胺板	340×402(1)	0.1367	m^2	40	6.08	利用率以 90% 计
3	层板	22mm 胶封边带	22mm	0.68	m	0.15	0.1	
		热熔胶		0.0031	kg	18	0.06	
4	背板	18 三聚氰胺板	131×340(1)	0.0446	m^2	40	1.98	利用率以 90% 计

续表

序号	名称	材料	规格(件数)	数量	单位	单价	价格/元	备注
5	屉面	18 中纤板	148×336(1)	0.0498	m^2	28	1.55	利用率以90%计
		0.6mm 樱桃单板	148×336(1)	0.0498	m^2	5	0.38	利用率以65%计
		0.6mm 桦木单板	148×336(1)	0.0498	m^2	2	0.15	利用率以65%计
		22mm 水曲柳封边带	22mm	0.968	m	0.2	0.19	
		热熔胶		0.003	kg	18	0.5	
		热压胶		0.03	kg	17	0.51	
6	屉侧	12 三聚氰胺板	350×110(2)	0.077	m^2	24	2.05	利用率以90%计
		15mm 封边带	22mm	0.81	m	0.1	0.08	
		热熔胶		0.0025	kg	18	0.045	
7	屉后	12 三聚氰胺板	290×110(1)	0.0319	m^2	24	0.85	利用率以90%计
		15mm 封边带	22mm	0.58	m	0.1	0.06	
		热熔胶		0.0018	kg	18	0.03	
8	屉底	5 三聚氰胺板	349×301(1)	0.105	m^2	16	1.87	利用率以90%计
9		油漆		1.3	m^2	30	39	
10		砂纸		1.3	m^2	3	3.9	
11		偏心连接件锁扣	ϕ14.5×13	12	只	0.1	1.2	
12		偏心连接件螺纹杆	M6×41	12	只	0.1	1.2	
13		二合一锁扣	ϕ14.5×13	2	只	0.1	0.2	
14		二合一螺纹杆	M6×41	2	只	0.1	0.2	
15		柜桶螺纹连接件		2	只	0.01	0.02	
16		半圆头机螺钉	M4×22	2	支	0.1	0.2	
17		沉头自攻螺钉	M3.5×16	8	支	0.5	4	
18		拉手		1	只	4	4	
19		圆木榫	ϕ8×30	16	支	0.01	0.16	
20		圆木榫	ϕ6×25	8	支	0.01	0.08	
21		商标		1	只	1	1	
22		纸箱		1	个	20	20	
23		珍珠棉		2	m^2	0.5	1	
24		泡沫塑料		1.5	m^2	1	1.5	
25		护角		8	只	0.2	1.6	
26		透明胶带		0.4	卷	5	2	
主、辅材料成本费用小计							124.47	
人工工资								
厂价（含毛利）								

6. 产品三视图

见板式工艺文件的床头柜三视图（图4-6）。

产品三视图按《家具制图》标准的正投影第一角画法绘制，为了能清楚明了地表达床头柜的结构，除了三视图之外还绘制了床头柜的结构装配图。

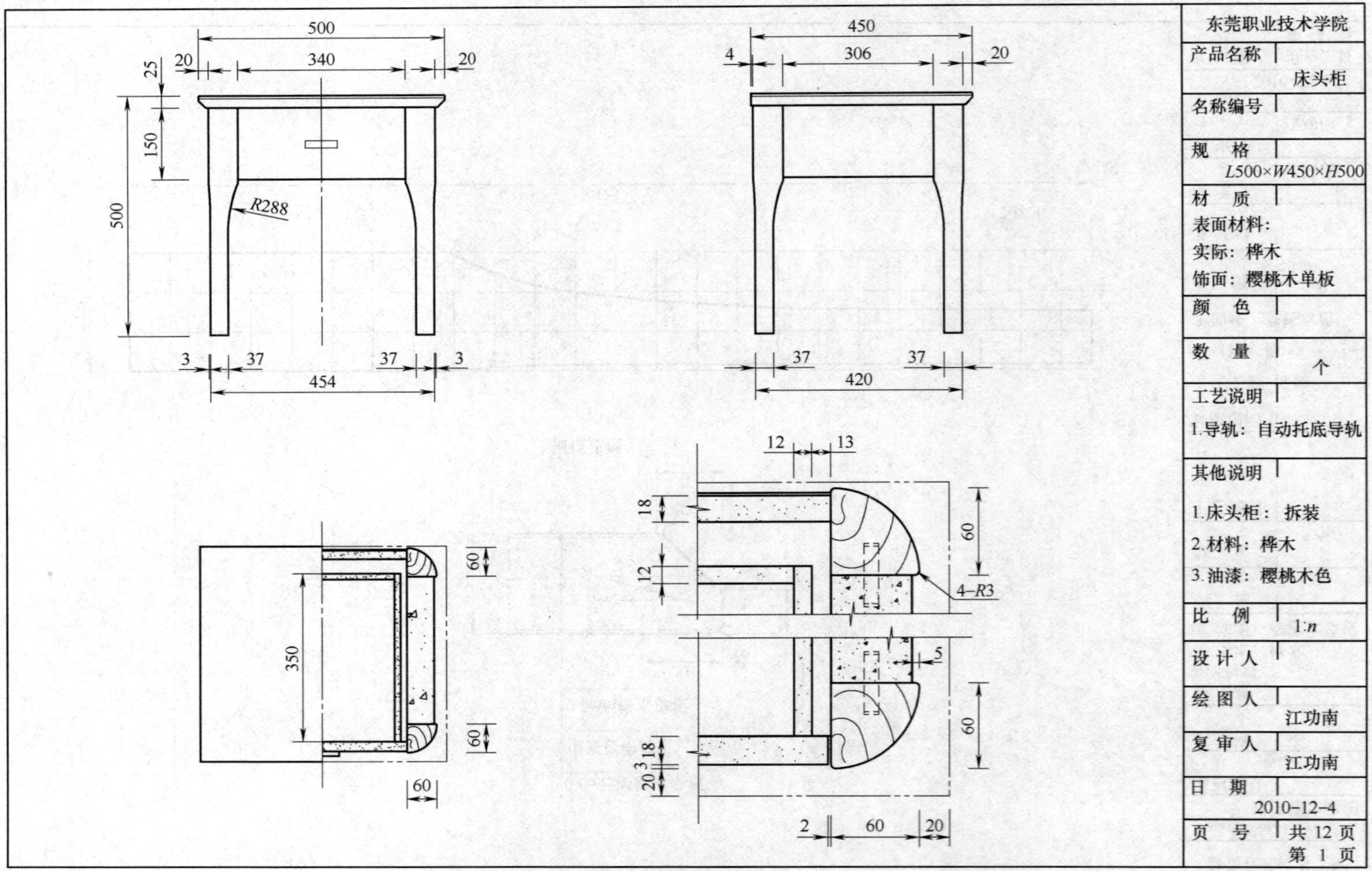
东莞职业技术学院
产品名称
床头柜
名称编号
规　格
L500×W450×H500
材　质
表面材料：
实际：榉木
饰面：樱桃木单板
颜　色
数　量
个
工艺说明
1.导轨：自动托底导轨
其他说明
1.床头柜：拆装
2.材料：榉木
3. 油漆：樱桃木色
比　例
1:n
设 计 人
绘 图 人
江功南
复 审 人
江功南
日　期
2010-12-4
页　号
共 12 页
第 1 页
R288
4-R3

图 4－6　床头柜三视图

7. 床头柜脚大样图见床头柜板式工艺文件的床头柜脚大样图（图 4 –7）。

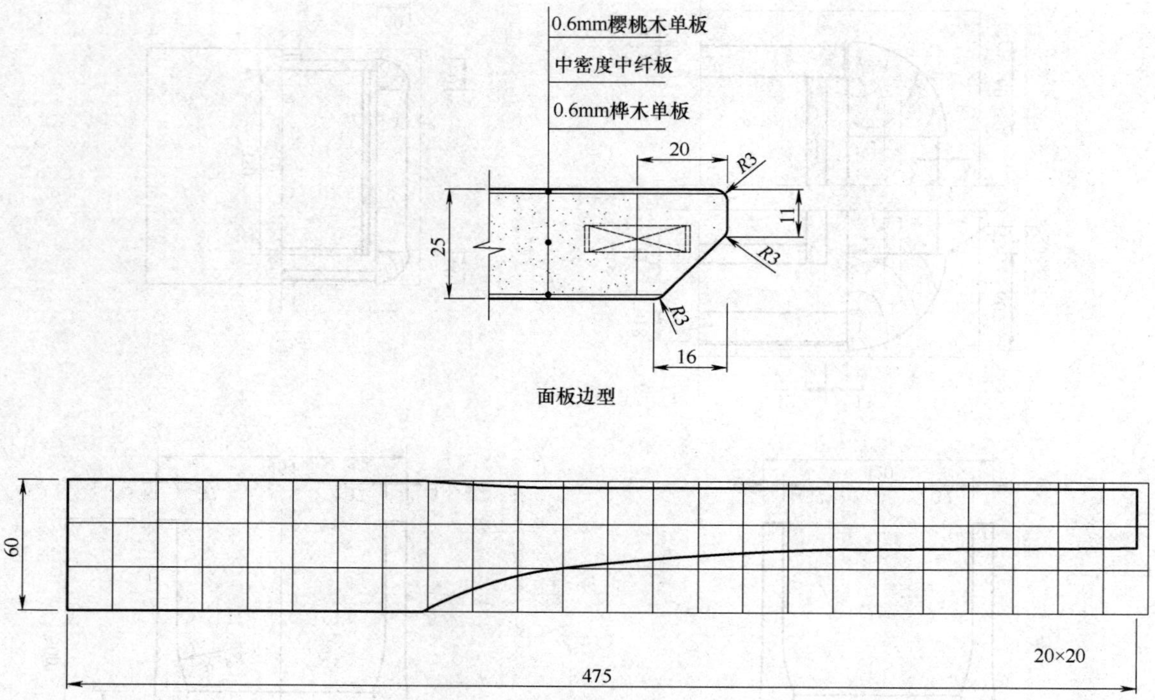

东莞职业技术学院	
产品名称	床头柜大样图
名称编号	
规　格	
材　质 表面材料： 实木：桦木 饰面：樱桃木单板	
颜　色	
数　量	个
工艺说明	
其他说明 1.床头柜: 拆装 2.材料：桦木 3.油漆：樱桃木色	
比　例	1:n
设 计 人	
绘 图 人	江功南
复 审 人	江功南
日　期	2010-3-25
页　号	共 12 页 第 2 页

图 4 –7　床头柜脚大样图

8. 产品零部件加工图

（1）床头柜面板零件加工图见床头柜板式工艺文件的床头柜面板加工图（图 4 - 8）。

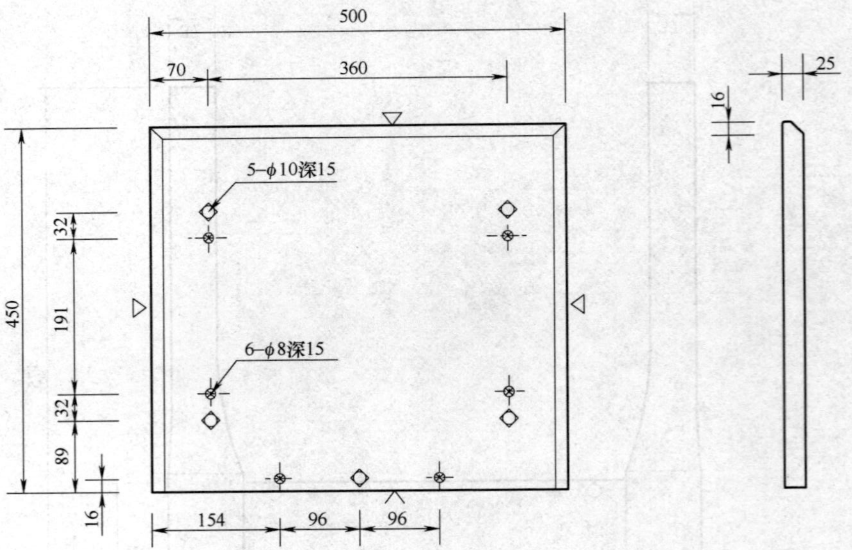

工艺技术要求：

1.板件的厚度误差 < ± 0.1 mm。

2.工件截面要求平整光滑,无崩口、毛刺等缺陷。

3.工件加工尺寸误差≤±0.25 mm ,孔距尺寸误差≤±0.25 mm。

4.✓ 封0.5mm 封边，▽封20mm 榉木封边。

东莞职业技术学院	
产品名称	床头柜
部件名称	面板
规　格	$L500\times W450\times H25$
材　质	
表面材料：饰面：樱桃木单板	
颜　色	
数　量	1个
符号说明 1. ⊕ 暗铰链 2. ⊕ 偏心连接件孔 ◇ 预埋螺母孔 ○ 连接件连接孔 3. ◎ 层板粒 4. ◆ 圆木销 5. + 螺丝钉 6. 一木纹方向 7. ✓ 封边 其他符号,如图说明。	
比　例	1:*n*
绘 图 人	江功南
审 核 人	江功南
日　期	2010-3-25
页　号	共 12 页 第 3 页

图 4 - 8　床头柜面板加工图

（2）床头柜侧板部件装配图见床头柜板式工艺文件的床头柜侧板部件装配图（图4－9）。

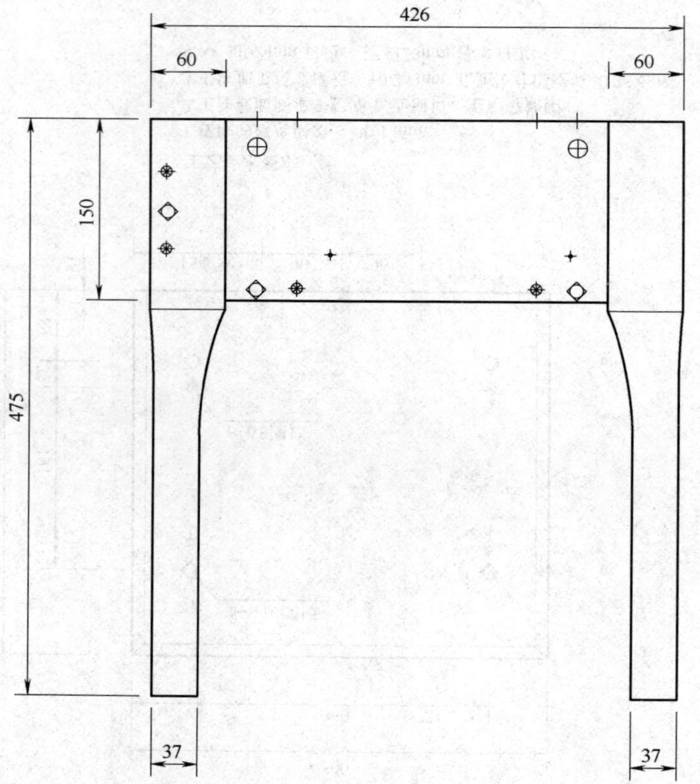

工艺技术要求:

1.工件装配尺寸误差 ≤± 0.25 mm。

2.分左右装配，工件截面要求平整光滑，无崩口、毛刺等缺陷。

东莞职业技术学院
产品名称 床头柜
部件名称 侧板部件
规　格 $L426\times W60\times H475$
材　质 表面材料: 饰面：樱桃木单板
颜　色
数　量 2个
符号说明 1. ⊕ 暗铰链 2. ⊕ 偏心连接件孔 ◇ 预埋螺母孔 ○ 连接件连接孔 3. ◎ 层板粒 4. ◈ 圆木销 5. + 螺丝钉 6. 一木纹方向 7. ∨ 封边 其他符号,如图说明。
比　例 1:n
绘 图 人 江功南
审 核 人 江功南
日　期 2010-3-25
页　号 共 12 页 第 4 页

图4－9　床头柜侧板部件装配图

（3）床头柜侧板前脚零件加工图见床头柜板式工艺文件的床头柜侧板前脚加工图（图 4－10）。

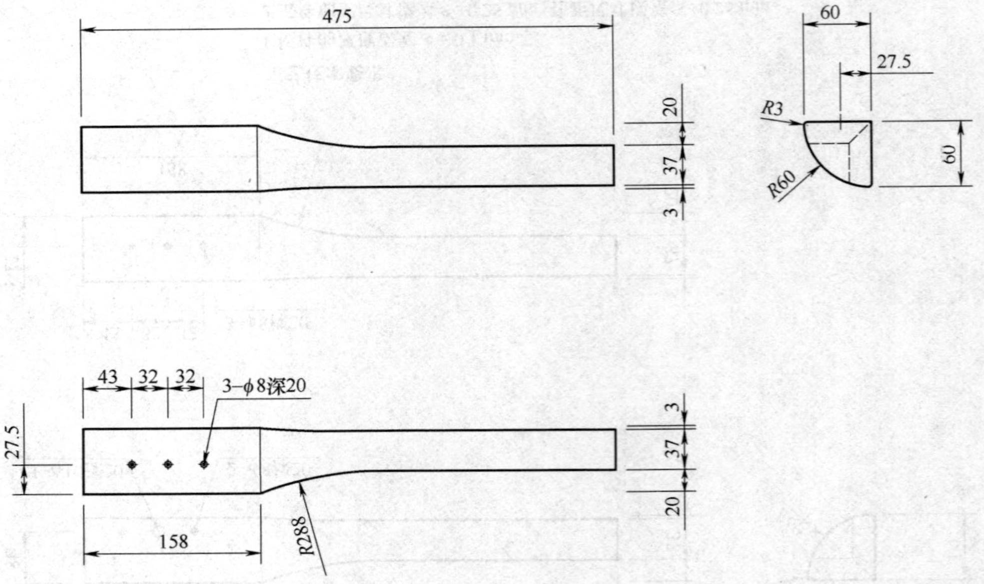

工艺技术要求:

1.板件的厚度误差＜± 0.1 mm。

2.工件截面要求平整光滑,无崩口、毛刺等缺陷。

3.工件加工尺寸误差≤±0.25 mm，孔距尺寸误差≤±0.25 mm。

东莞职业技术学院	
产品名称	床头柜
部件名称	侧板前脚
规　格	$L475 \times W60 \times H60$
材　质	
表面材料:	榉木
颜　色	
数　量	2个
符号说明 1. ⊕ 暗铰链 2. ⊕ 偏心连接件孔 ◇ 预埋螺母孔 ○ 连接件连接孔 3. ⊚ 层板粒 4. ◆ 圆木销 5. ＋ 螺丝钉 6. 一木纹方向 7. ⌵ 封边 其他符号,如图说明。	
比　例	1:n
绘 图 人	江功南
审 核 人	江功南
日　期	2010-3-25
页　号	共 12 页 第 5 页

图 4－10　床头柜侧板前脚加工图

（4）床头柜侧板后脚零件加工图见床头柜板式工艺文件的床头柜侧板后脚加工图（图 4 – 11）。

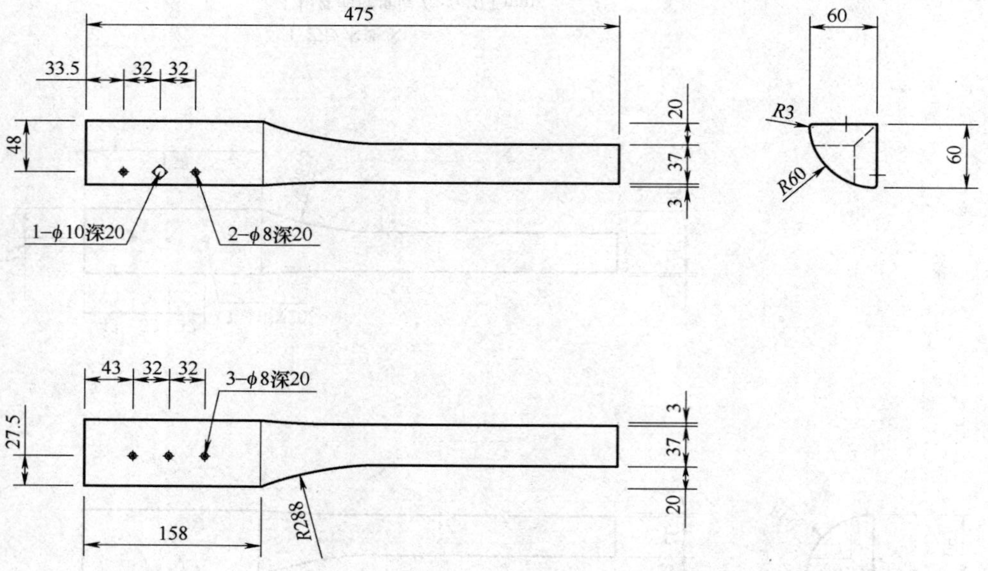

工艺技术要求:

1.板件的厚度误差＜± 0.1 mm。

2.工件加工尺寸误差≤±0.25 mm ,孔距尺寸误差≤±0.25 mm。

3.分左右钻孔、加工凹槽。

4.✓ 封0.5mm 胶封边。

5.工件截面要求平整光滑,无崩口、毛刺等缺陷。

东莞职业技术学院	
产品名称	床头柜
部件名称	侧板后脚
规　格	$L475\times W60\times H60$
材　质	
表面材料：桦木纹三聚氰胺板	
颜　色	
数　量	2个
符号说明 1. ⊕ 暗铰链 2. ⊕ 偏心连接件孔 ◇ 预埋螺母孔 ○ 连接件连接孔 3. ◎ 层板粒 4. ◆ 圆木销 5. ＋ 螺丝钉 6. 一木纹方向 7. ✓ 封边 其他符号,如图说明。	
比　例	1:n
绘 图 人	江功南
审 核 人	江功南
日　期	2010-3-25
页　号	共 12 页　第 6 页

图 4 – 11　床头柜侧板后脚加工图

（5）床头柜侧板零件加工图见床头柜板式工艺文件的床头柜侧板加工图（图 4－12）。

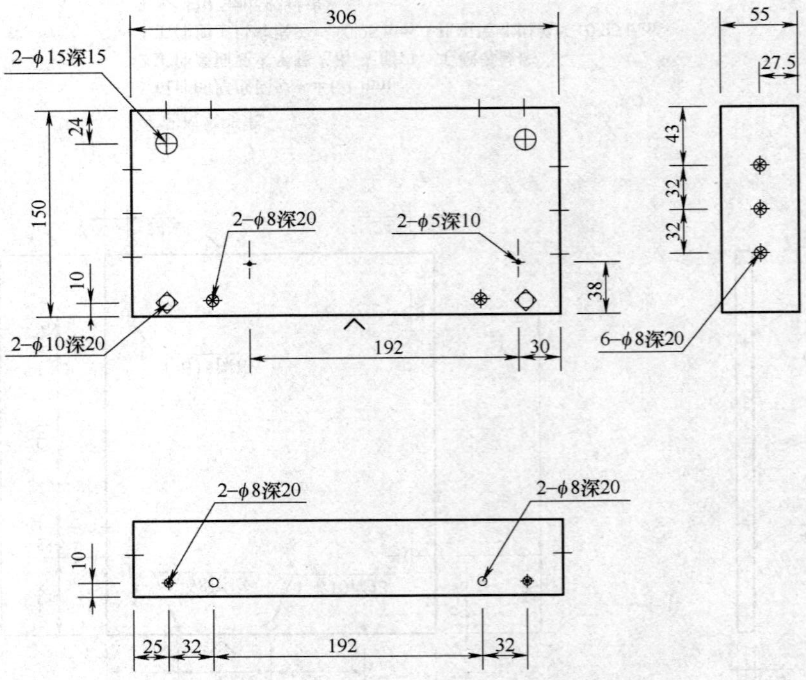

工艺技术要求:

1.板件的厚度误差＜±0.1 mm。

2.工件截面要求平整光滑,无崩口、毛刺等缺陷。

3.工件加工尺寸误差≤±0.25 mm ,孔距尺寸误差≤±0.25 mm。

4.∨ 封0.5mm 单板封边。

东莞职业技术学院	
产品名称	床头柜
部件名称	侧板
规　格	$L150\times W306\times H55$
材　质	
表面材料: 饰面：樱桃木单板	
颜　色	
数　量	2个
符号说明 1. ⊕ 暗铰链 2. ⊕ 偏心连接件孔 ◇ 预埋螺母孔 ○ 连接件连接孔 3. ◎ 层板粒 4. ◆ 圆木销 5. ＋ 螺丝钉 6. 一木纹方向 7. ∨ 封边 其他符号,如图说明。	
比　例	1:n
绘 图 人	江功南
审 核 人	江功南
日　期	2010-3-25
页　号	共 12 页 第 7 页

图 4－12　床头柜侧板加工图

（6）床头柜底板零件加工图见床头柜板式工艺文件的床头柜底板加工图（图 4－13）。

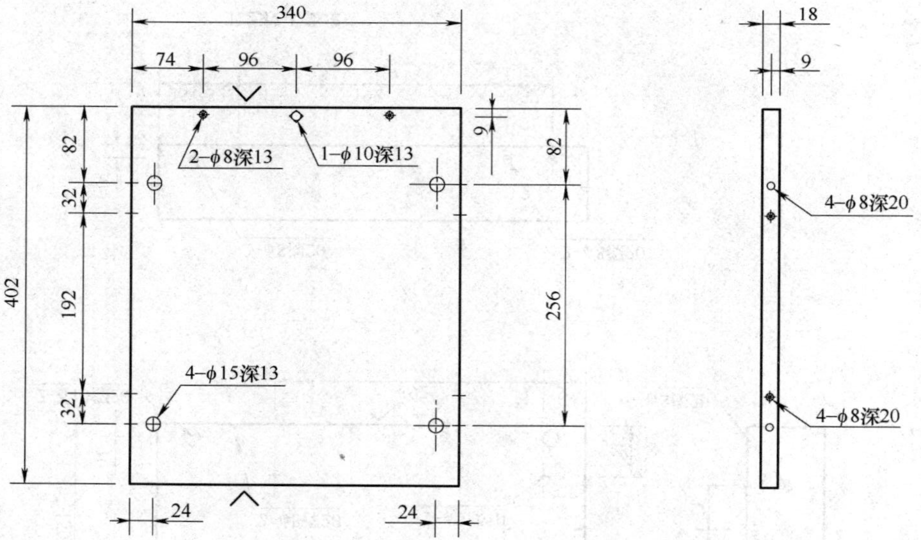

工艺技术要求：

1.板件的厚度误差 < ± 0.1 mm。

2.工件截面要求平整光滑，无崩口、毛刺等缺陷。

3.工件加工尺寸误差≤±0.25 mm，孔距尺寸误差≤±0.25 mm。

4.∨ 封0.5mm 胶封边。

东莞职业技术学院	
产品名称	床头柜
部件名称	底板
规　格	$L340\times W402\times H18$
材　质	
表面材料：樱桃木纹三聚氰胺板	
颜　色	
数　量	1个
符号说明 1. ⊕ 暗铰链 2. ⊕ 偏心连接件孔 ◇ 预埋螺母孔 ○ 连接件连接孔 3. ◎ 层板粒 4. ◈ 圆木销 5. + 螺丝钉 6. 一木纹方向 7. ∨ 封边 其他符号，如图说明。	
比　例	1:n
绘 图 人	江功南
审 核 人	江功南
日　期	2010-3-25
页　号	共 12 页 第 8 页

图 4－13　床头柜底板加工图

（7）床头柜背板部件加工图见床头柜板式工艺文件的床头柜背板部件加工图（图4－14）。

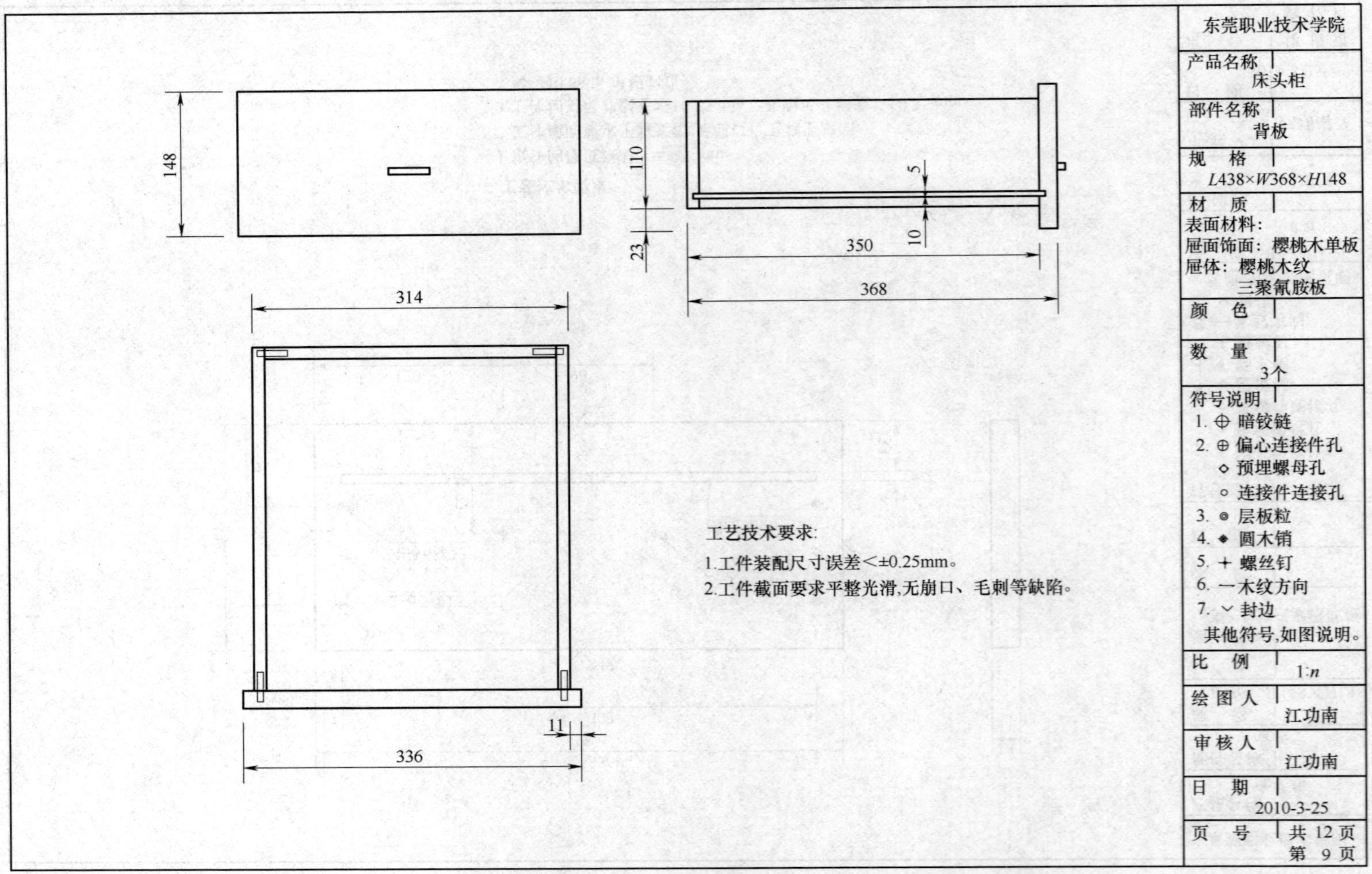

图4－14　床头柜背板部件加工图

（8）床头柜背板零件加工图见床头柜板式工艺文件的床头柜背板加工图（图4－15）。

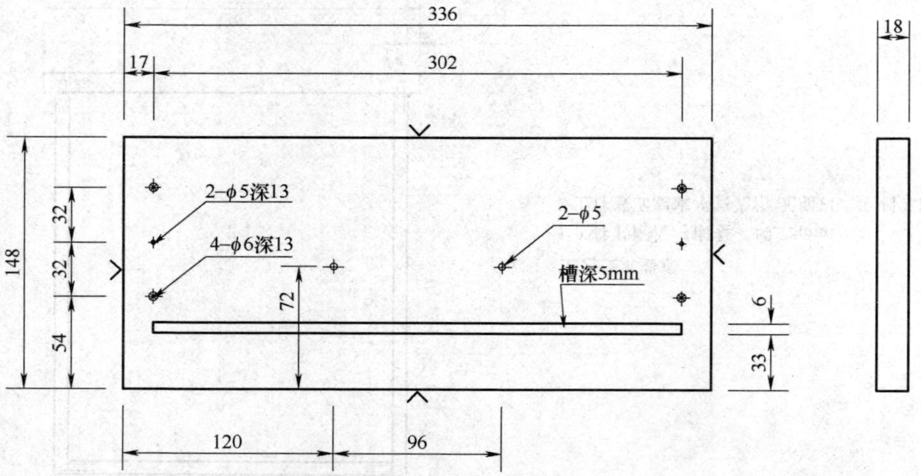

工艺技术要求：

1.板件的厚度误差＜±0.1 mm。

2.工件截面要求平整光滑,无崩口、毛刺等缺陷。

3.工件加工尺寸误差≤±0.25 mm，孔距尺寸误差≤±0.25 mm。

4.∨ 封0.5mm 单板封边。

东莞职业技术学院	
产品名称	床头柜
部件名称	背板
规　格	$L336\times W148\times H18$
材　质	
表面材料：樱桃木纹三聚氰胺板	
颜　色	
数　量	1个
符号说明 1. ⊕ 暗铰链 2. ⊕ 偏心连接件孔 ◇ 预埋螺母孔 ○ 连接件连接孔 3. ◎ 层板粒 4. ◈ 圆木销 5. ＋ 螺丝钉 6. 一木纹方向 7. ∨ 封边 其他符号,如图说明。	
比　例	1:n
绘 图 人	江功南
审 核 人	江功南
日　期	2010-3-25
页　号	共 12 页 第 10 页

图4－15　床头柜背板加工图

（9）床头柜屉后板加工图见床头柜板式工艺文件的床头柜屉后板加工图（图 4－16）。

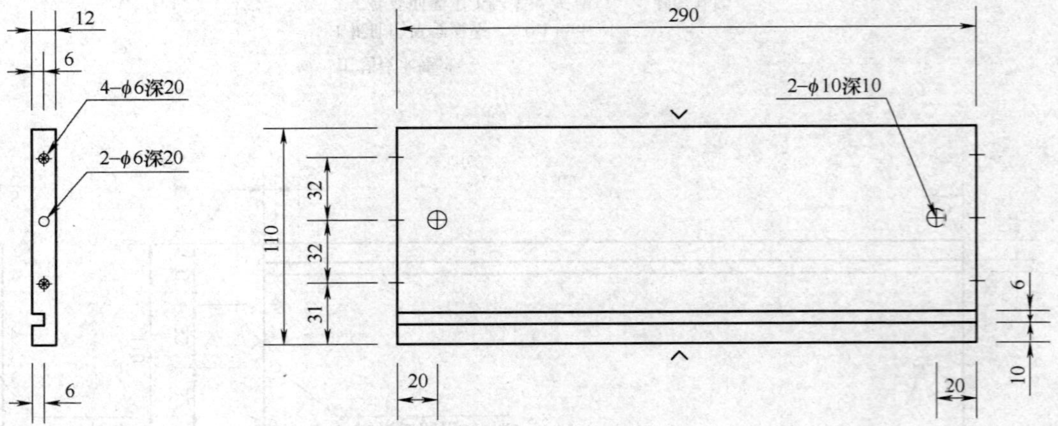

工艺技术要求:

1.板件的厚度误差 < ± 0.1 mm。
2.工件截面要求平整光滑,无崩口、毛刺等缺陷。
3.工件加工尺寸误差≤±0.25 mm，孔距尺寸误差≤±0.25 mm。
4.∨ 封0.5mm 胶封边。

东莞职业技术学院	
产品名称	床头柜
部件名称	屉后板
规　格	$L290\times W110\times H12$
材　质	
表面材料：樱桃木纹三聚氰胺板	
颜　色	
数　量	1个
符号说明 1. ⊕ 暗铰链 2. ⊕ 偏心连接件孔 ◇ 预埋螺母孔 ○ 连接件连接孔 3. ⊚ 层板粒 4. ◆ 圆木销 5. ＋ 螺丝钉 6. 一木纹方向 7. ∨ 封边 其他符号,如图说明。	
比　例	1:n
绘 图 人	江功南
审 核 人	江功南
日　期	2010-3-25
页　号	共 12 页 第 11 页

图 4－16　床头柜屉后板加工图

（10）床头柜屉侧板零件加工图见床头柜板式工艺文件的床头柜屉侧板加工图（图 4－17）。

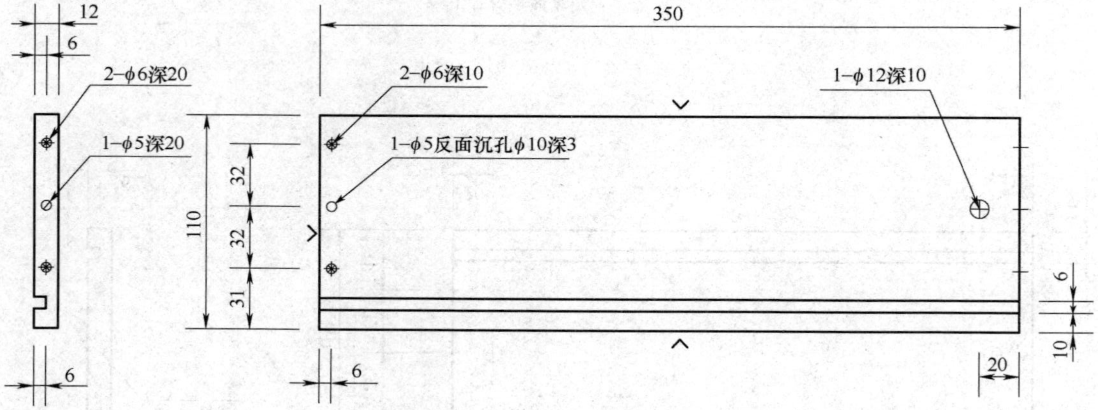

工艺技术要求:

1.板件的厚度误差＜± 0.1 mm。
2.工件截面要求平整光滑,无崩口、毛刺等缺陷。
3.工件加工尺寸误差≤±0.25 mm，孔距尺寸误差≤±0.25 mm。
4.分左右钻孔。
5.✓ 封0.5mm 胶封边。

东莞职业技术学院	
产品名称	床头柜
部件名称	屉侧板
规　格	$L350 \times W110 \times H12$
材　质	表面材料：樱桃木纹三聚氰胺板
颜　色	
数　量	2个
符号说明	1. ⊖ 暗铰链 2. ⊕ 偏心连接件孔 ◇ 预埋螺母孔 ○ 连接件连接孔 3. ◎ 层板粒 4. ◈ 圆木销 5. ＋ 螺丝钉 6. 一木纹方向 7. ✓ 封边 其他符号,如图说明。
比　例	1:n
绘 图 人	江功南
审 核 人	江功南
日　期	2010-3-25
页　号	共 12 页 第 12 页

图 4－17　床头柜屉侧板加工图

二、梳妆台工艺文件设计案例解析

（一）梳妆台

如梳妆台工艺文件中三视图所示，梳妆台的三维功能尺寸约为 1200mm（L）×500mm（W）×730mm（H）。

（二）确定材料、五金配件

（1）产品材料：桦木，涂装为原木色清漆。

（2）产品五金配件：500mm 的托底导轨、偏心连接件见表 4－1、表 4－2、表 4－3、表 4－4、表 4－5、表 4－6。

（三）结构分解、结构设计

梳妆台根据三视图结构可分解为面板、左右侧板部件、底板、中隔板、背板及左右柜桶部件等八个零、部件；侧板部件可分成前后实木脚、侧板三个零件；柜桶部件可分成柜桶面板（屉面板）、左右柜桶侧板（屉侧板）、柜桶后板（屉后板）、柜桶底板（屉底板）五个零件。

梳妆台外部所用材料均为饰面贴 0.6mm 单板，柜内为三聚氰胺板制作。按照现代板式生产工艺结构有拆装和整装（不拆装）两种方式，这里按现代板式常用的拆装生产工艺进行结构设计。同时，五金配件采用 ϕ15×12 偏心连接件，导轨采用拖底自动导轨。

（四）工艺文件

1. 产品效果图

见工艺文件的梳妆台效果图（图 4－18）。

2. 产品生产工艺流程

见工艺文件的梳妆台生产工艺流程（同床头柜生产工艺流程）。

3. 产品裁板、配料规格材料表

见工艺文件的产品裁板、配料规格材料表（表 4－10）。

4. 产品五金配件清单

见工艺文件的梳妆台五金配件清单（表 4－11）。

5. 梳妆台材料成本核算表

见工艺文件的梳妆台材料成本核算表（表 4－12）。

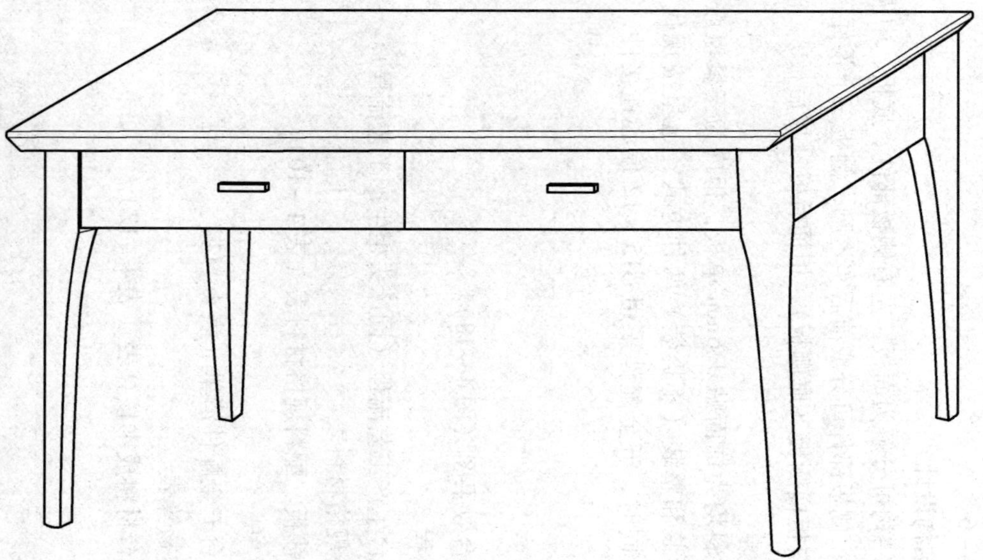

东莞职业技术学院	
产品名称	梳妆台
名称编号	
规　格	$L1200 \times D500 \times H730$
材　质	表面材料： 实木：榉木 饰面：樱桃木单板
颜　色	
数　量	个
工艺说明	
其他说明	1. 梳妆台：拆装 2. 材料：榉木 3. 油漆：樱桃木色
比　例	1:n
设 计 人	
绘 图 人	江功南
审 核 人	江功南
日　期	2009-12-4
页　号	共　页 第　页

图 4－18　梳妆台效果图

表 4 – 10　　　　梳妆台裁板、配料规格材料表

序号	部件名称	精截尺寸			数量	材质、备注	页数
		长	宽	厚			
1	面板	1160	480	25	1	中密度中纤板，两短边、一长边封20mm木封边，双面贴0.6mm樱桃单板、0.6mm桦木单板，一长边封0.5mm厚的樱桃封边条	
2	面封边	1200	25	20	1	桦木	
3	面封边	500	25	20	2	桦木	
4	面封边	1200	25	0.5	1	0.5mm厚樱桃单板封边条	
5	侧板	150	356	55	2	18+18+18中密度刨花板二合一胶合，双面贴0.6mm樱桃单板、0.6mm桦木单板，一长边封0.5mm厚的胶封边条	
6	脚	750	60	60	4	桦木	
7	层板	1040	452	18	1	中密度刨花双面樱桃三聚氰胺板，两短边封0.5mm厚的胶封边条	
8	中隔板	434	131	18	1	中密度刨花双面樱桃三聚氰胺板，一短边封0.5mm厚的胶封边条	
9	背板	1040	131	18	1	中密度刨花双面樱桃三聚氰胺板	
10	屉面板	148	517	18	2	中密度刨花板双面贴0.6mm樱桃单板、0.6mm桦木单板，四边封0.5mm厚的樱桃封边条	
11	屉侧板	400	110	12	4	中密度中纤双面樱桃三聚氰胺板，一长边、两短边封0.5mm厚的胶封边条	
12	屉后板	461	110	12	2	中密度中纤双面樱桃三聚氰胺板，两长边封0.5mm厚的胶封边条	
13	底板	349	472	5	2	中纤双面樱桃三聚氰胺板	

制表：　　　　审核：　　　　日期：

表 4 – 11　　　　梳妆台五金配件清单表

梳妆台五金配件清单						
序号	名称	规格	数量	要求	简图	备注
1	偏心连接件锁扣	$\phi 14.5 \times 13$	14个	镀镍		五金配件的品牌不同会影响加工安装的参数

续表

序号	名称	规格	数量	要求	简图	备注
2	偏心连接件螺纹杆	M6×41	14 支	镀镍		同上
4	二合一锁扣		4	镀镍		同上
5	二合一螺纹杆		4	镀镍	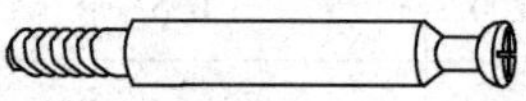	同上
6	托底导轨	16″	2 副		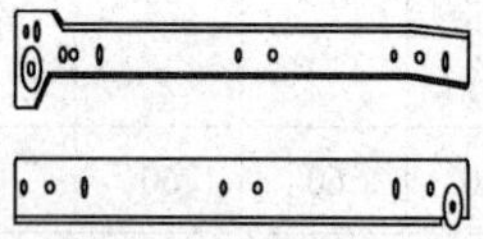	同上
7	螺丝胶粒	ϕ5.5×12	8		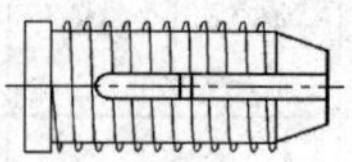	
8	柜桶螺纹连接件		4 支			
9	沉头自攻螺钉	M3.5×16	16 支		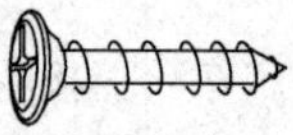	
10	沉头自攻螺钉	M3.5×25	4 支		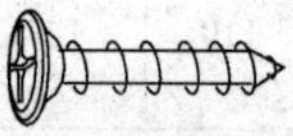	
11	拉手	136×35×10	2 支		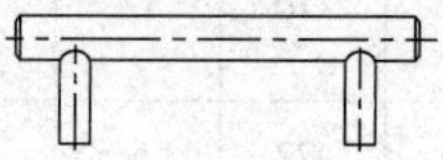	
12	半圆头机螺钉	M4×22	4 只		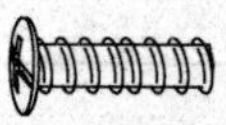	
13	圆木销	ϕ8×30	16 支		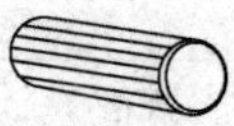	
14	圆木销	ϕ6×25	16 支		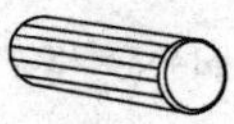	

制表：　　　　审核：　　　　日期：

表 4－12　　梳妆台材料成本核算表

序号	名称	材料	规格（件数）	合计数量	单位	单价	价格/元	备注
1	面板	25 中纤板	1160×480（1）	0.5568	m^2	39	24.13	利用率以 90% 计
		0.6mm 樱桃单板	1200×500（1）	0.6	m^2	5	3	利用率以 65% 计
		0.6mm 桦木单板	1200×500（1）	0.6	m^2	2	1.2	利用率以 65% 计
		28mm 樱桃封边带		1.2	m	0.2	0.24	
		热熔胶		0.0075	kg	18	0.135	
		乳白胶		0.3	kg	6	1.8	
		热压胶		0.3	kg	17	5.1	
2	侧板	18 中纤板	150×356（6）	0.3204	m^2	28	9.97	利用率以 90% 计
		0.6mm 樱桃单板	150×356（2）	0.1068	m^2	5	0.71	利用率以 65% 计
		0.6mm 桦木单板	150×356（2）	0.1068	m^2	2	0.28	利用率以 65% 计
		60mm 胶封边带	34mm	0.712	m	0.25	0.15	
		热熔胶		0.0098	kg	18	0.18	
		热压胶		0.0534	kg	17	0.91	
		乳白胶		0.0534	kg	6	0.32	
3	层板	18 三聚氰胺板	1040×452（1）	0.4701	m^2	40	20.89	利用率以 90% 计
		22mm 胶封边带	22mm	2.08	m	0.15	0.31	
		热熔胶		0.0094	kg	18	0.17	
4	中隔板	18 三聚氰胺板	131×434（1）	0.0569	m^2	40	2.53	利用率以 90% 计
		22mm 胶封边带	22mm	0.131	m	0.15	0.2	
		热熔胶		0.0006	kg	18	0.1	
5	背板	18 三聚氰胺板	131×1040（1）	0.1363	m^2	40	6.06	利用率以 90% 计
6	屉面	18 中纤板	148×517（2）	0.1531	m^2	28	4.76	利用率以 90% 计
		0.6mm 樱桃单板	148×517（2）	0.1531	m^2	5	0.77	利用率以 65% 计
		0.6mm 桦木单板	148×517（2）	0.1531	m^2	2	0.31	利用率以 65% 计
		22mm 水曲柳封边带	22mm	2.66	m	0.2	0.53	
		热熔胶		0.012	kg	18	0.22	
		热压胶		0.1531	kg	17	2.6	
7	屉侧	12 三聚氰胺板	400×110（4）	0.176	m^2	24	4.69	利用率以 90% 计
		15mm 封边带	22mm	0.91	m	0.1	0.09	
		热熔胶		0.0028	kg	18	0.05	

续表

序号	名称	材料	规格（件数）	合计数量	单位	单价	价格/元	备注
8	屉后	12 三聚氰胺板	461×110（2）	0.1015	m^2	24	2.71	利用率以90%计
		15mm 封边带	22mm	0.922	m	0.1	0.09	
		热熔胶		0.0028	kg	18	0.05	
9	屉底	5 三聚氰胺板	349×472（2）	0.3295	m^2	16	5.86	利用率以90%计
10		油漆		1.8	m^2	30	54	
11		砂纸		1.8	m^2	3	5.4	
12		偏心连接件锁扣	ϕ14.5×13	14	只	0.1	1.4	
13		偏心连接件螺纹杆	M6×41	14	只	0.1	1.4	
14		二合一锁扣	ϕ14.5×13	4	只	0.1	0.4	
15		二合一螺纹杆	M6×41	4	只	0.1	0.4	
16		柜桶螺纹连接件		4	只	0.01	0.04	
17		半圆头机螺钉	M4×22	4	支	0.1	0.4	
18		沉头自攻螺钉	M3.5×16	16	支	0.01	0.16	
19		沉头自攻螺钉	M3.5×30	4	支	0.01	0.04	
20		拉手		2	只	4	8	
21		圆木榫	ϕ8×30	16	支	0.01	0.16	
22		圆木榫	ϕ6×25	16	支	0.01	0.16	
23		商标		1	只	1	1	
24		纸箱		1	个	35	35	
25		珍珠棉		3	m^2	0.5	1.5	
26		泡沫塑料		2	m^2	1	2	
27		护角		8	只	0.2	1.6	
28		透明胶带		0.4	卷	5	2	
主、辅材料成本费用小计							216.18	
人工工资								
厂价（含毛利）								

6. 产品三视图

见工艺文件的梳妆台三视图（图4-19）。

产品三视图按《家具制图》标准的正投影第一角画法绘制，为了能清楚明了地表达梳妆台的结构，除了三视图之外还绘制了梳妆台俯视图的剖视和结构装配图。

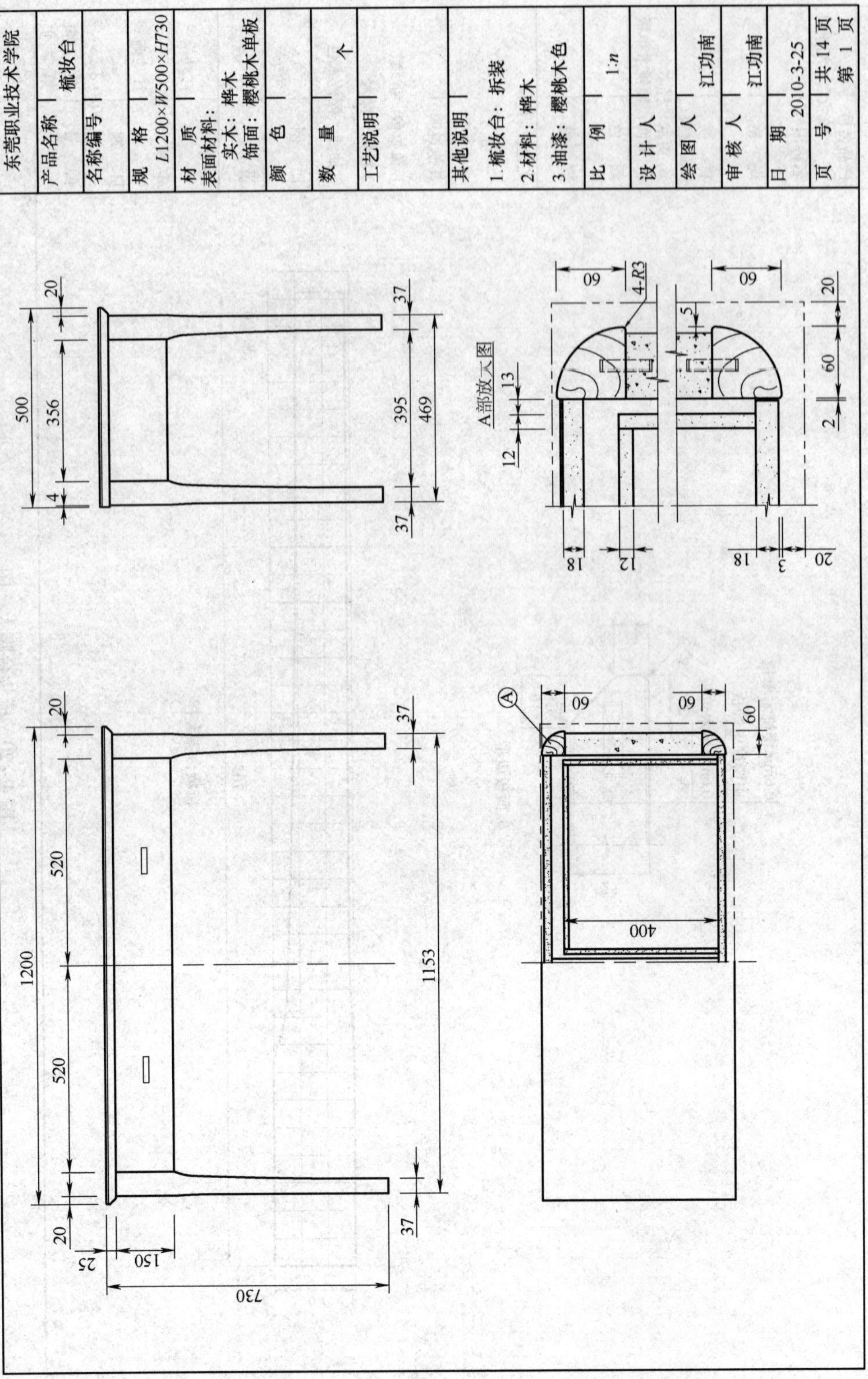

图4-19　梳妆台的三视图

7. 梳妆台脚大样图见工艺文件的梳妆台脚大样图（图 4 – 20）。

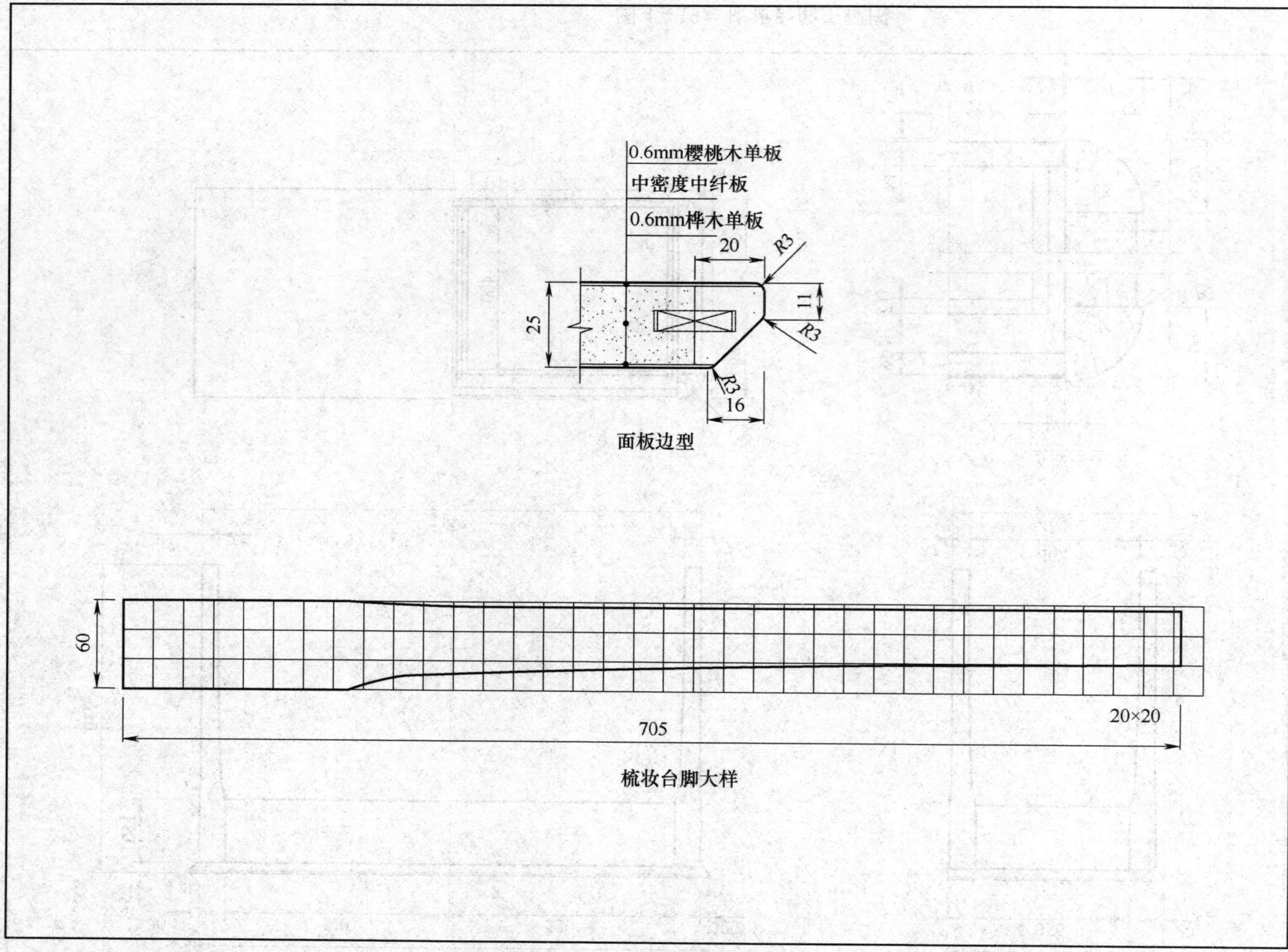

东莞职业技术学院	
产品名称	梳妆台 大样图
名称编号	
规　格	
材　质 表面材料： 实木：桦木 饰面：樱桃木单板	
颜　色	
数　量	个
工艺说明	
其他说明 1. 梳妆台：拆装 2. 材料：桦木 3. 油漆：樱桃木色	
比　例	1:n
设 计 人	
绘 图 人	江功南
审 核 人	江功南
日　期	2010-3-25
页　号	共 14 页 第 2 页

图 4 – 20　梳妆台脚大样图

8. （1）梳妆台屉后板零部件加工图见梳妆台板式工艺文件的梳妆台屉后板加工图（图 4－21）。

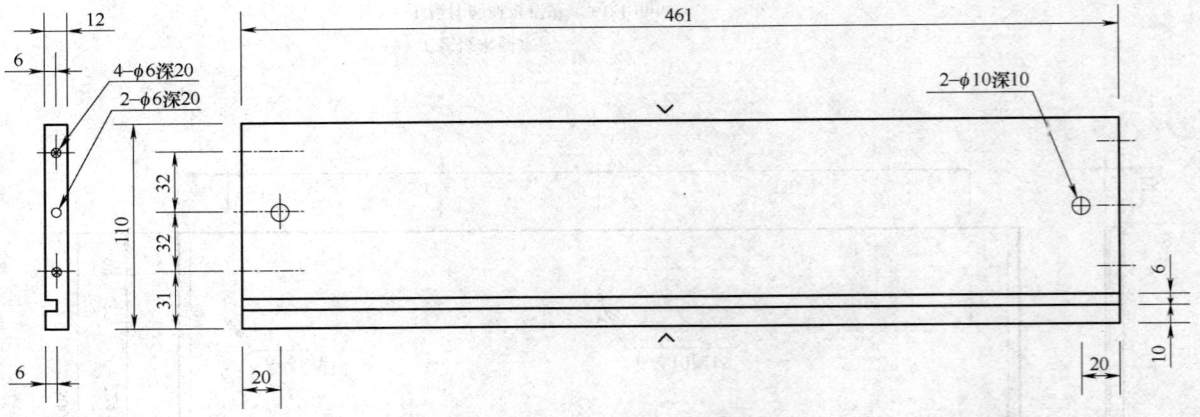

工艺技术要求：

1.板件的厚度误差＜± 0.1 mm。
2.工件截面要求平整光滑,无崩口、毛刺等缺陷。
3.工件加工尺寸误差＜±0.25 mm，孔距尺寸误差＜±0.25 mm。
4.∨ 封0.5mm 胶封边。

东莞职业技术学院	
产品名称	梳妆台
部件名称	屉后板
规　格	$L461 \times W110 \times H12$
材　质	表面材料：榉木纹三聚氰胺板
颜　色	
数　量	2个
符号说明	1. ⊕ 暗铰链 2. ⊕ 偏心连接件孔 ◇ 预埋螺母孔 ○ 连接件连接孔 3. ◎ 层板粒 4. ◆ 圆木销 5. + 螺丝钉 6. 一木纹方向 7. ∨ 封边 其他符号,如图说明。
比　例	1:n
绘图人	江功南
审核人	江功南
日　期	2010-3-25
页　号	共 14 页 第 3 页

图 4－21　梳妆台屉后板加工图

（2）梳妆台面板零件加工图，见梳妆台板式工艺文件的梳妆台面板加工图（图 4－22）。

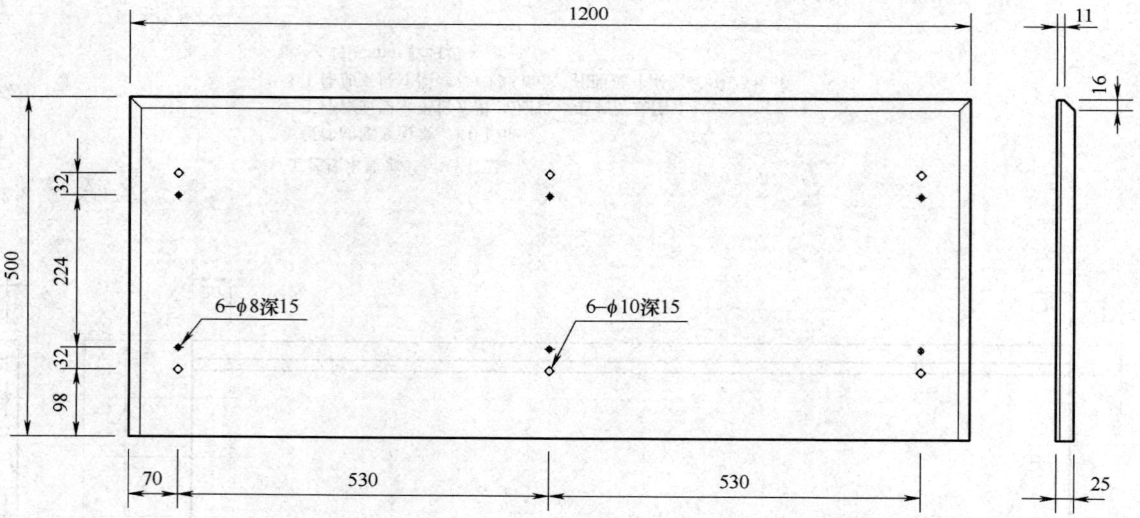

工艺技术要求：

1.板件的厚度误差＜± 0.1 mm。
2.工件截面要求平整光滑,无崩口、毛刺等缺陷。
3.工件加工尺寸误差≤±0.25 mm，孔距尺寸误差≤±0.25 mm。
4.∨封0.5mm 胶封边。

东莞职业技术学院	
产品名称	梳妆台
部件名称	面板
规　格	L1200×W500×H25
材　质	
表面材料：饰面：樱桃木单板	
颜　色	
数　量	1个
符号说明 1. ⊕ 暗铰链 2. ⊕ 偏心连接件孔 ◇ 预埋螺母孔 ○ 连接件连接孔 3. ◎ 层板粒 4. ◆ 圆木销 5. ＋ 螺丝钉 6. 一木纹方向 7. ∨ 封边 其他符号,如图说明。	
比　例	1:n
绘 图 人	江功南
审 核 人	江功南
日　期	2010-3-25
页　号	共 14 页 第 4 页

图 4－22　梳妆台面板加工图

（3）梳妆台侧板部件加工图，见梳妆台板式工艺文件的梳妆台侧板部件加工图（图 4－23）。

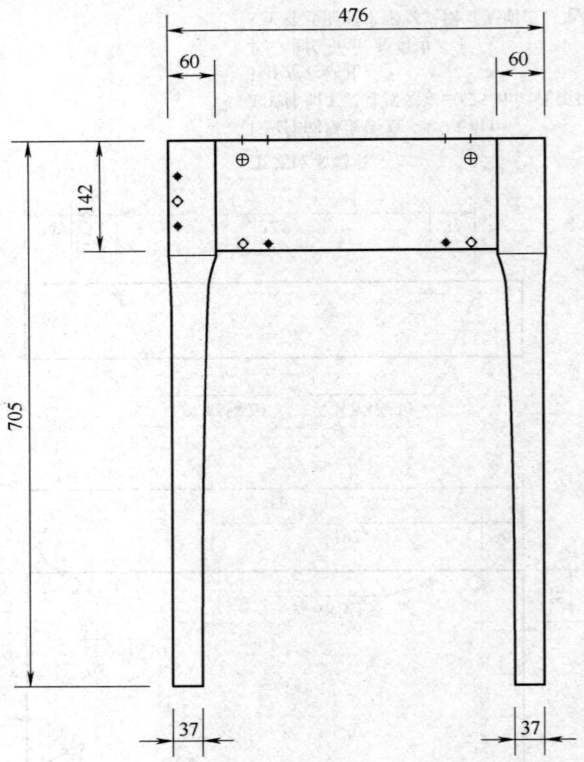

工艺技术要求：

1.工件装配尺寸误差 < ± 0.25 mm。

2.分左右装配，工件截面要求平整光滑，无崩口、毛刺等缺陷。

东莞职业技术学院	
产品名称	梳妆台
部件名称	侧板部件
规　格	$L476 \times W60 \times H705$
材　质	
表面材料： 饰面：樱桃木单板	
颜　色	
数　量	2个
符号说明 1. ⊕ 暗铰链 2. ⊕ 偏心连接件孔 ◇ 预埋螺母孔 ○ 连接件连接孔 3. ◎ 层板粒 4. ◆ 圆木销 5. ＋ 螺丝钉 6. 一木纹方向 7. ∨ 封边 其他符号,如图说明。	
比　例	1:n
绘 图 人	江功南
审 核 人	江功南
日　期	2010-3-25
页　号	共 14 页 第 5 页

图 4－23　梳妆台侧板部件加工图

（4）梳妆台侧板零件加工图，见梳妆台板式工艺文件的梳妆台侧板加工图（图 4－24）。

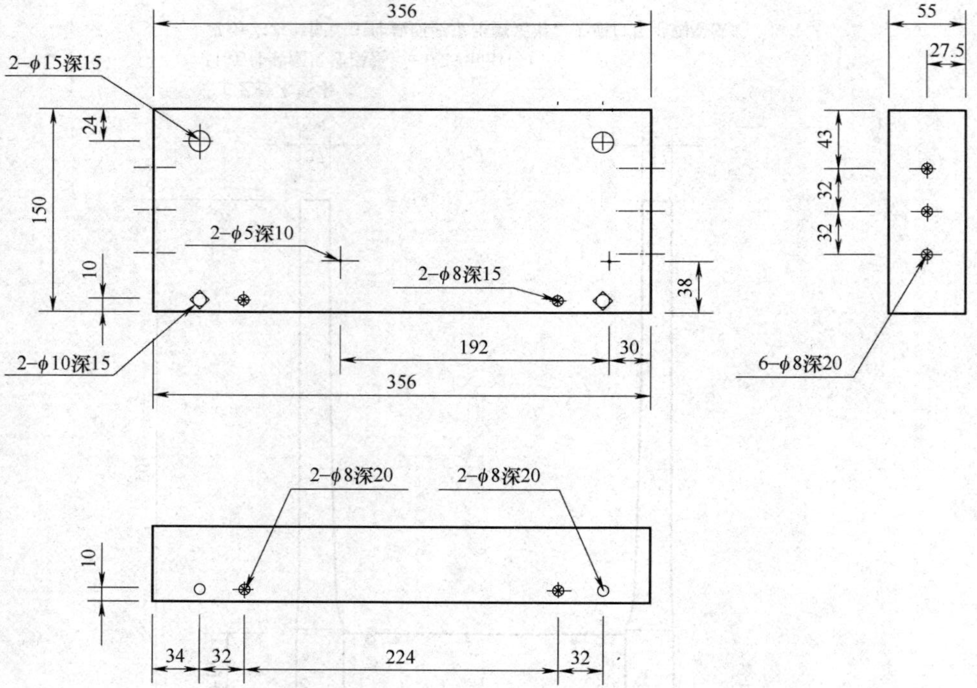

工艺技术要求：

1.板件的厚度误差＜± 0.1 mm。

2.工件加工尺寸误差≤±0.25 mm，孔距尺寸误差≤±0.25 mm。

3.分左右钻孔。

4.∨ 封0.5mm 胶封边。

5.工件截面要求平整光滑，无崩口、毛刺等缺陷。

东莞职业技术学院	
产品名称	梳妆台
部件名称	侧板
规　格	$L150\times W356\times H55$
材　质	
表面材料：饰面：樱桃木单板	
颜　色	
数　量	2个
符号说明 1. ⊕ 暗铰链 2. ⊕ 偏心连接件孔 ◇ 预埋螺母孔 ○ 连接件连接孔 3. ◎ 层板粒 4. ◈ 圆木销 5. ＋ 螺丝钉 6. 一 木纹方向 7. ∨ 封边 其他符号,如图说明。	
比　例	1:n
绘 图 人	江功南
审 核 人	江功南
日　期	2010-3-25
页　号	共 14 页 第 6 页

图 4－24　梳妆台侧板加工图

（5）梳妆台脚零件加工图，见梳妆台板式工艺文件的梳妆台脚加工图（图 4 – 25）。

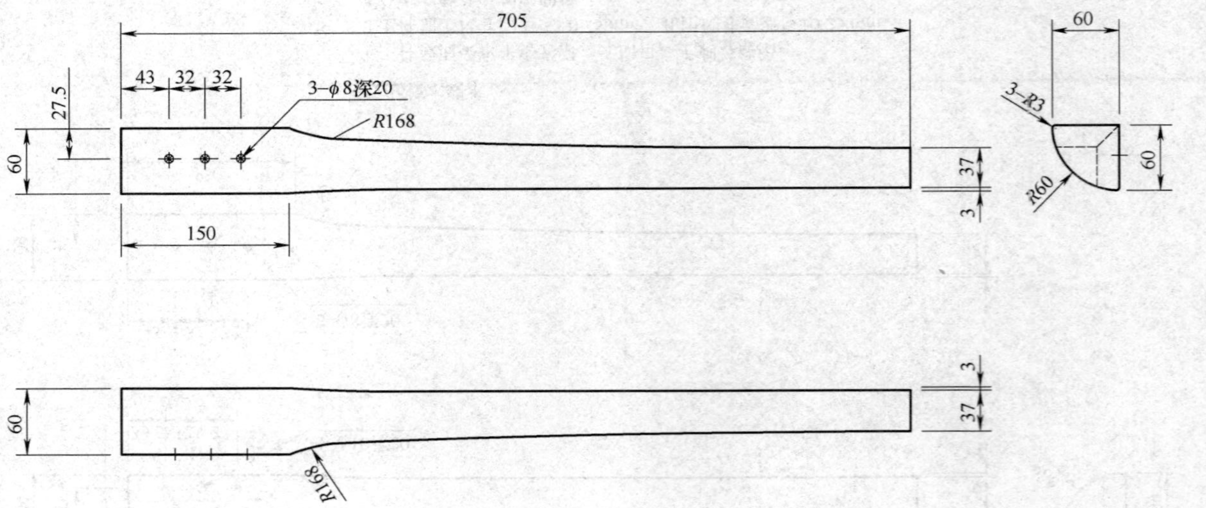

工艺技术要求：

1.工件截面要求平整光滑,无崩口、毛刺等缺陷。
2.工件加工尺寸误差≤±0.25 mm，孔距尺寸误差≤±0.25 mm。
3.分左右钻孔、加工凹槽。

东莞职业技术学院
产品名称　梳妆台
部件名称　脚
规　格　L705×W60×H60
材　质　表面材料：桦木
颜　色
数　量　4个
符号说明 1. ⊕ 暗铰链 2. ⊕ 偏心连接件孔 ◇ 预埋螺母孔 ○ 连接件连接孔 3. ⊚ 层板粒 4. ◈ 圆木销 5. + 螺丝钉 6. 一木纹方向 7. ∨ 封边 其他符号,如图说明。
比　例　1:n
绘 图 人　江功南
审 核 人　江功南
日　期　2010-3-25
页　号　共 14 页　第 7 页

图 4 – 25　梳妆台脚加工图

（6）梳妆台脚零件加工图，见梳妆台板式工艺文件的梳妆台脚零件加工图（图 4－26）。

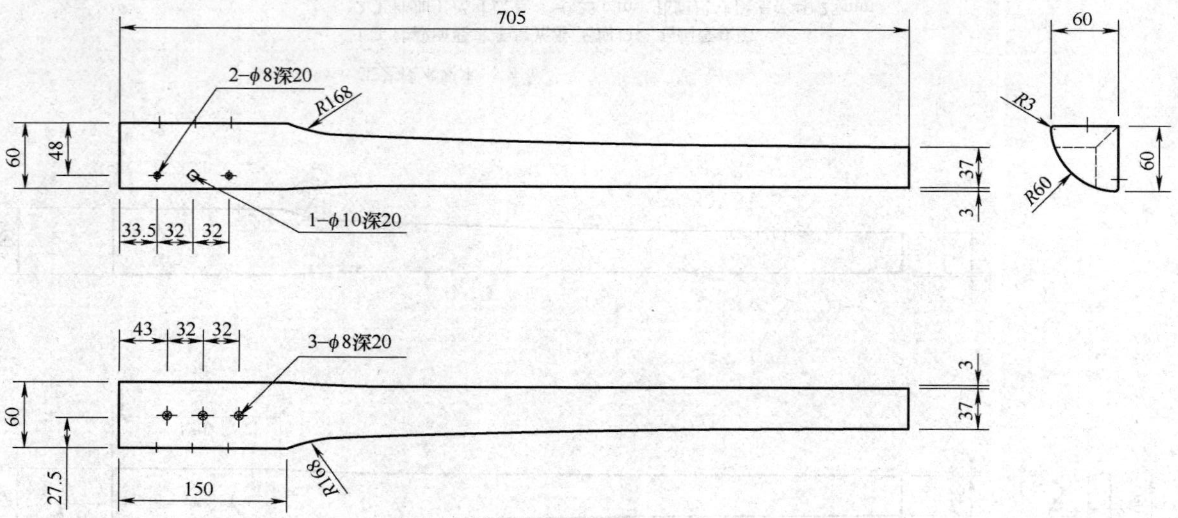

工艺技术要求：

1.工件截面要求平整光滑，无崩口、毛刺等缺陷。
2.工件加工尺寸误差≤±0.25 mm，孔距尺寸误差≤±0.25 mm。
4.分左右钻孔、加工凹槽。

东莞职业技术学院	
产品名称	梳妆台
部件名称	脚
规　格	L705×W60×H60
材　质	表面材料：桦木
颜　色	
数　量	4个
符号说明	1. ⊕ 暗铰链 2. ⊕ 偏心连接件孔 ◇ 预埋螺母孔 ○ 连接件连接孔 3. ◎ 层板粒 4. ◆ 圆木销 5. ＋ 螺丝钉 6. 一木纹方向 7. ∨ 封边 其他符号,如图说明。
比　例	1:n
绘 图 人	江功南
审 核 人	江功南
日　期	2010-3-25
页　号	共 14 页 第 8 页

图 4－26　梳妆台脚加工图

（7）梳妆台底板零部件加工图，见梳妆台板式工艺文件的梳妆台底板零件加工图（图 4－27）。

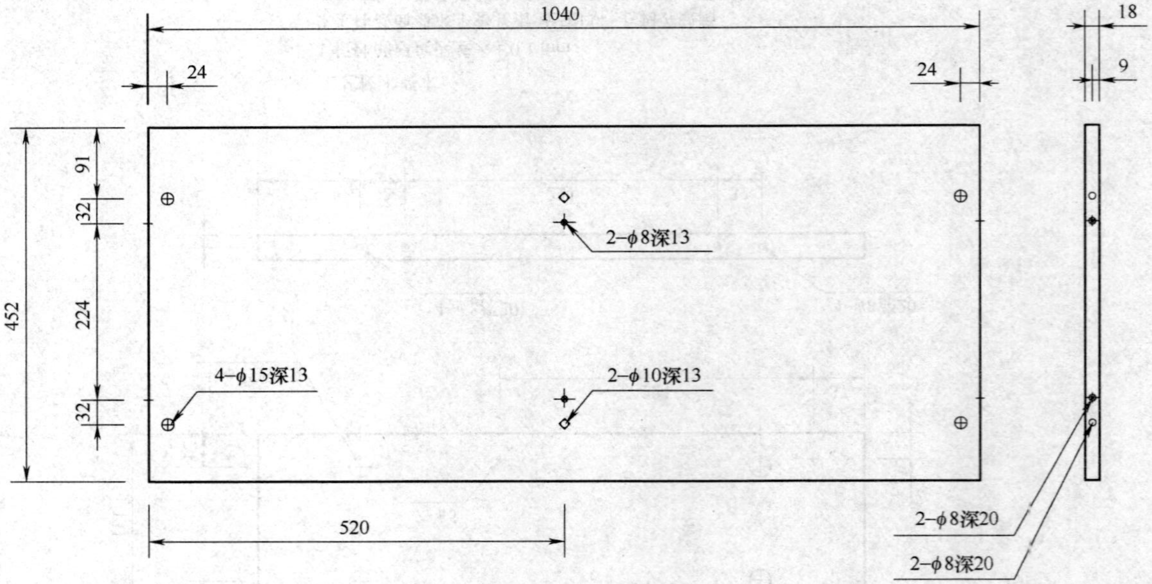

工艺技术要求：

1.板件的厚度误差＜±0.1 mm。
2.工件截面要求平整光滑,无崩口、毛刺等缺陷。
3.工件加工尺寸误差≤±0.25 mm，孔距尺寸误差≤±0.25 mm。
4.∨ 封0.5mm 胶封边。

东莞职业技术学院	
产品名称	梳妆台
部件名称	底板
规　格	$L1040\times W452\times H18$
材　质	表面材料：樱桃木纹三聚氰胺板
颜　色	
数　量	1个
符号说明	1. ⊕ 暗铰链 2. ⊕ 偏心连接件孔 ◇ 预埋螺母孔 ○ 连接件连接孔 3. ◎ 层板粒 4. ◆ 圆木销 5. ＋ 螺丝钉 6. 一木纹方向 7. ∨ 封边 其他符号,如图说明。
比　例	1:n
绘 图 人	江功南
审 核 人	江功南
日　期	2010-3-25
页　号	共 14 页 第 9 页

图 4－27　梳妆台底板加工图

（8）梳妆台中隔板零件加工图，见梳妆台板式工艺文件的梳妆台中隔板加工图（图 4－28）。

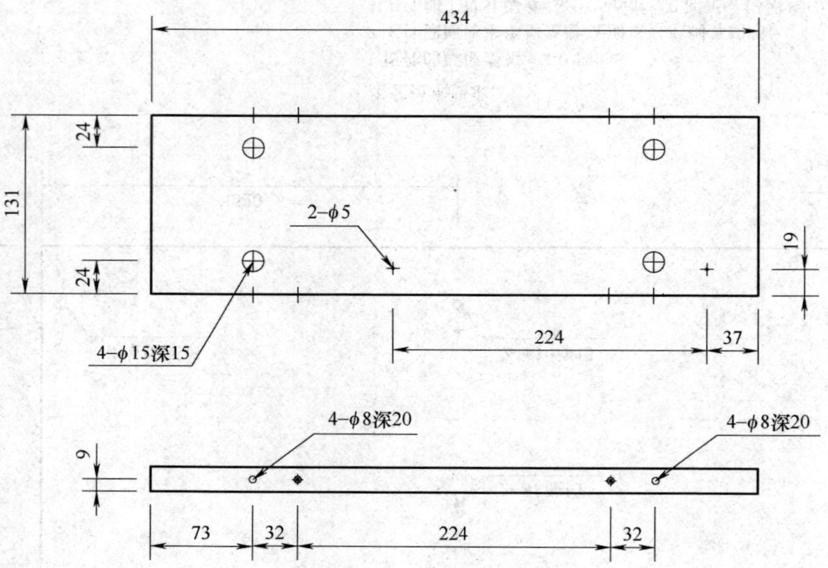

工艺技术要求：

1.板件的厚度误差 < ± 0.1 mm。

2.工件截面要求平整光滑,无崩口、毛刺等缺陷。

3.工件加工尺寸误差≤±0.25 mm，孔距尺寸误差≤±0.25 mm。

4.∨ 封0.5mm 胶封边。

东莞职业技术学院
产品名称 梳妆台
部件名称 中隔板
规 格 $L131\times W434\times H18$
材 质 表面材料：樱桃木纹三聚氰胺板
颜 色
数 量 3个
符号说明 1. ⊕ 暗铰链 2. ⊕ 偏心连接件孔 ◇ 预埋螺母孔 ○ 连接件连接孔 3. ◎ 层板粒 4. ◆ 圆木销 5. + 螺丝钉 6. 一木纹方向 7. ∨ 封边 其他符号,如图说明。
比 例 1:n
绘 图 人 江功南
审 核 人 江功南
日 期 2010-3-25
页 号 共 14 页 第 10 页

图 4－28　梳妆台中隔板加工图

（9）梳妆台背板零件加工图，见梳妆台板式工艺文件的梳妆台背板加工图（图 4－29）。

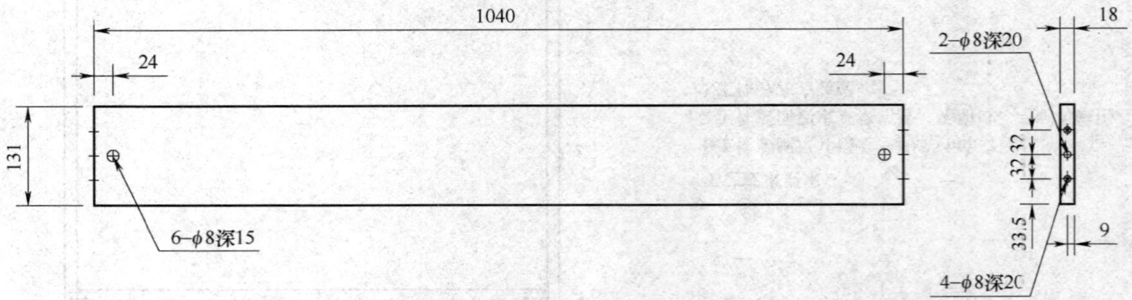

工艺技术要求：

1.板件的厚度误差 < ± 0.1 mm。
2.工件截面要求平整光滑,无崩口、毛刺等缺陷。
3.工件加工尺寸误差≤±0.25 mm，孔距尺寸误差≤±0.25 mm。
4.✓ 封0.5mm 胶封边。

东莞职业技术学院	
产品名称	梳妆台
部件名称	背板
规　格	$L131\times W1040\times H18$
材　质	表面材料：樱桃木纹三聚氰胺板
颜　色	
数　量	3个
符号说明	1. ⊕ 暗铰链 2. ⊕ 偏心连接件孔 ◇ 预埋螺母孔 ○ 连接件连接孔 3. ◎ 层板粒 4. ◆ 圆木销 5. ＋ 螺丝钉 6. 一木纹方向 7. ✓ 封边 其他符号,如图说明。
比　例	1:n
绘图人	江功南
审核人	江功南
日　期	2010-3-25
页　号	共 14 页　第 11 页

图 4－29　梳妆台背板加工图

（10）梳妆台抽屉部件加工图，见梳妆台板式工艺文件的梳妆台抽屉部件加工图（图 4－30）。

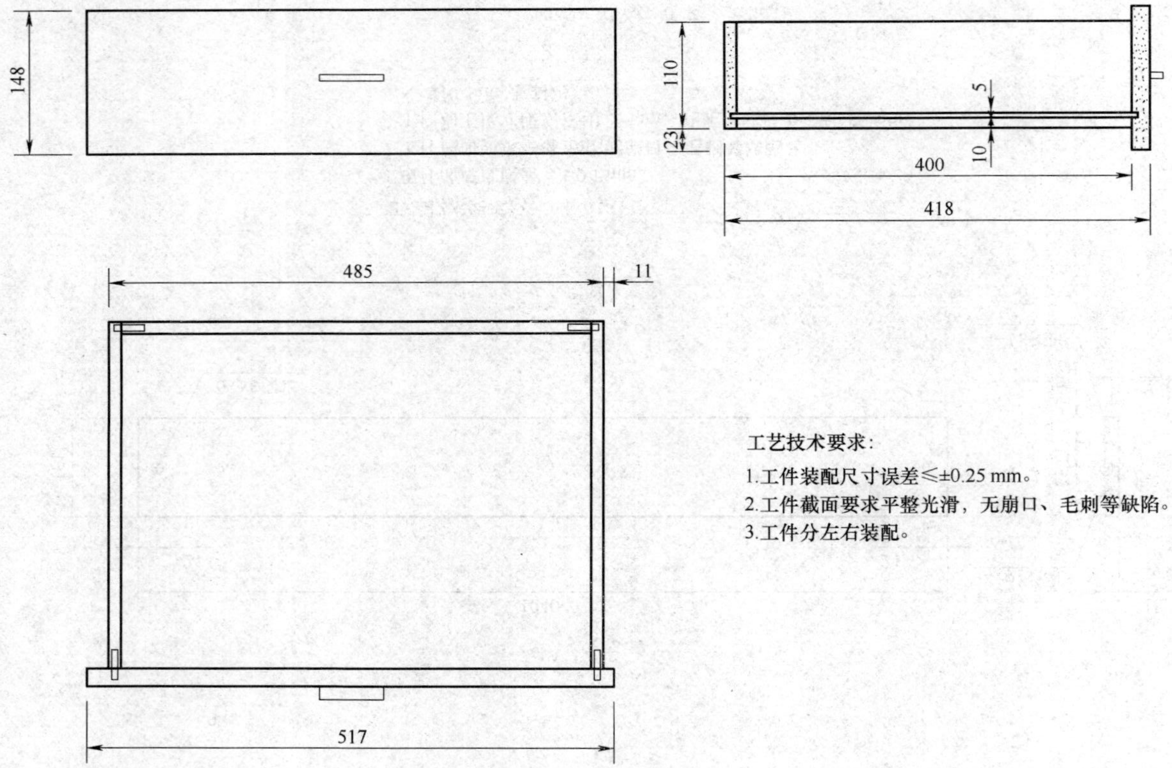

工艺技术要求：

1.工件装配尺寸误差≤±0.25 mm。

2.工件截面要求平整光滑，无崩口、毛刺等缺陷。

3.工件分左右装配。

东莞职业技术学院	
产品名称	梳妆台
部件名称	抽屉
规　格	$L517\times W148\times H148$
材　质	表面材料： 饰面：樱桃木单板 樱桃木纹三聚氰胺板
颜　色	
数　量	2个
符号说明	1. ⊕ 暗铰链 2. ⊕ 偏心连接件孔 ◇ 预埋螺母孔 ○ 连接件连接孔 3. ⊚ 层板粒 4. ◈ 圆木销 5. + 螺丝钉 6. 一木纹方向 7. ∨ 封边 其他符号,如图说明。
比　例	1:n
绘图人	江功南
审核人	江功南
日　期	2010-3-25
页　号	共 14 页 第 12 页

图 4－30　梳妆台抽屉部件加工图

（11）梳妆台屉面板零件加工图，见梳妆台板式工艺文件的梳妆台屉面板加工图（图 4－31）。

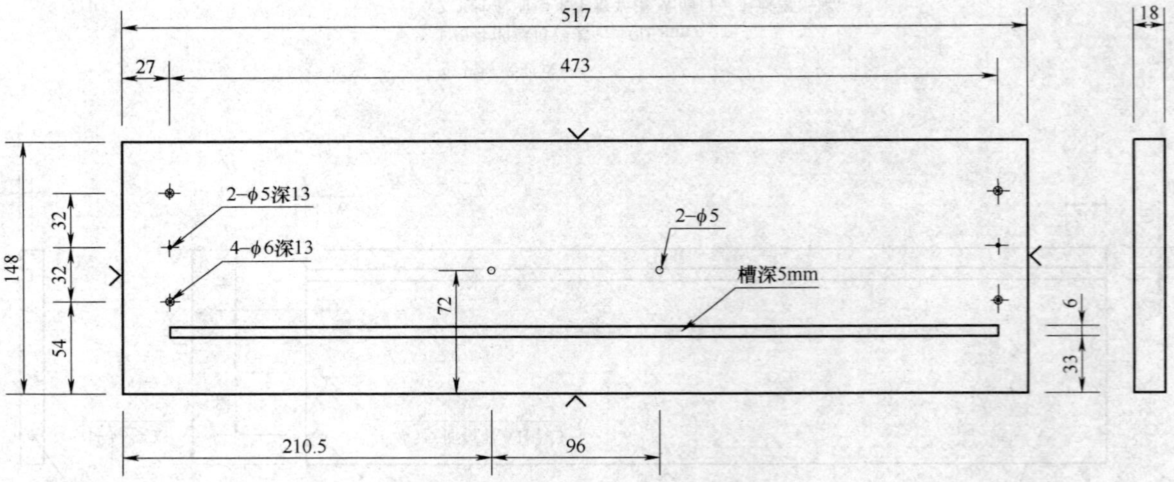

工艺技术要求：

1.板件的厚度误差 < ± 0.1 mm。

2.工件截面要求平整光滑,无崩口、毛刺等缺陷。

3.工件加工尺寸误差≤±0.25 mm ,孔距尺寸误差≤±0.25 mm。

4.∨封0.5mm 单板封边。

5.分左右加工。

东莞职业技术学院	
产品名称	梳妆台
部件名称	屉面板
规　格	$L517\times W148\times H18$
材　质	
表面材料：榉木纹三聚氰胺板	
颜　色	
数　量	2个
符号说明 1. ⊕ 暗铰链 2. ⊕ 偏心连接件孔 ◇ 预埋螺母孔 ○ 连接件连接孔 3. ⊚ 层板粒 4. ◆ 圆木销 5. ＋ 螺丝钉 6. 一木纹方向 7. ∨ 封边 其他符号,如图说明。	
比　例	1:n
绘 图 人	江功南
审 核 人	江功南
日　期	2010-3-25
页　号	共 14 页 第 13 页

图 4－31　梳妆台屉面板加工图

（12）梳妆台屉侧板零件加工图，见梳妆台板式工艺文件的梳妆台屉侧板加工图（图 4－32）。

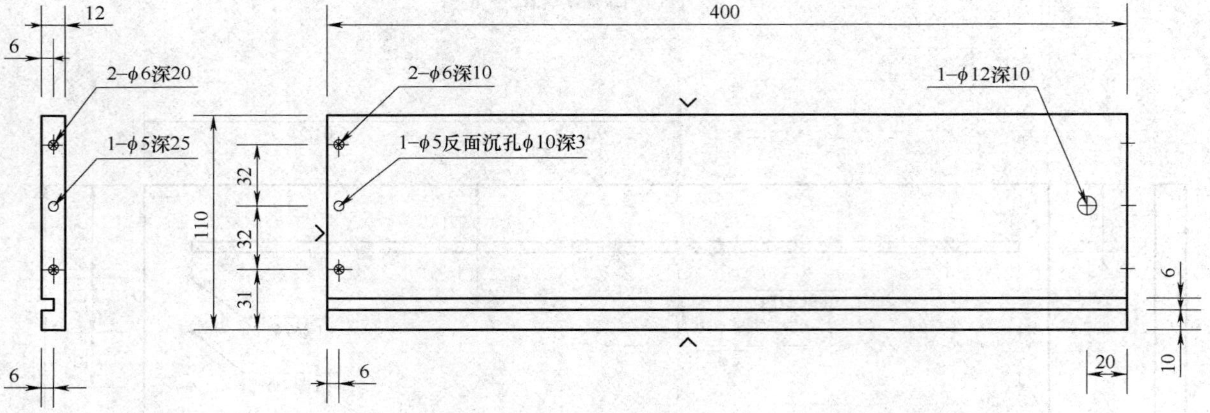

工艺技术要求：

1.板件的厚度误差＜± 0.1 mm。
2.工件截面要求平整光滑,无崩口、毛刺等缺陷。
3.工件加工尺寸误差≤±0.25 mm，孔距尺寸误差≤±0.25 mm。
4. 分左右钻孔。
5. ✓ 封0.5mm 胶封边。

东莞职业技术学院	
产品名称	梳妆台
部件名称	屉侧板
规　格	L400×W110×H12
材　质	表面材料：榉木纹三聚氰胺板
颜　色	
数　量	4个
符号说明	1. ⊕ 暗铰链 2. ⊕ 偏心连接件孔 ◇ 预埋螺母孔 ○ 连接件连接孔 3. ◎ 层板粒 4. ◆ 圆木销 5. ＋ 螺丝钉 6. 一木纹方向 7. ✓ 封边 其他符号,如图说明。
比　例	1:n
绘图人	江功南
审核人	江功南
日　期	2010-3-25
页　号	共 14 页 第 14 页

图 4－32　梳妆台屉侧板加工图

三、双人床工艺文件设计案例解析

（一）双人床

如双人床工艺文件中三视图所示，双人床的三维功能尺寸约为 1890mm（L）× 2120mm（W）×900mm（H）。

（二）确定材料、五金配件

（1）产品材料：桦木，涂装为原木色清漆。

（2）产品五金配件及参数：强力连接件、四合一强力连接件如表 4－13、表 4－14 所示。

表 4－13　　强力连接件

简图	加工参数
	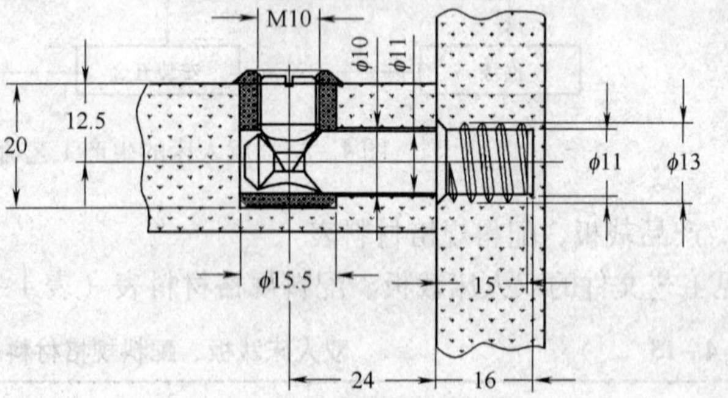

表 4－14　　四合一强力连接件

简图	加工参数
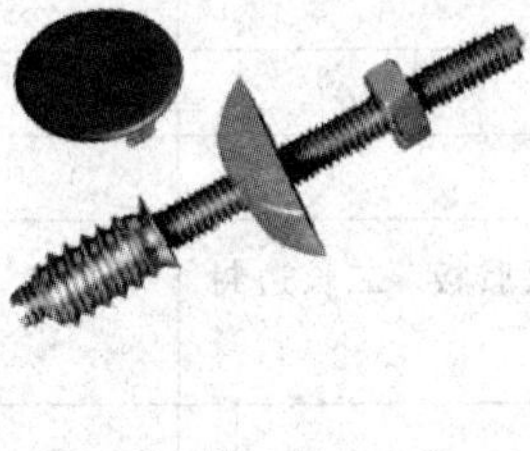	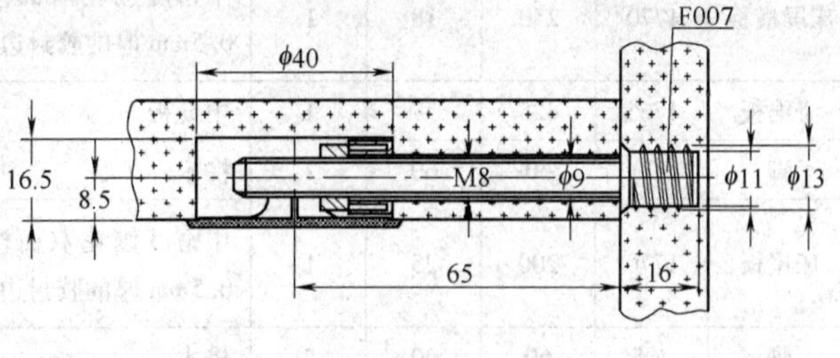

（三）结构分解、结构设计

床体由左右床侧、床屏、床尾板、床网、席梦思等六个部件构成；床屏、床尾板可分成左右实木脚、横板三个零件；床网、席梦思属于家具材料市场上可供选用购买的标准件。

双人床所用材料均为饰面贴 0.6mm 单板制作，后横板为 18mm。为了保证床体的强度，底横、左右床侧厚度均为 25mm。

床体零部件结构设计：根据图纸设计要求，按现代板式常用的拆装生产工艺进行结构设计。同时，五金配件采用强力连接件，床板采用外购标准的床网及席梦思。

（1）床体：床类家具以床网及席梦思为核心的准则，首先需要确床网及席梦思尺寸，按床类内空 1800×2000mm 功能。

（2）左右床板：考虑到大床的强度，左右床板的厚度不能少于 25mm，且高度不低于 200mm。

（四）工艺文件

1. 产品生产工艺流程

见工艺文件的双人床生产工艺流程图（图 4-33）。

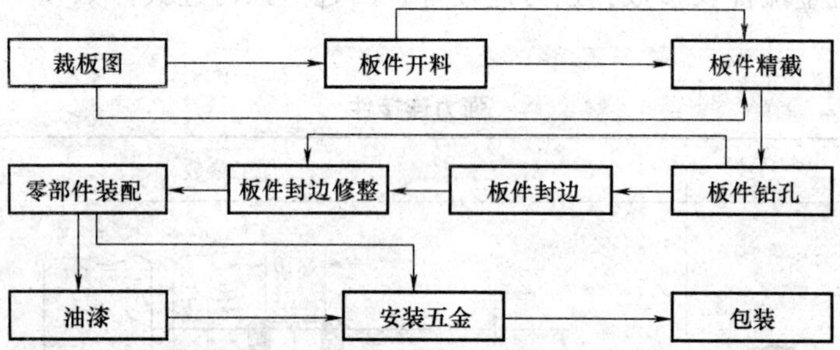

图 4-33　双人床的生产工艺流程图

2. 产品裁板、配料规格材料表

见工艺文件的双人床裁板、配料规格材料表（表 4-15）。

表 4-15　双人床裁板、配料规格材料表

序号	部件名称	精截尺寸			数量	材质、备注	页数
		长	宽	厚			
1	床屏板	1770	695	18	1	中密度刨花双面樱桃三聚氰胺板，二长边封 0.5mm 厚的胶封边条	
2	床屏横板	1770	250	18	1	中密度刨花双面樱桃三聚氰胺板，二长边封 0.5mm 厚的胶封边条	
3	海绵板	1765	425	9	1	中纤板	
4	脚	900	60	60	2	桦木	
5	床尾板	1770	200	25	1	中密度刨花双面樱桃三聚氰胺板，二长边封 0.5mm 厚的胶封边条	
6	脚	405	60	60	2	桦木	
7	床侧	2000	200	25	2	中密度刨花双面樱桃三聚氰胺板，二长边封 0.5mm 厚的胶封边条	
8	脚	900	60	60	2	桦木	
						制表：　审核：　日期：	

3. 产品五金配件清单

见双人床板式工艺文件的双人床五金配件清单（表 4-16）。

表4－16　　**五金配件清单**

双人床五金配件清单

序号	名称	规格	数量	要求	简图	备注
1	四合一强力连接件	ϕ14.5×13	4套			五金配件的品牌不同会影响加工安装参数
2	扳手	5mm	1支		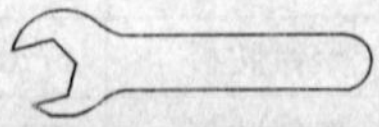	
3	床网	1800×2000	1件		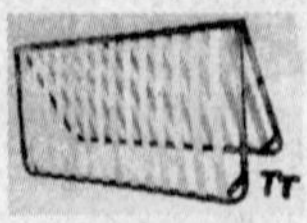	
4	床扣件		8支			
5	螺钉	M6×15	24支			
6	圆木销	ϕ8×30	16支		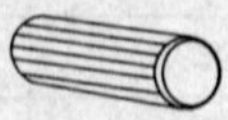	
7	圆木销	ϕ10×30	14支		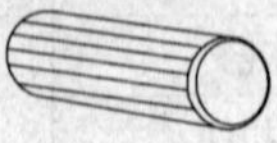	
8	地脚钉	ϕ15×12	8只	白色尼龙、锥形		

制表：　　　　审核：　　　　日期：

4. 产品材料成本核算表

见双人床板式工艺文件的双人床材料成本核算表（表4－17）。

表4－17　　**双人床材料成本核算表**

序号	名称	材料	规格（件数）	合计数量	单位	单价	价格/元	备注
1	床尾板	25中纤板	1770×200（1）	0.354	m^2	39	15.34	利用率以90%计
		0.6mm樱桃单板	1770×200（1）	0.354	m^2	5	2.72	利用率以65%计
		0.6mm桦木单板	1770×200（1）	0.354	m^2	2	1.09	利用率以65%计
		28mm樱桃封边带		3.54	m	0.2	0.71	
		热熔胶		0.0221	kg	18	0.4	
		乳白胶		0.0025	kg	6	0.02	
		热压胶		0.177	kg	17	3.01	

续表

序号	名称	材料	规格（件数）	合计数量	单位	单价	价格/元	备注
2	床侧板	25 中纤板	2000×200（2）	0.8	m^2	39	34.67	利用率以90%计
		0.6mm 樱桃单板	2000×200（2）	0.8	m^2	5	6.15	利用率以65%计
		0.6mm 桦木单板	2000×200（2）	0.8	m^2	2	2.46	利用率以65%计
		28mm 胶封边带		8	m	0.25	2	
		热熔胶		0.05	kg	18	0.9	
		热压胶		0.4	kg	17	6.8	
3	床屏	18 三聚氰胺板	1770×695（1）	1.2302	m^2	40	54.68	利用率以90%计
		18 三聚氰胺板	1770×250（1）	0.4425	m^2	40	19.67	利用率以90%计
		9 中纤板	1765×425（1）	0.7501	m^2	18	15	利用率以90%计
		22mm 胶封边带	1770×250（1）	7.08	m	0.15	1.06	
		热熔胶		0.0319	kg	18	0.57	
		海绵	5.0 分	1.2302	m^2	35	47.84	利用率以90%计
		丝棉	0.8 分	1.2302	m^2	50	68.3	利用率以90%计
		布料		1.8	m	25	45	
		粘棉胶		0.3075	kg	26.5	8.15	
4		油漆		2.7	m^2	30	81	
5		砂纸		2.7	m^2	3	8.1	
6		强力连接件		4	套	0.25	1	
7		床网	1800×2000	1	件	180	180	
8		床扣件		8	只	2	16	
9		螺钉		24	支	0.1	2.4	
10		圆木榫	$\phi8\times30$	16	支	0.01	0.16	
11		圆木榫	$\phi10\times25$	14	支	0.01	0.14	
12		脚钉		4	只	0.01	0.04	
13		商标		1	只	1	1	
14		纸箱		1	个	20	20	
15		珍珠棉		2	m^2	0.5	1	
16		泡沫塑料		1.5	m^2	1	1.5	
17		护角		8	只	0.2	1.6	
18		透明胶带		0.4	卷	5	2	
主、辅材料成本费用小计							652.48	
人工工资								
厂价（含毛利）								

5. 产品三视图

见工艺文件的双人床三视图。

产品三视图按《家具制图》标准的正投影第一角画法绘制，为了能清楚明了地表达双人床的结构，除了三视图之外还绘制了双人床俯视图的剖视和结构装配图（图4－34）。

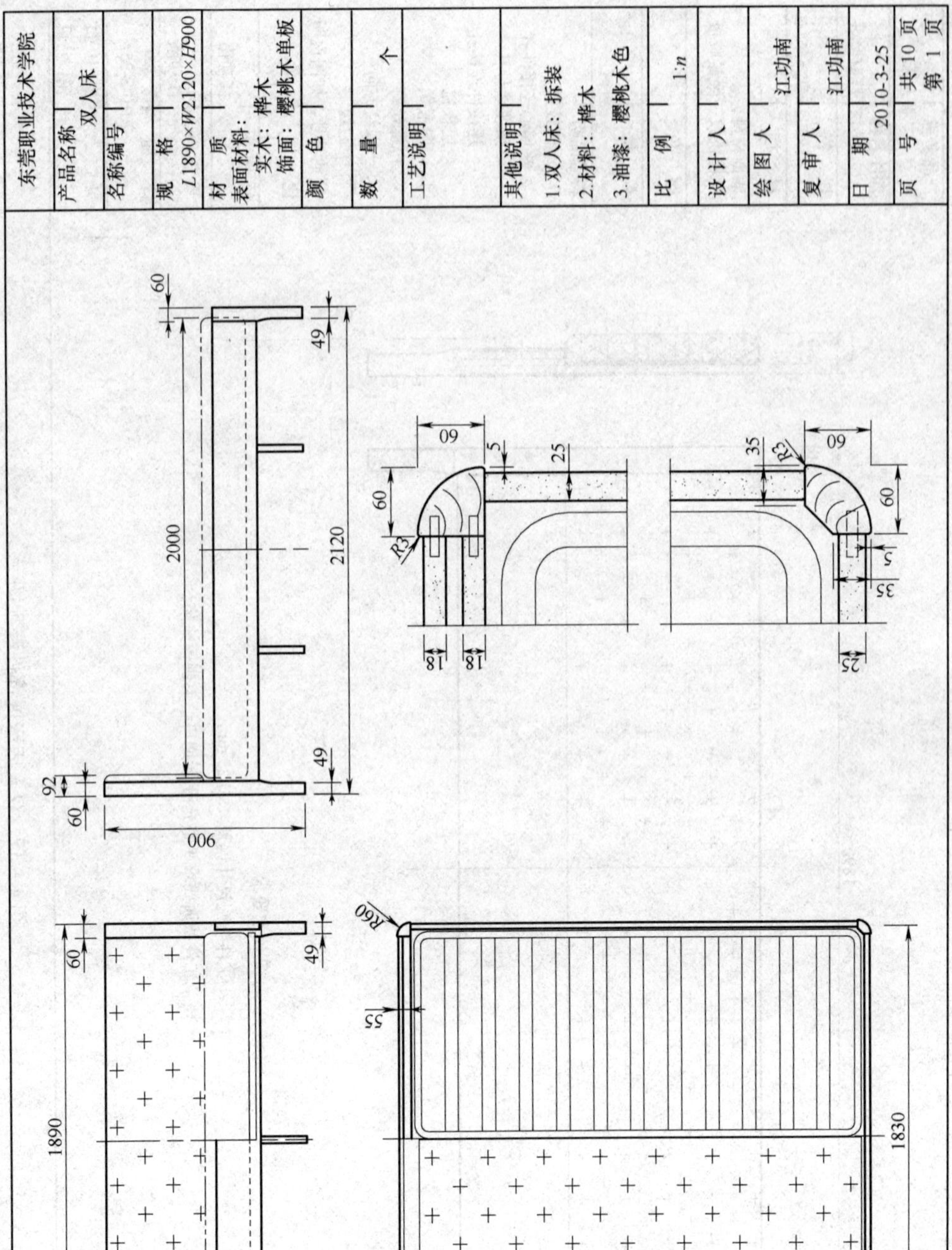
东莞职业技术学院
产品名称　双人床
名称编号
规　格　L1890×W2120×H900
材　质
表面材料：
实木：桦木
饰面：樱桃木单板
颜　色
数　量　个
工艺说明
其他说明
1.双人床：拆装
2.材料：桦木
3.油漆：樱桃木色
比　例　1:n
设计人
绘图人　江功南
复审人　江功南
日　期　2010-3-25
页　号　共 10 页　第 1 页

图 4－34　双人床三视图

6. （1）双人床床屏部件装配图，见双人床板式工艺文件的双人床床屏部件装配图（图 4－35）。

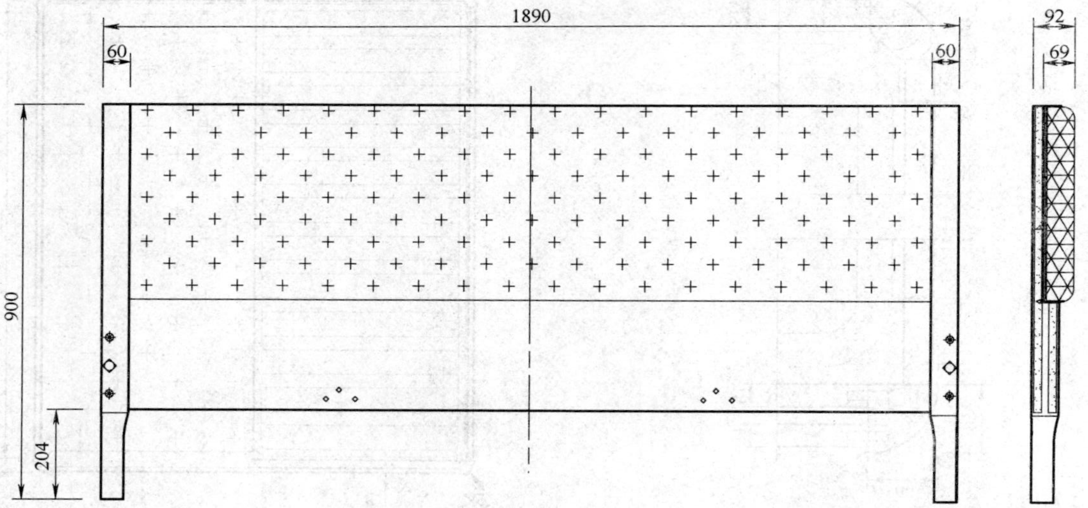

工艺技术要求:

1.工件装配尺寸误差≤±0.25 mm。

2.工件截面要求平整光滑,无崩口、毛刺等缺陷。

东莞职业技术学院	
产品名称	双人床
部件名称	床屏部件
规　格	$L1890\times W92\times H900$
材　质	表面材料：樱桃纹三聚氰胺板
颜　色	
数　量	2个
符号说明 1. ⊕ 暗铰链 2. ⊕ 偏心连接件孔 ◇ 预埋螺母孔 ○ 连接件连接孔 3. ◎ 层板粒 4. ◈ 圆木销 5. ＋ 螺丝钉 6. 一木纹方向 7. ∨ 封边 其他符号，如图说明。	
比　例	1:n
绘图人	江功南
审核人	江功南
日　期	2010-3-25
页　号	共 10 页 第 2 页

图 4－35　双人床床屏部件装配图

（2）双人床床头板零件加工图，见双人床板式工艺文件的双人床床头板加工图（图 4－36）。

工艺技术要求：

1.板件的厚度误差＜±0.1 mm。

2.工件截面要求平整光滑,无崩口、毛刺等缺陷。

3.工件加工尺寸误差≤±0.25 mm，孔距尺寸误差≤±0.25 mm。

4.∨ 封0.5mm 胶封边。

东莞职业技术学院	
产品名称	双人床
部件名称	床屏板
规　格	$L1770 \times W695 \times H18$
材　质	表面材料：樱桃纹三聚氰胺板
颜　色	
数　量	1个
符号说明	1. ⊕ 暗铰链 2. ⊕ 偏心连接件孔 ◇ 预埋螺母孔 ○ 连接件连接孔 3. ⊚ 层板粒 4. ◆ 圆木销 5. ＋ 螺丝钉 6. 一木纹方向 7. ∨ 封边 其他符号,如图说明。
比　例	1∶n
绘图人	江功南
审核人	江功南
日　期	2010-3-25
页　号	共 10 页　第 3 页

图 4－36　双人床床头板加工图

（3）双人床床头横板零件加工图，见双人床板式工艺文件的双人床床头横板加工图（图 4 – 37）。

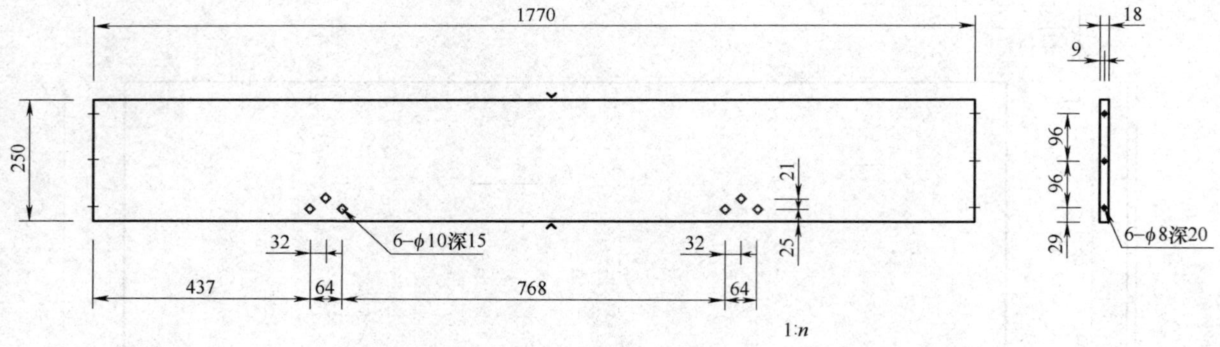

工艺技术要求：

1.板件的厚度误差 < ± 0.1 mm。

2.工件截面要求平整光滑,无崩口、毛刺等缺陷。

3.工件加工尺寸误差≤±0.25 mm ,孔距尺寸误差≤±0.25 mm。

4.✓ 封0.5mm 胶封边。

东莞职业技术学院	
产品名称	双人床
部件名称	床屏横板
规　格	L1770×W250×H18
材　质	表面材料：樱桃纹三聚氰胺板
颜　色	
数　量	1个
符号说明	1. ⊕ 暗铰链 2. ⊕ 偏心连接件孔 ◇ 预埋螺母孔 ○ 连接件连接孔 3. ◎ 层板粒 4. ◆ 圆木销 5. + 螺丝钉 6. 一木纹方向 7. ✓ 封边 其他符号,如图说明。
比　例	1:n
绘 图 人	江功南
审 核 人	江功南
日　期	2010-3-25
页　号	共 10 页 第 4 页

图 4 – 37　双人床床头横板加工图

（4）双人床床头脚零部件加工图，见双人床板式工艺文件的双人床床头脚加工图（图 4－38）。

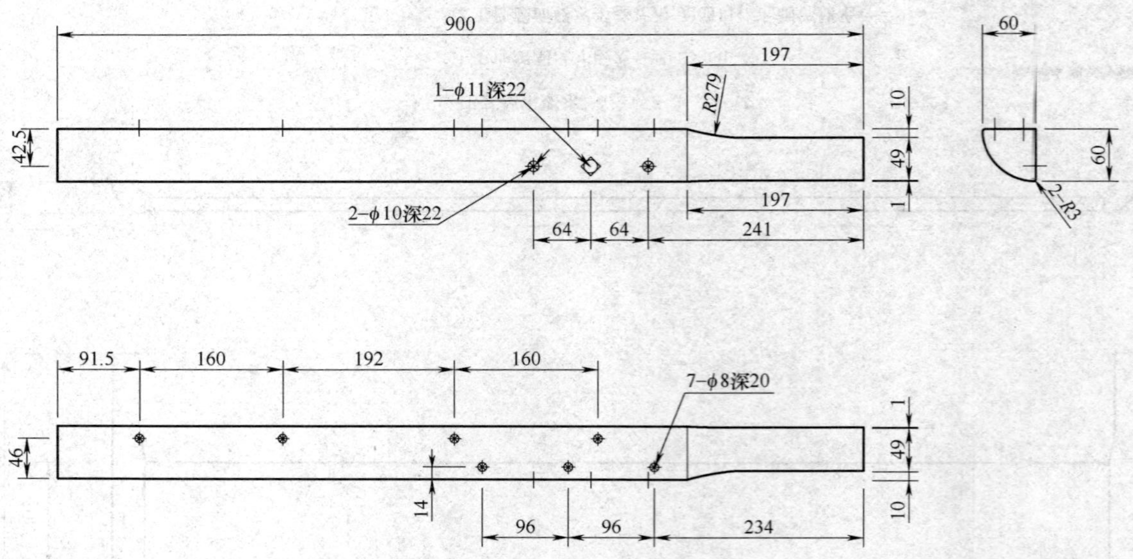

工艺技术要求:

1.工件截面要求平整光滑，无崩口、毛刺等缺陷。
2.工件加工尺寸误差≤±0.25 mm，孔距尺寸误差≤±0.25 mm。
3.分左右钻孔。

东莞职业技术学院	
产品名称	双人床
部件名称	床屏脚
规　格	$L900\times W60\times H60$
材　质	表面材料：榉木
颜　色	
数　量	2个
符号说明	1. ⊕ 暗铰链 2. ⊕ 偏心连接件孔 ◇ 预埋螺母孔 ○ 连接件连接孔 3. ⊚ 层板粒 4. ◆ 圆木销 5. + 螺丝钉 6. 一木纹方向 7. ∨ 封边 其他符号,如图说明。
比　例	1:*n*
绘 图 人	江功南
审 核 人	江功南
日　期	2010-3-25
页　号	共 10 页 第 5 页

图 4－38　双人床床头脚加工图

（5）双人床床尾板部件装配图，见双人床板式工艺文件的双人床床尾板部件装配图（图 4－39）。

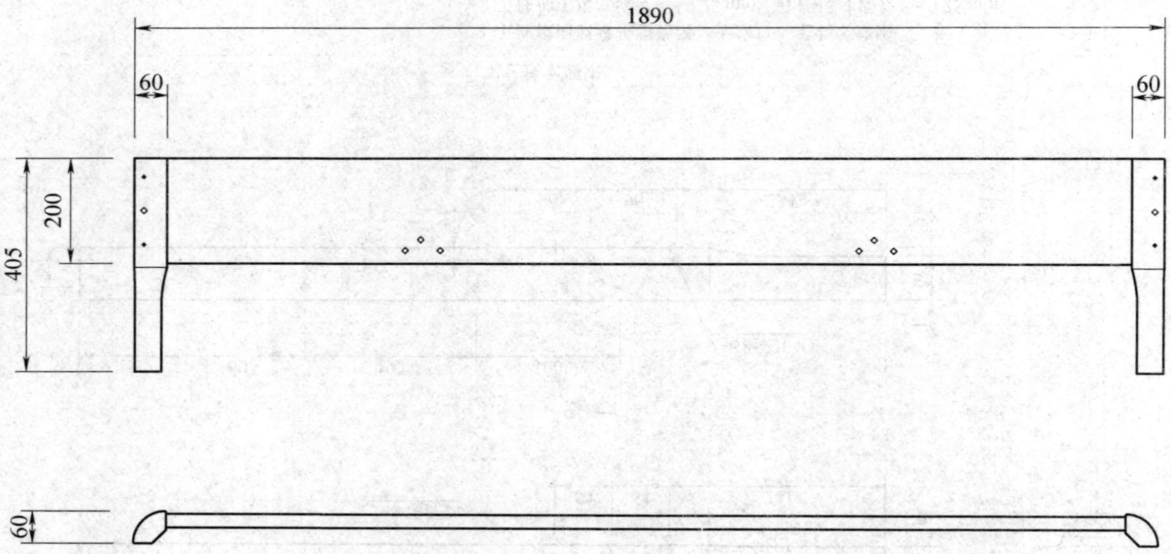

工艺技术要求：

1.工件装配尺寸误差≤±0.25 mm。

2.工件截面要求平整光滑,无崩口、毛刺等缺陷。

东莞职业技术学院	
产品名称	双人床
部件名称	床尾板部件
规　格	$L1890\times W60\times H405$
材　质	表面材料：樱桃纹三聚氰胺板
颜　色	
数　量	2个
符号说明	1. ⊕ 暗铰链 2. ⊕ 偏心连接件孔 ◇ 预埋螺母孔 ○ 连接件连接孔 3. ◎ 层板粒 4. ◈ 圆木销 5. ＋ 螺丝钉 6. 一木纹方向 7. ∨ 封边 其他符号,如图说明。
比　例	1:n
绘 图 人	江功南
审 核 人	江功南
日　期	2010-3-25
页　号	共 10 页 第 6 页

图 4－39　双人床床尾板部件装配图

（6）双人床床尾板零件加工图，见双人床板式工艺文件的双人床床尾板加工图（图 4－40）。

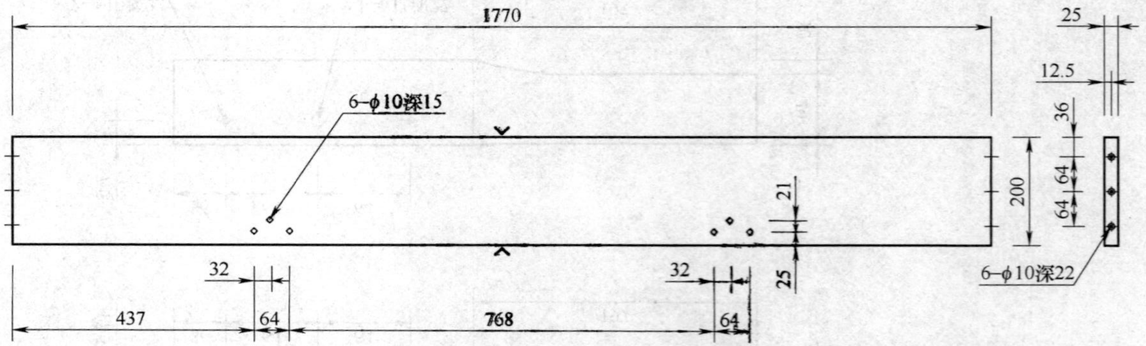

工艺技术要求：

1.板件的厚度误差＜±0.1 mm。
2.工件截面要求平整光滑，无崩口、毛刺等缺陷。
3.工件加工尺寸误差≤±0.25 mm，孔距尺寸误差≤±0.25 mm。
4.∨ 封0.5mm 胶封边。

东莞职业技术学院	
产品名称	双人床
部件名称	床尾板
规　格	L1770×W200×H25
材　质	
表面材料：榉木纹三聚氰胺板	
颜　色	
数　量	1个
符号说明 1. ⊕ 暗铰链 2. ⊕ 偏心连接件孔 ◇ 预埋螺母孔 ○ 连接件连接孔 3. ◎ 层板粒 4. ◆ 圆木销 5. + 螺丝钉 6. 一木纹方向 7. ∨ 封边 其他符号,如图说明。	
比　例	1:n
绘图人	江功南
审核人	江功南
日　期	2010-3-25
页　号	共 10 页 第 7 页

图 4－40　双人床床尾板加工图

（7）双人床床尾脚零部件加工图，见双人床板式工艺文件的双人床床尾脚加工图（图 4－41）。

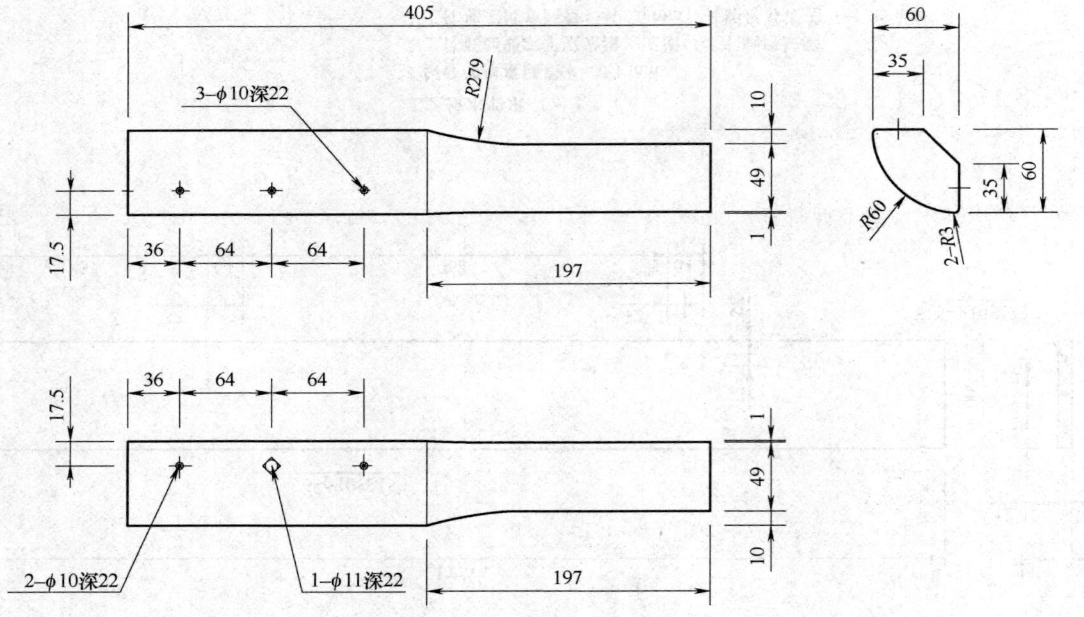

工艺技术要求：

1.工件截面要求平整光滑，无崩口、毛刺等缺陷。

2.工件加工尺寸误差≤±0.25 mm，孔距尺寸误差≤±0.25 mm。

3.分左右钻孔。

东莞职业技术学院	
产品名称	双人床
部件名称	床尾脚
规　格	L405×W60×H60
材　质	表面材料：实木：榉木
颜　色	
数　量	2个
符号说明	1. ⊕ 暗铰链 2. ⊕ 偏心连接件孔 ◇ 预埋螺母孔 ○ 连接件连接孔 3. ⊚ 层板粒 4. ◈ 圆木销 5. + 螺丝钉 6. 一木纹方向 7. ✓ 封边 其他符号,如图说明。
比　例	1:n
绘图人	江功南
审核人	江功南
日　期	2010-3-25
页　号	共 10 页 第 8 页

图 4－41　双人床床尾脚加工图

（8）双人床床侧零件加工图，见双人床板式工艺文件的双人床床侧加工图（图 4－42）。

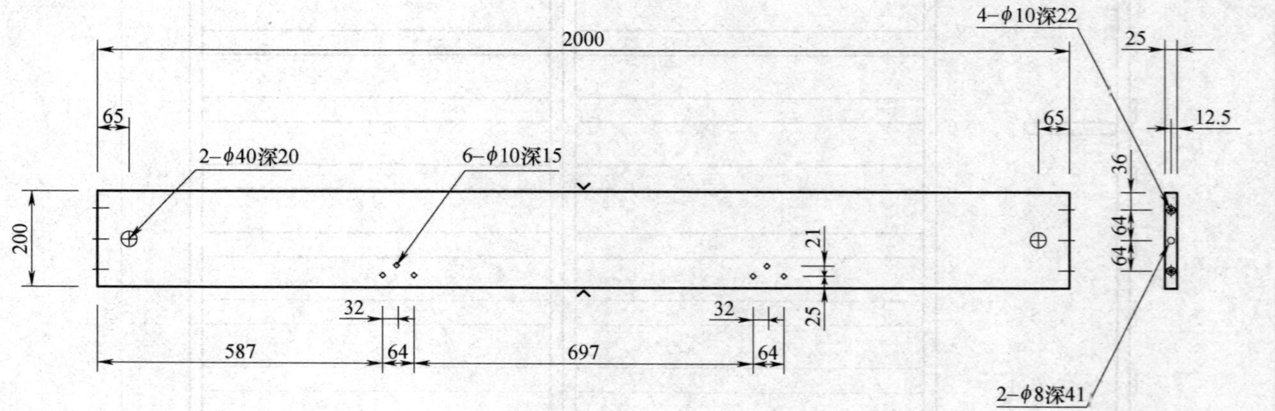

工艺技术要求：

1.板件的厚度误差＜± 0.1 mm 。
2.工件截面要求平整光滑，无崩口、毛刺等缺陷。
3.工件加工尺寸误差≤±0.25 mm，孔距尺寸误差≤±0.25 mm。
4.∨ 封0.5mm 胶封边。

东莞职业技术学院	
产品名称	双人床
部件名称	床侧
规　格	$L2000 \times W200 \times H25$
材　质	表面材料： 饰面：樱桃木单板
颜　色	
数　量	2个
符号说明	1. ⊕ 暗铰链 2. ⊕ 偏心连接件孔 ◇ 预埋螺母孔 ○ 连接件连接孔 3. ◎ 层板粒 4. ◆ 圆木销 5. + 螺丝钉 6. 一木纹方向 7. ∨ 封边 其他符号,如图说明。
比　例	1:n
绘图人	江功南
审核人	江功南
日　期	2010-3-25
页　号	共 10 页 第 9 页

图 4－42　双人床床侧加工图

（9）双人床床网架部件图，见双人床板式工艺文件的双人床床网架部件图（图 4 -43）。

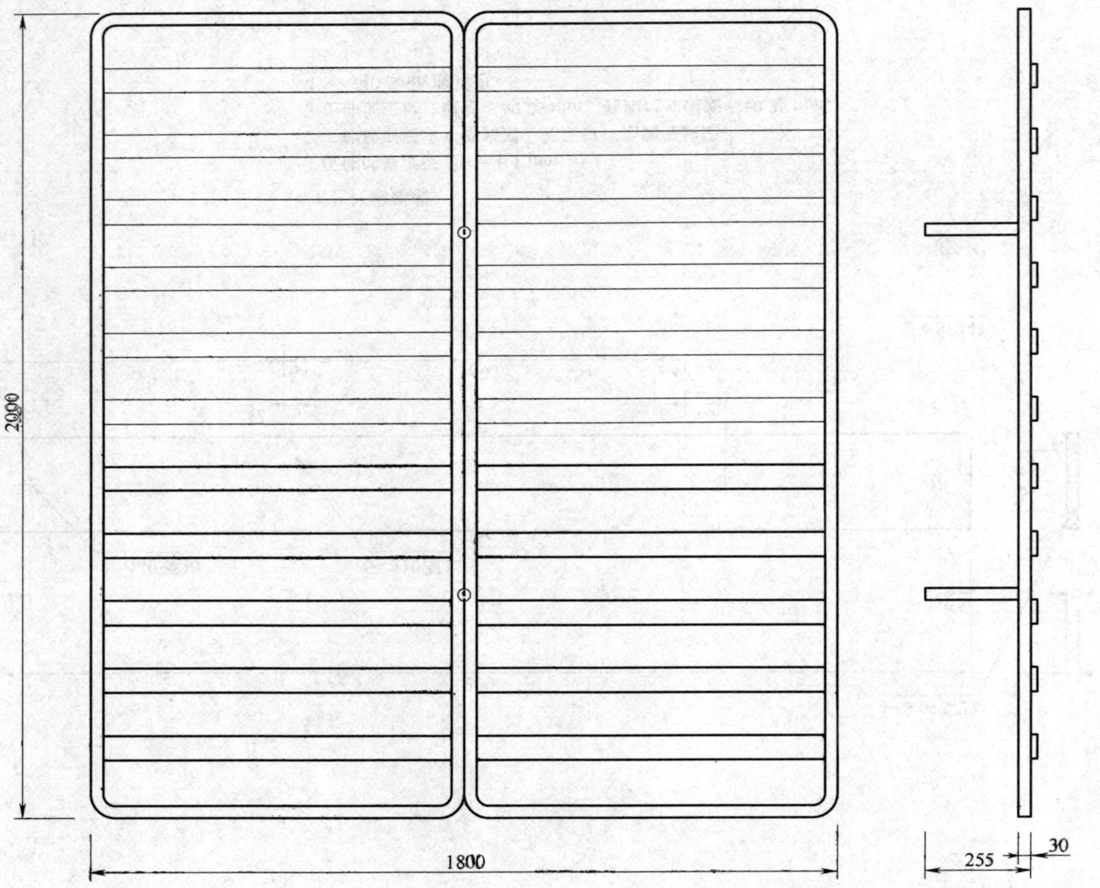

东莞职业技术学院	
产品名称	双人床
部件名称	床网架
规　格	$L2000 \times W900 \times H255$
材　质	表面材料：钢铁喷塑
颜　色	
数　量	2个
符号说明 1. ⊕ 暗铰链 2. ⊕ 偏心连接件孔 ◇ 预埋螺母孔 ○ 连接件连接孔 3. ◎ 层板粒 4. ◈ 圆木销 5. ＋ 螺丝钉 6. 一木纹方向 7. ﹀ 封边 其他符号,如图说明。	
比　例	1:n
绘 图 人	江功南
审 核 人	江功南
日　期	2010-3-25
页　号	共 10 页 第 10 页

图 4 -43　双人床床网架部件图

四、衣柜工艺文件设计案例解析

（一）衣柜

如衣柜工艺文件中三视图所示，衣柜的三维功能尺寸约为 1566mm（L）× 604mm（W）× 2208mm（H），精确尺寸可按“32mm 系统”要求进行微调。

（二）确定材料、五金配件

1. 产品材料：桦木，涂装为原木色清漆。
2. 产品五金配件及参数如表 4－18 ~ 表 4－23 所示。

表 4－18　　偏心连接件（单头、双头连接杆）

简图	五金参数	简图	五金参数	加工参数
	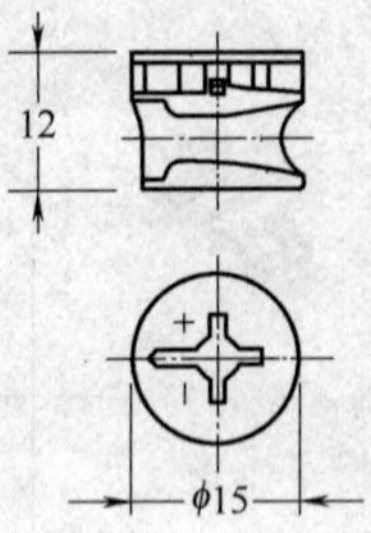	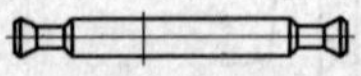	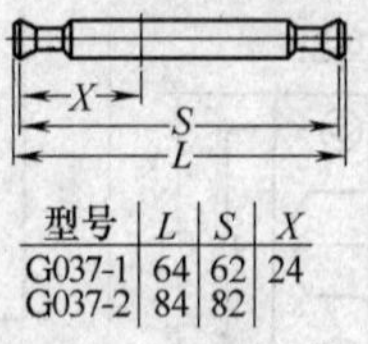	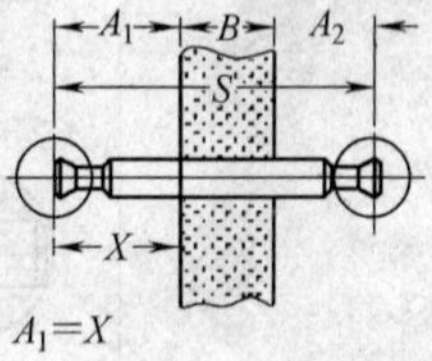

表 4－19　　全盖暗铰链

简图	五金参数	加工参数	简图	加工参数
	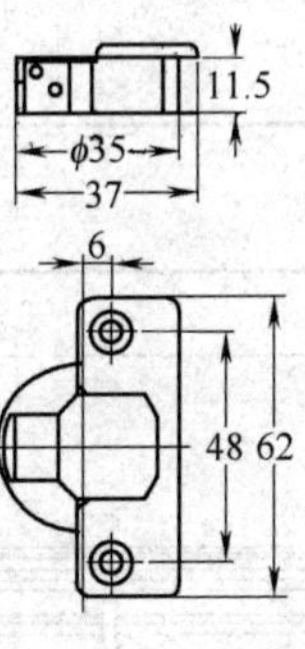	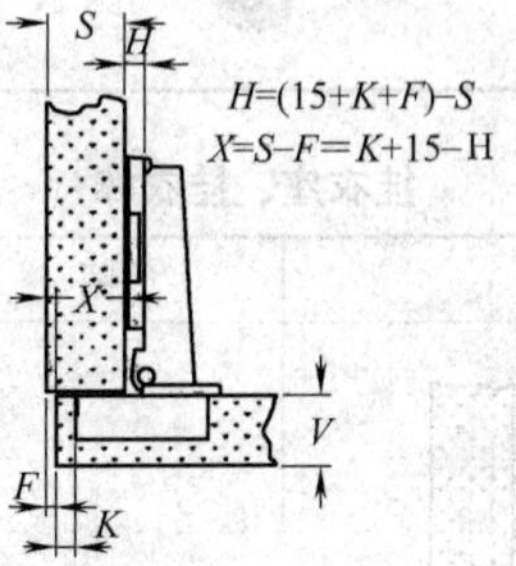		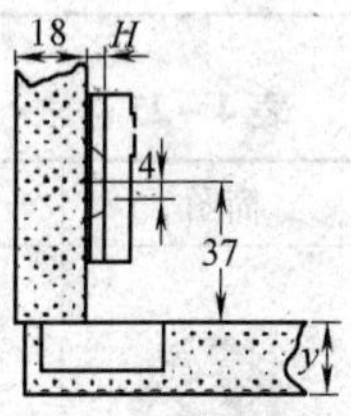

表 4-20 半盖暗铰链

简图	五金参数	加工参数	简图	加工参数
	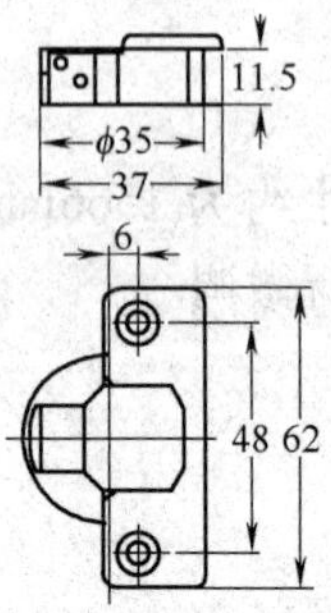	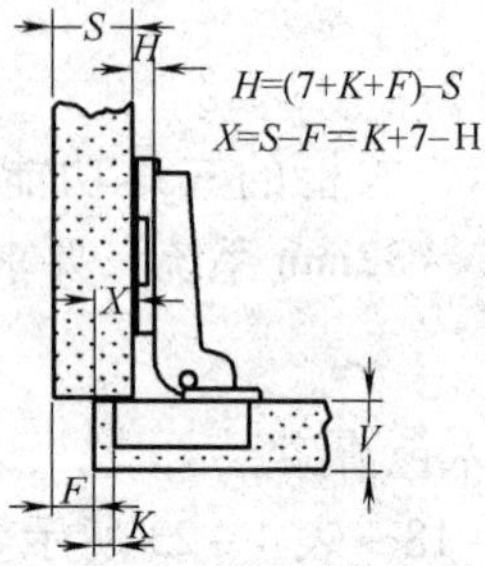		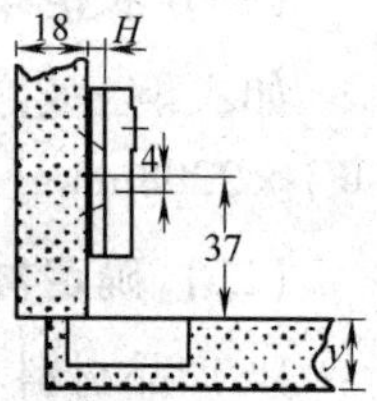

表 4-21 嵌门暗铰链

简图	五金参数	加工参数	简图	加工参数
	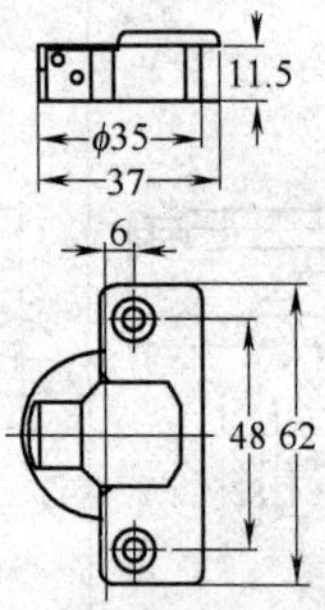	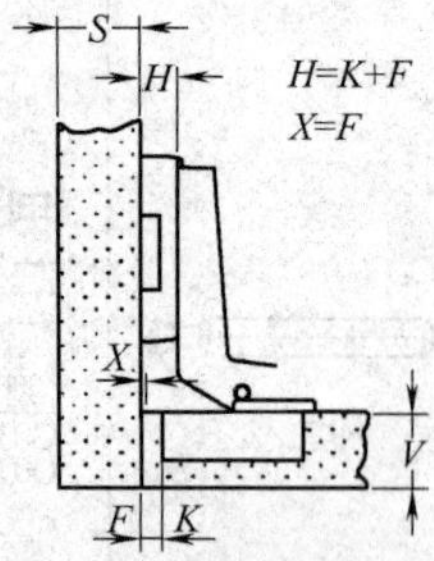		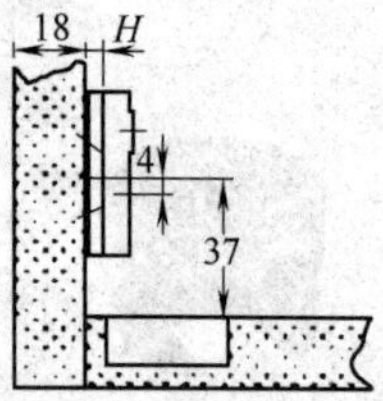

表 4-22 预埋胶粒、螺钉

简图	五金参数	简图	五金参数
	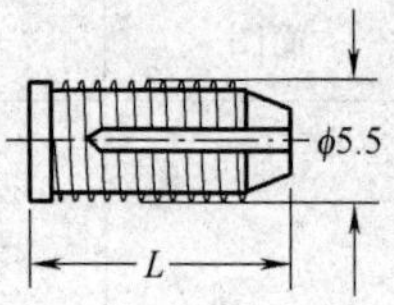		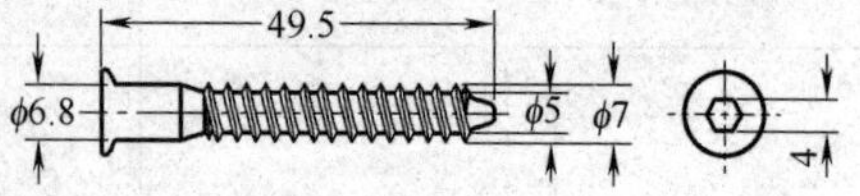

表 4-23 挂衣座、挂衣棒

简图	五金参数	简图	五金参数
	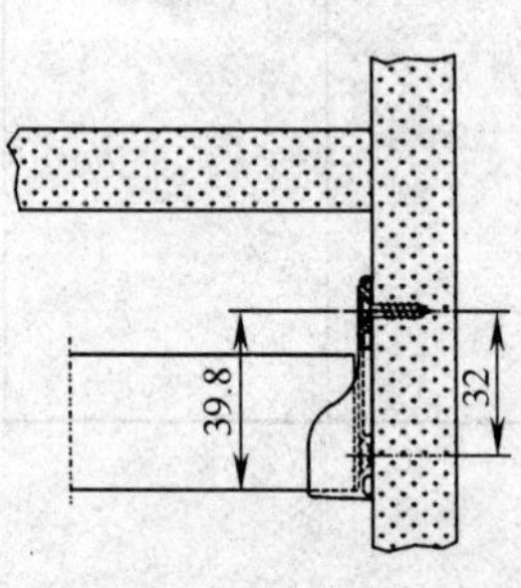		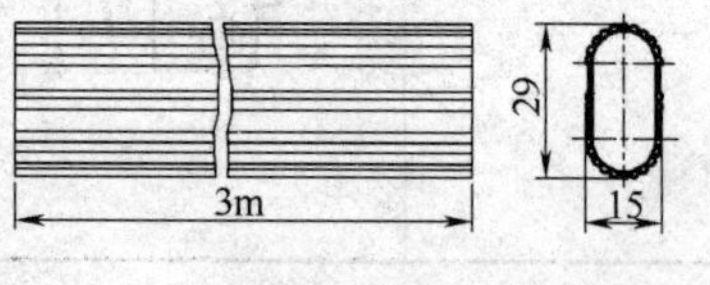

（三）结构分解、结构设计

衣柜体由左右旁板、中隔板、顶底板、门板、层板、踢脚板及背板等七个部件构成。

衣柜门板为人造板（中密度刨花板）为基材覆面贴榉木单板喷装，柜内材料为已饰面的人造三聚氰胺板制作，旁板、中隔板、顶底板、门板、层板、踢脚板厚度均为18mm。

柜体结构设计：根据图纸设计要求，该衣柜材料说明使用双面榉木三聚氰胺板，封0.5mm厚的封边条。同时，五金配件采用 $\phi15\times12$ 偏心连接件，门铰采用暗铰链等。

1. 旁板尺寸确定

根据"32mm 系统"家具以旁板为核心的准则，首先需要确定旁板尺寸，按柜类高2200mm、深600mm功能尺寸要求，及旁板上所有的预钻孔（结构孔、系统孔）都应落在32mm方格坐标网的交接点上，如图4－44所示，特别适合六排钻一次加工完成。以此来修正衣柜的旁板具体尺寸数据：垂直方向上第一个系统孔到最后一个系统孔的距离应为32mm的整数倍，同时根据衣柜顶底板、踢脚的结构，则旁板高度应满足下式：

顶板厚/2 + 32 × n + 底板厚 / 2 + 踢脚高 = 旁板长度（顶、底板厚一般为18mm），此时踢脚板高度78mm（由第二项得出数据），得到整数 n（$n = 66$），这样可将衣柜高修整为2208mm。

就是：$32\times66+78+9+9=2208$mm

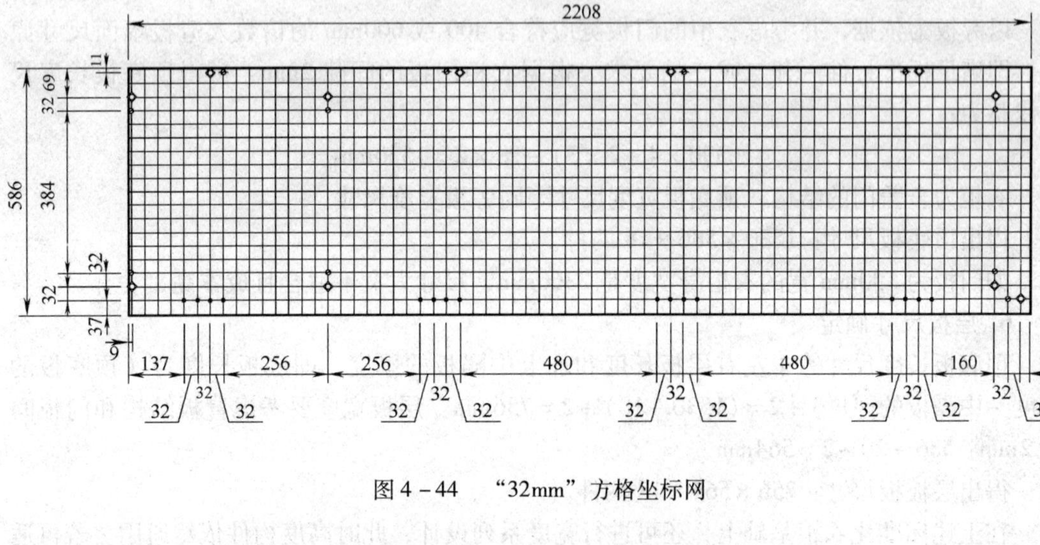

图4－44　"32mm"方格坐标网

同时，盖门结构要求前后系统孔离边缘距离为37mm，按衣柜柜深600mm功能尺寸要求，可将旁板宽度尺寸修整为：

$$37+(32\times16)+37=586\text{mm}$$

旁板系统孔的设计可使左右旁板的结构孔互相通用，即左旁板的结构孔旋转过来就可成为右旁板的结构孔。固定层板、门、抽屉滑道均可装于系统孔及水平预钻孔中，无需另外再钻孔。

得出旁板尺寸：2208×586×18 两件。

2. 踢脚板尺寸确定

以旁板和底板为依据，并考虑衣柜踢脚高度的功能尺寸要求为 60～100mm。同时根据衣柜底板、踢脚的结构，32－9（底板厚／2）＝23mm。

可得衣柜踢脚高度尺寸修整为：上下孔位对称得：23＋32＋23＝78mm，踢脚板长度等同顶底板长度尺寸。

得出旁板尺寸：1530×78×18 两件。

3. 门板尺寸确定

衣柜的门板宽度应符合 400 或 600mm 的倍数人造板幅面尺寸原则，及满足标准板件一开二或一开三的要求，同时要考虑到锯路的加工余量，以达到材料利用率的最大化。由于拉手及可能存在的装饰纹理方向的关系，衣柜门板一般不能左右通用，但素板（无木纹理方向）及其前期制作则可以左右通用。门板宽度取 390mm 和 590mm 比较适合。

根据衣柜门板的结构得出门板尺寸：2130×390×18 四件。

4. 背板尺寸确定

用 6mm 三聚氰胺板制作，槽口式安装，采用图 2－18 第三种结构，目的是柜身的安装更牢固，背板长、宽度比槽口装配间隙小 1mm，背板宽也应符合 600mm 的倍数人造板幅面尺寸原则，即满足标准板件一开二的要求。

得出背板尺寸：2105mm×600mm×5mm 两件。小背板尺寸：2094mm×88mm×18mm 四件。

5. 顶底板尺寸确定

以旁板为依据，并考虑衣柜的门板宽应符合 400 或 600mm 的倍数人造板幅面尺寸原则，即满足标准板件一开二或三的要求。根据衣柜门板的间隙 2mm，可得顶底板长度尺寸修整为：

$$(390\times4+2\times3)-18\times2=1530\text{mm}$$

衣柜为全盖门的结构，顶底板宽度尺寸等同旁板宽度尺寸。

得出顶底板尺寸：1530×586×18 两件。

如门板为 590mm 宽的衣柜身宽度是 2366mm，尺寸太宽不适合且成本高，舍弃。

6. 层板尺寸确定

顶底板长度尺寸等于左右层板长度和加上中隔板的厚度，即层板长度为（顶底板的长度－中隔板的厚度）÷2＝(1530－18)÷2＝756mm。层板宽度要考虑背板结构和门板间隙 2mm：586－20－2＝564mm

得出层板板尺寸：756×564×18 两件。

在上述标准化衣柜基础上，还可进行宽度系列设计，此时高度构件依然通用。若再适当增加宽度方向的构件系列，则可以形成功能强大的衣柜系统，如单门、双门、三门、四门衣柜系列等，不但大大减轻设计人员、技术员的劳动强度，同时也可以在满足客户千变万化要求的前提下始终有计划地均衡生产，为解决小批量、多品种的市场需求与现代工业化生产高质高效之间提供设计与技术支持，这就是“32mm 系统”的精髓与魅力所在。若对门、抽面等迎面构件进行造型变化，则还可生产出各种风格的衣柜，而内部结构依然可以不变，充分体现出该系统的灵活性。如图 4－45 衣柜系列设计所示。

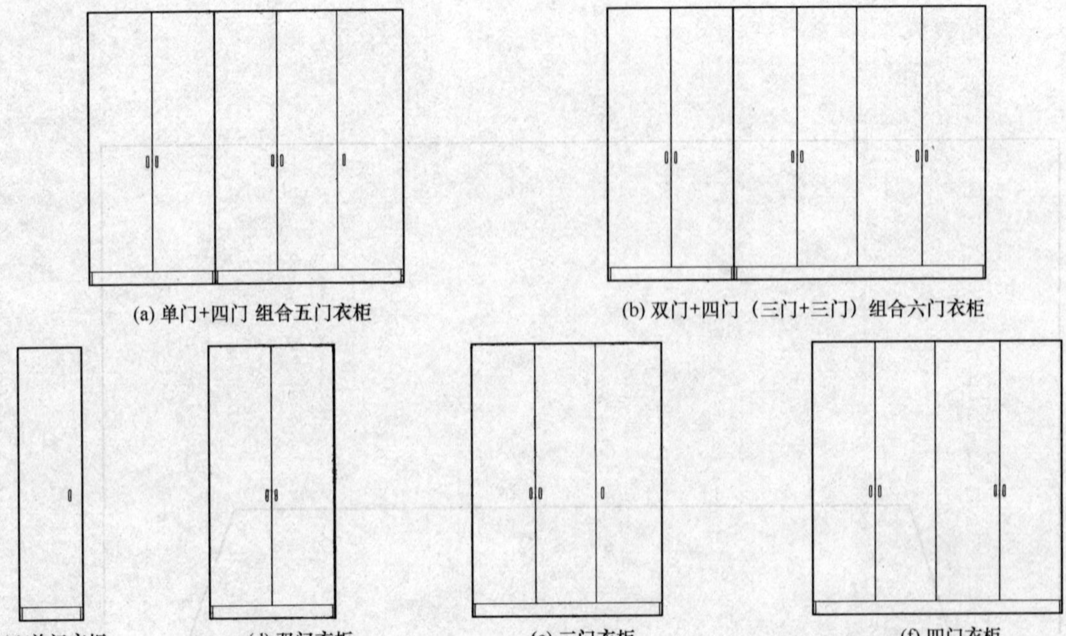

(a) 单门+四门 组合五门衣柜　(b) 双门+四门（三门+三门）组合六门衣柜

(c) 单门衣柜　(d) 双门衣柜　(e) 三门衣柜　(f) 四门衣柜

图 4－45　衣柜系列设计

（四）工艺文件

1. 产品效果图

见工艺文件的衣柜效果图（图 4－46）。

2. 产品生产工艺流程

见工艺文件的衣柜生产工艺流程图（图 4－47）。

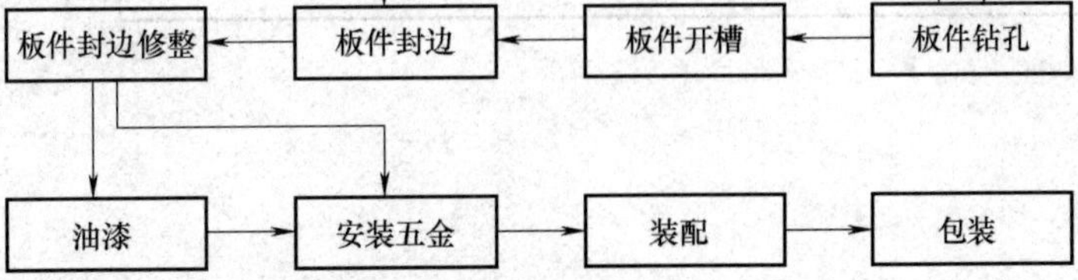

图 4－47　四门衣柜工艺流程图

3. 产品裁板板件排板图

见工艺文件的衣柜排板图（图 4－48～图 4－51）。

板件排板图应遵循：同厚度；先长大、后短小；套材搭配；注意木纹的原则。

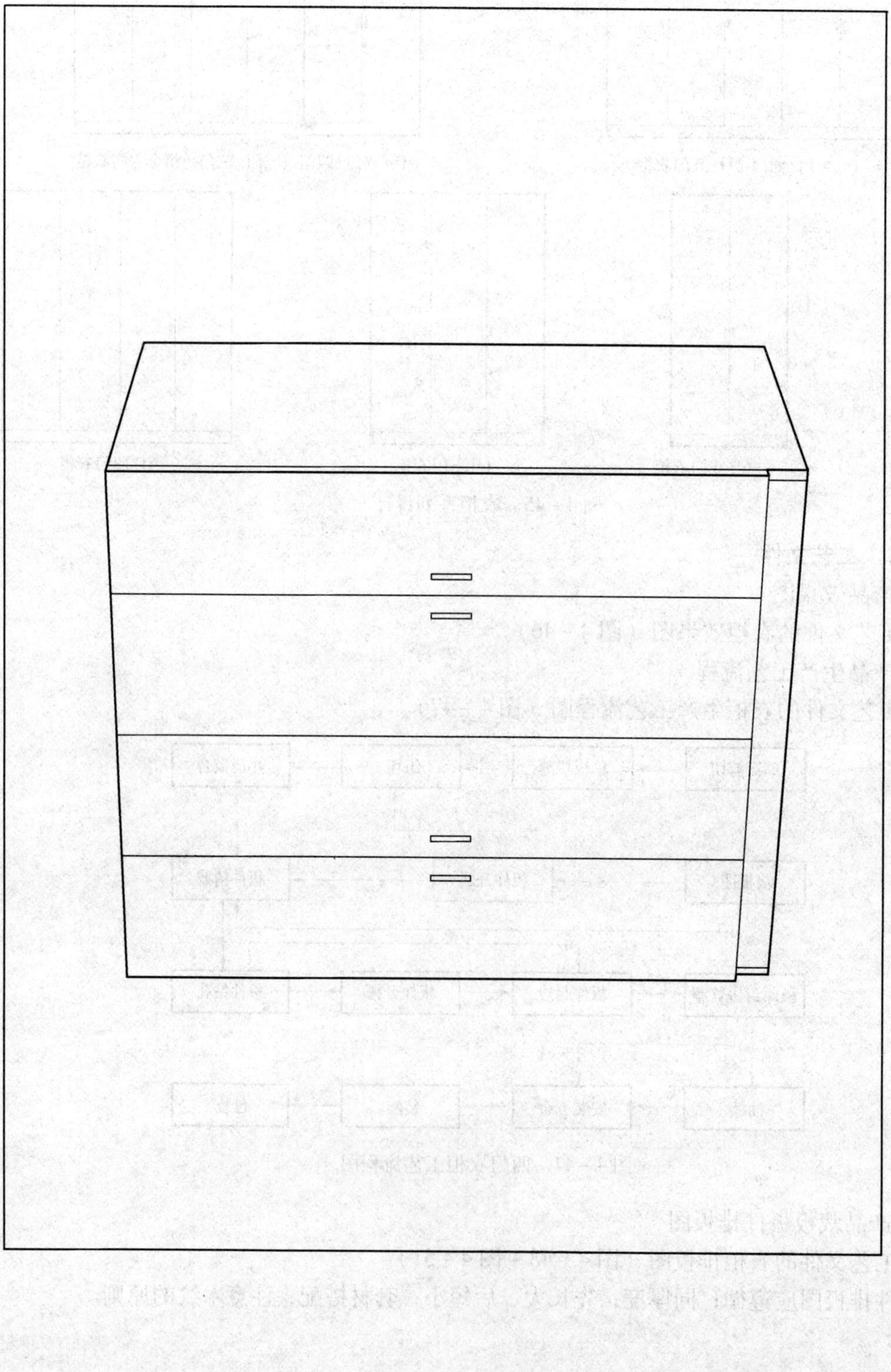

图4-46 衣柜效果图

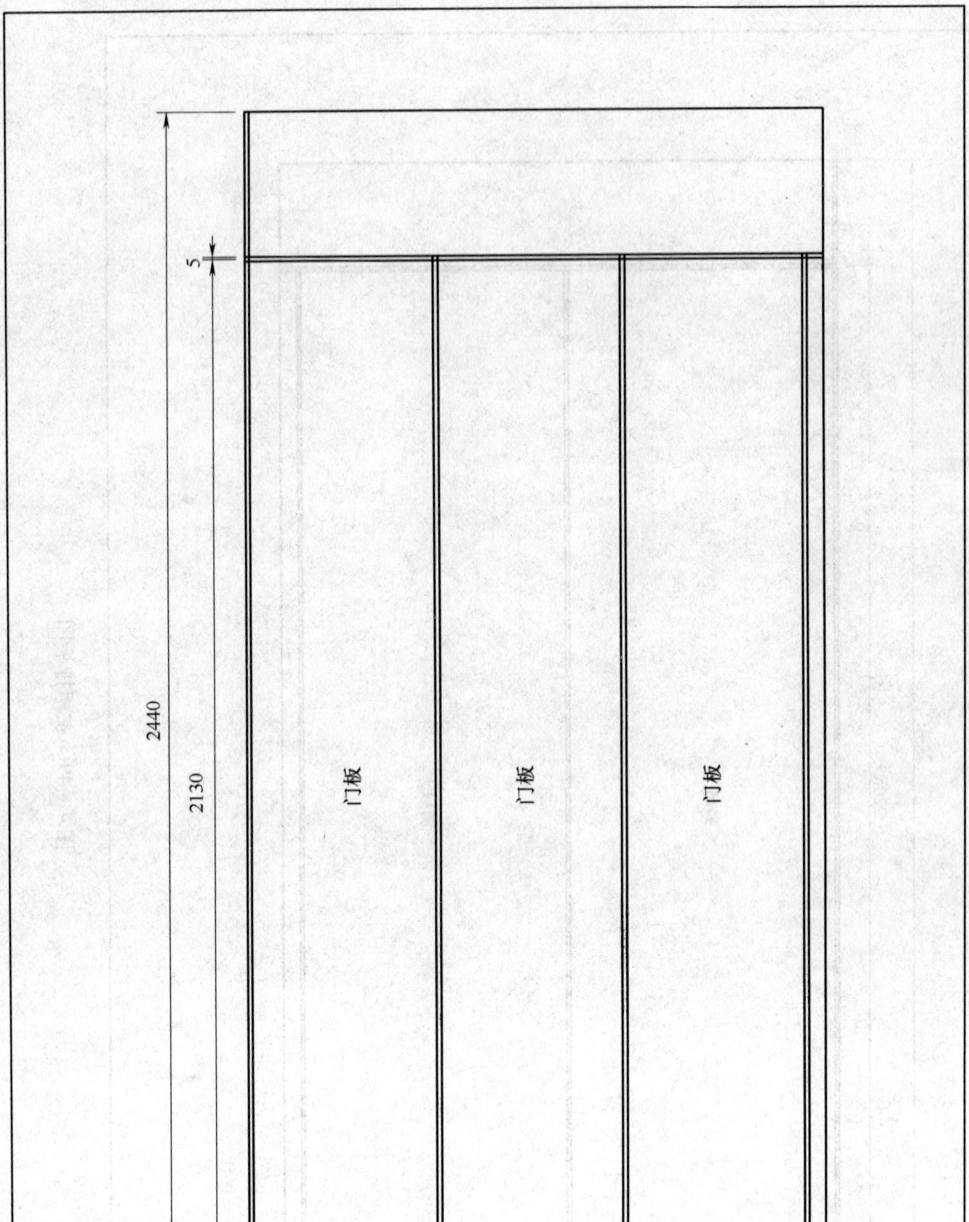

图4-48　衣柜排板图

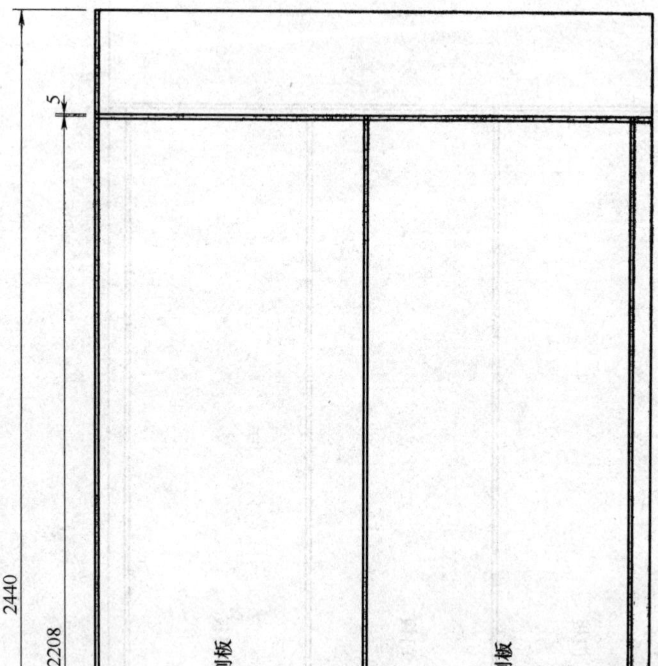

图 4-49 衣柜排板图

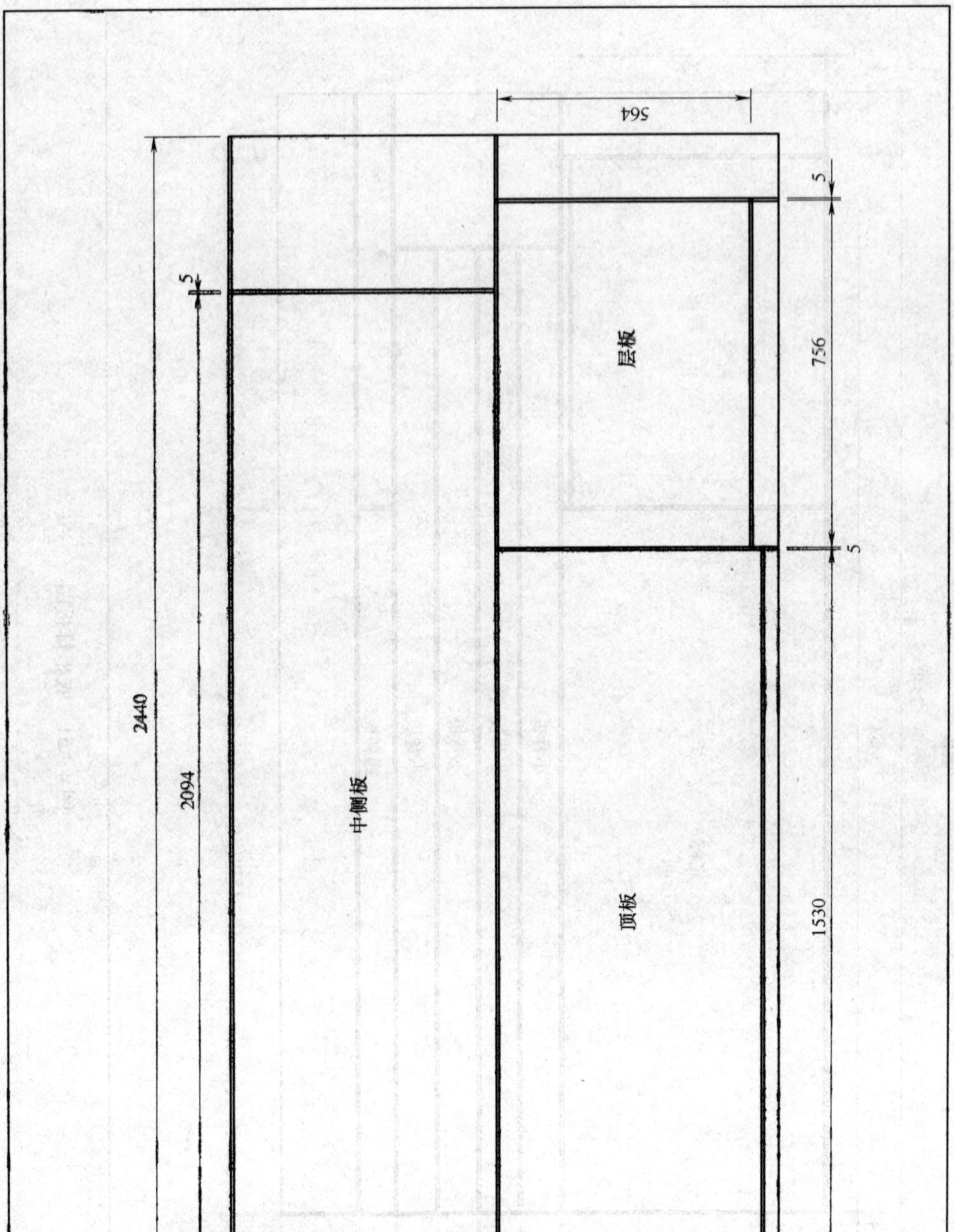

图 4－50　衣柜排板图

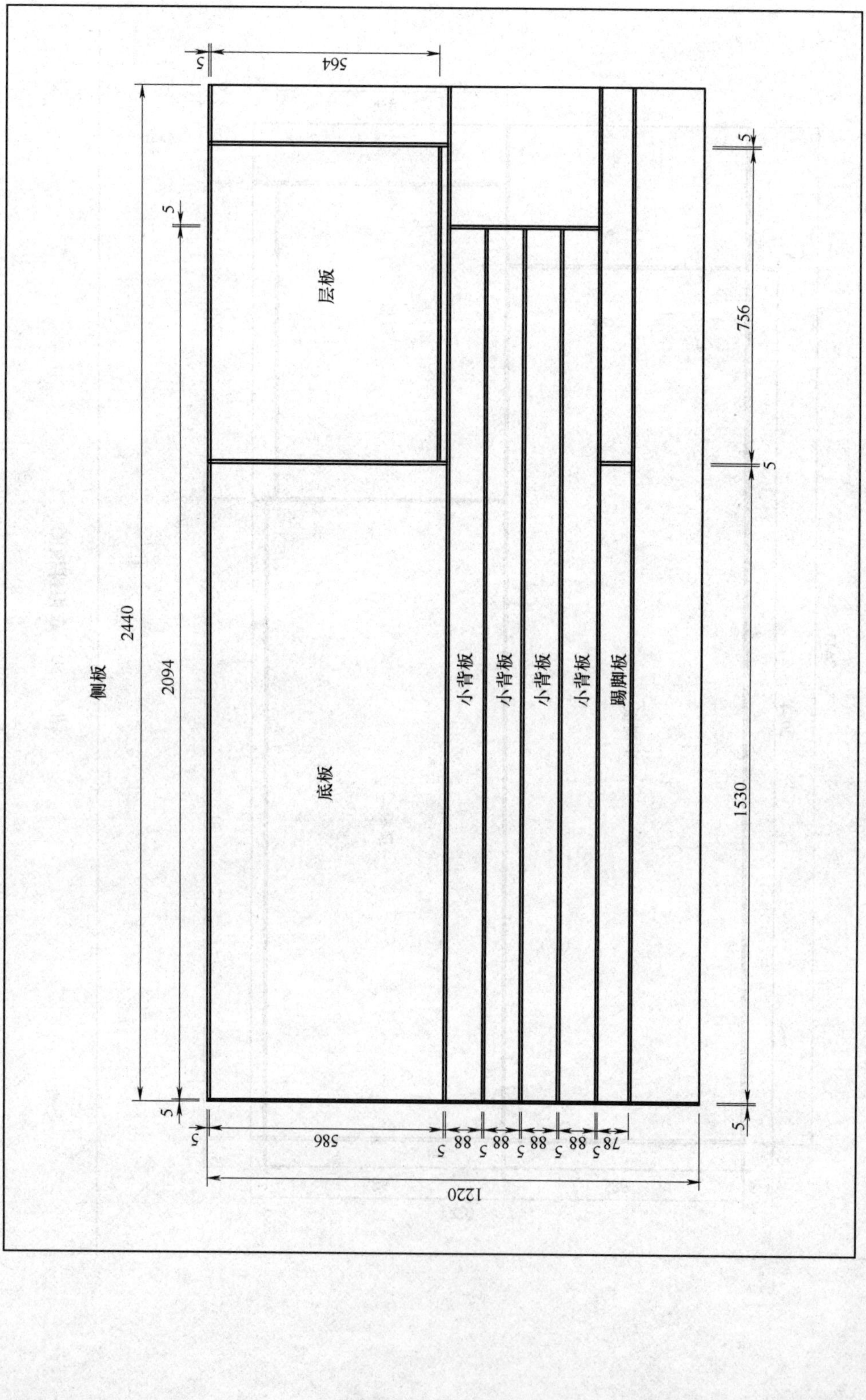
侧板
2440
2094
层板
底板
小背板
小背板
小背板
小背板
踢脚板
564
756
1530
586
88
88
88
88
78
5
1220

图4－51 衣柜排板图

4. 产品裁板、配料规格材料表

见衣柜板式工艺文件的衣柜裁板、配料规格材料表（表 4 – 24）。

表 4 – 24　　衣柜裁板、配料规格材料表

衣柜裁板规格材料表　规格：*L*1566 × *W*604 × *H*2208　单位：mm

序号	部件名称	精截尺寸			数量	材质、备注	页数
		长	宽	厚			
1	顶板	1530	586	18	1	中密度刨花双面榉木三聚氰胺板，两长边封 0.5mm 厚的胶封边条	
2	底板	1530	586	18	1	中密度刨花双面榉木三聚氰胺板，两长边封 0.5mm 厚的胶封边条	
3	侧板	2208	586	18	2	中密度刨花双面榉木二聚氰胺板，四边封 0.5mm 厚的胶封边条	
4	踢脚板	1530	78	18	1	中密度刨花双面榉木三聚氰胺板，一长边封 0.5mm 厚的胶封边条	
5	层板	756	564	18	2	中密度刨花双面榉木三聚氰胺板，一长边封 0.5mm 厚的胶封边条	
6	中隔板	2094	586	18	1	中密度刨花双面榉木三聚氰胺板，两长边封 0.5mm 厚的胶封边条	
7	门板	2130	390	18	4	中密度刨花板板双面贴 0.6mm 榉木单板、0.6mm 桦木单板，四边封 2mm 厚的榉木封边条	
8	小背板	2094	88	18	4	中密度刨花双面榉木三聚氰胺板，一长边封 0.5mm 厚的胶封边条	
9	背板	2105	600	5	2	中密度中纤双面榉木三聚氰胺板	

制表：　　　审核：　　　日期：

5. 产品五金配件清单

见衣柜板式工艺文件的衣柜五金配件清单（表 4 – 25）。

表 4 – 25　　衣柜五金配件清单

衣柜五金配件清单

序号	名称	规格	规格	要求	简图	备注
1	偏心连接件锁扣	ϕ14.5 × 13	40 只	镀镍	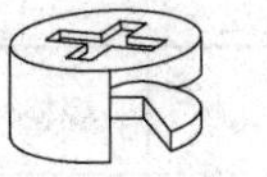	五金配件的品牌不同会影响加工安装的参数
2	偏心连接件螺纹杆	M6 × 41	40 支	镀镍	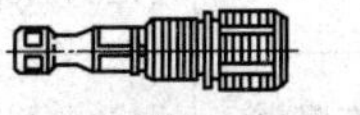	同上
3	双头连接杆	ϕ6 × 64	28 支	镀镍	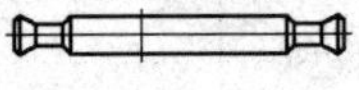	同上

续表

序号	名称	规格	规格	要求	简图	备注
4	螺钉	$\phi7\times50$	8 支			
5	螺丝胶粒	$\phi5.5\times12$	104 只		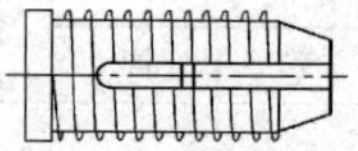	
6	暗铰链	全盖 半盖	各 8 只		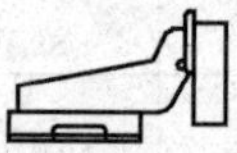	同上
7	沉头自攻螺钉	M3.5×16	36 支		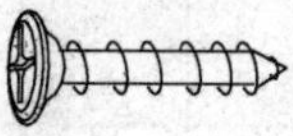	
8	沉头自攻螺钉	M3.5×8	4 支		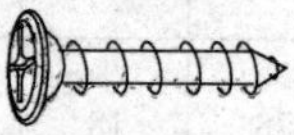	
9	半圆头机螺钉	M4×22	8 只		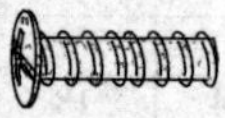	
10	拉手	168×35×10	4 支			
11	挂衣棒	752×29×15	2 支			
12	挂衣座	35×33×15	4 支			
13	地脚钉	$\phi15\times12$	12 支			
14	圆木销	$\phi8\times30$	38 支		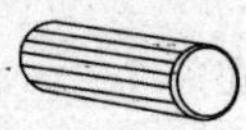	

制表： 审核： 日期：

6. 产品材料成本核算表

见衣柜板式工艺文件的衣柜材料成本核算表（表 4 – 26）。

表 4 – 26 衣柜材料成本核算表

序号	名称	材料	规格（件数）	数量	单位	单价	价格/元	备注
1	门板	18 中纤板	2126×386（4）	3.2857	m^2	28	102.22	利用率以 90% 计
		0.6mm 榉木单板	2126×386（8）	6.5651	m^2	5	50.5	利用率以 65% 计
		22mm 榉木封边带		20.16	m	0.5	10.08	

续表

序号	名称	材料	规格（件数）	数量	单位	单价	价格/元	备注
1	门板	热熔胶		0.0908	kg	18	1.63	
		热压胶		1.6614	kg	17	28.24	
2	侧板	18 三聚氰胺板	2207×585（2）	2.5822	m^2	40	114.76	利用率以 90% 计
		22mm 胶封边带	22mm	11.176	m	0.15	1.68	
		热熔胶		0.0503	kg	18	0.91	
3	中隔板	18 三聚氰胺板	2094×585（1）	1.225	m^2	40	54.44	利用率以 90% 计
		22mm 胶封边带		2.094	m	0.15	0.31	
		热熔胶		0.0094	kg	18	0.17	
4	顶底板	18 三聚氰胺板	1530×585（2）	1.7901	m^2	40	79.56	利用率以 90% 计
		22mm 胶封边带		6.12	m	0.15	0.92	
		热熔胶		0.0274	kg	18	0.5	
5	层板	18 三聚氰胺板	756×564（2）	0.8528	m^2	40	37.9	利用率以 90% 计
		22mm 胶封边带		1.512	m	0.15	0.22	
		热熔胶		0.0068	kg	18	0.12	
6	踢脚板	18 三聚氰胺板	1530×78（1）	0.1194	m^2	40	5.31	利用率以 90% 计
		22mm 胶封边带		1.53	m	0.15	0.22	
		热熔胶		0.0069	kg	18	0.12	
7	小背板	18 三聚氰胺板	2094×88（4）	0.7371	m^2	40	32.76	利用率以 90% 计
		22mm 胶封边带		8.376	m	0.15	1.26	
		热熔胶		0.0376	kg	18	0.68	
8	背板	5 三聚氰胺板	2105×600（2）	2.526	m^2	16	44.91	利用率以 90% 计
9		油漆		7	m^2	30	210	
10		砂纸		7	m^2	4	28	

续表

序号	名称	材料	规格（件数）	数量	单位	单价	价格/元	备注
11		偏心连接件锁扣	ϕ14.5×13	40	只	0.1	4	
12		偏心连接件螺纹杆	M6×40	28	只	0.1	2.8	
13		双头连接杆		6	支	0.1	0.6	
14		螺丝		8	支	0.1	0.8	
15		螺丝胶粒		104	支	0.01	1.04	
16		暗铰链		16	支	3	48	
17		挂衣棒	752×29×15	2	支	15	30	
18		挂衣座	35×33×15	4	支	0.15	0.6	
19		半圆头机螺钉	M4×22	8	支	0.1	0.8	
20		沉头自攻螺钉	M3.5×16	36	支	0.01	0.36	
21		沉头自攻螺钉	M3.5×8	4	支	0.01	0.04	
22		拉手	168×35×10	4	只	8	32	
23		圆木榫	ϕ8×30	38	支	0.01	0.38	
24		地脚钉	ϕ15×12	12	只	0.01	1.2	
25		商标		1	只	1	1	
26		纸箱		1	个	120	120	
27		珍珠棉		10	m^2	0.5	5	
28		泡沫塑料		8	m^2	1	8	
29		护角		12	只	0.2	2.4	
30		透明胶带		0.6	卷	5	3	
主、辅材料成本费用小计							1069.44	
人工工资								
厂价（含毛利）								

7. 产品三视图

见衣柜板式工艺文件的衣柜三视图（图4－52）。

产品三视图按《家具制图》标准的正投影第一角画法绘制，为了能清楚明了地表达衣柜的结构，除了三视图之外还绘制了衣柜俯视图的剖视和结构装配图。

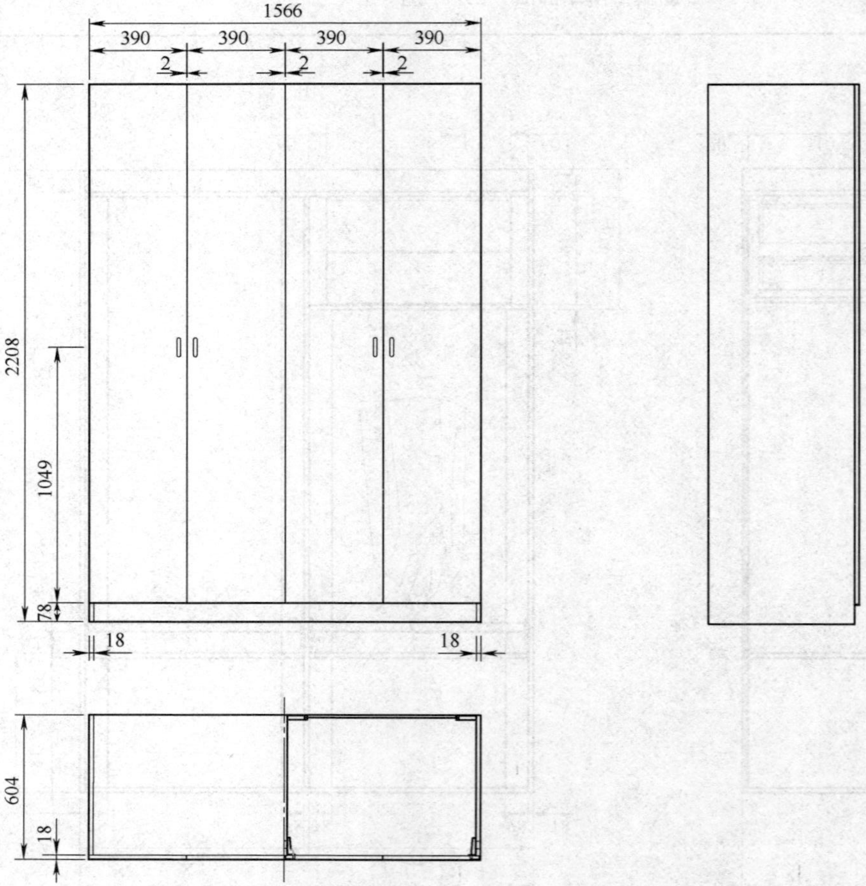

东莞职业技术学院	
产品名称	四门衣柜
名称编号	
规格	L1566×W604×H2208
材质	表面材料： 柜身榉木纹三聚氰胺板 封0.5mm榉木胶边 门板贴0.6mm榉木单板
颜色	
数量	个
工艺说明	1.无特殊说明情况下，均采用暗铰链。 2.接触地面脚部均加防滑脚垫。
其他说明	
比例	1:n
设计人	江功南
绘图人	江功南
审核人	江功南
日期	2010-3-25
页号	共 11 页 第 1 页

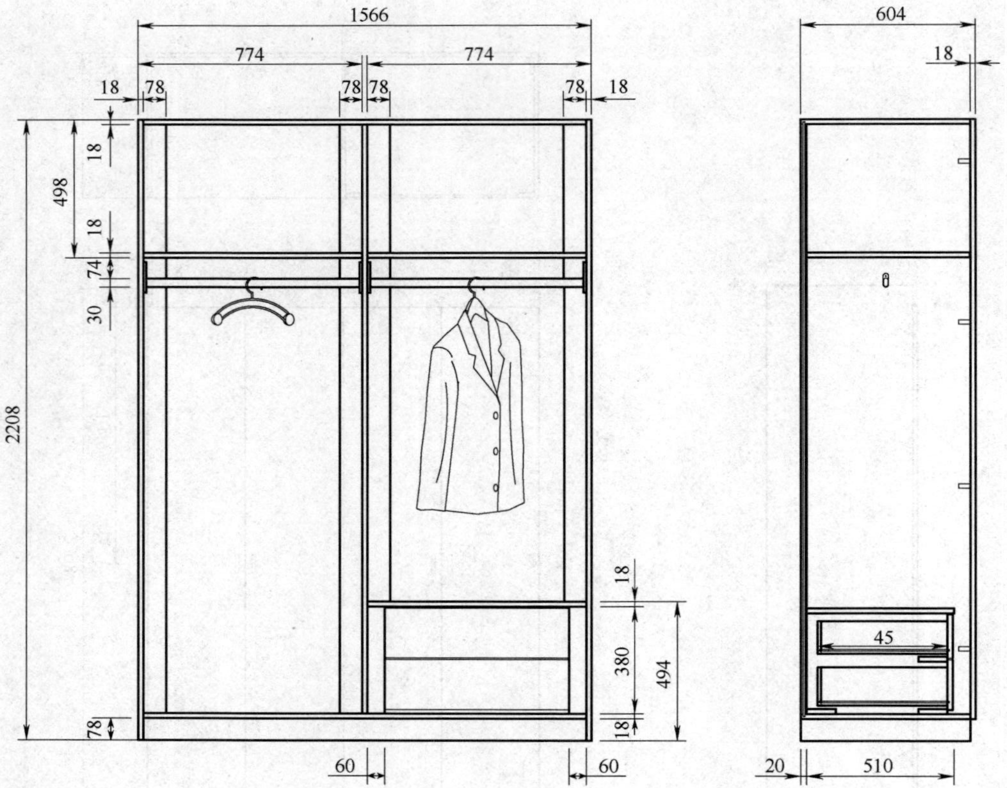

东莞职业技术学院	
产品名称	四门衣柜
名称编号	
规　格	$L1566 \times W604 \times H2208$
材　质 表面材料： 柜身榉木纹三聚氰胺板 封0.5mm榉木胶边 门板贴0.6mm榉木单板	
颜　色	
数　量	个
工艺说明 1.无特殊说明情况下，均采用暗铰链。 2.接触地面脚部均加防滑脚垫。	
其他说明	
比　例	1:n
设 计 人	江功南
绘 图 人	江功南
审 核 人	江功南
日　期	2010-3-25
页　号	共 11 页 第 2 页

图 4－52　四门衣柜三视图

四门衣柜结构装配图见图 4－53。

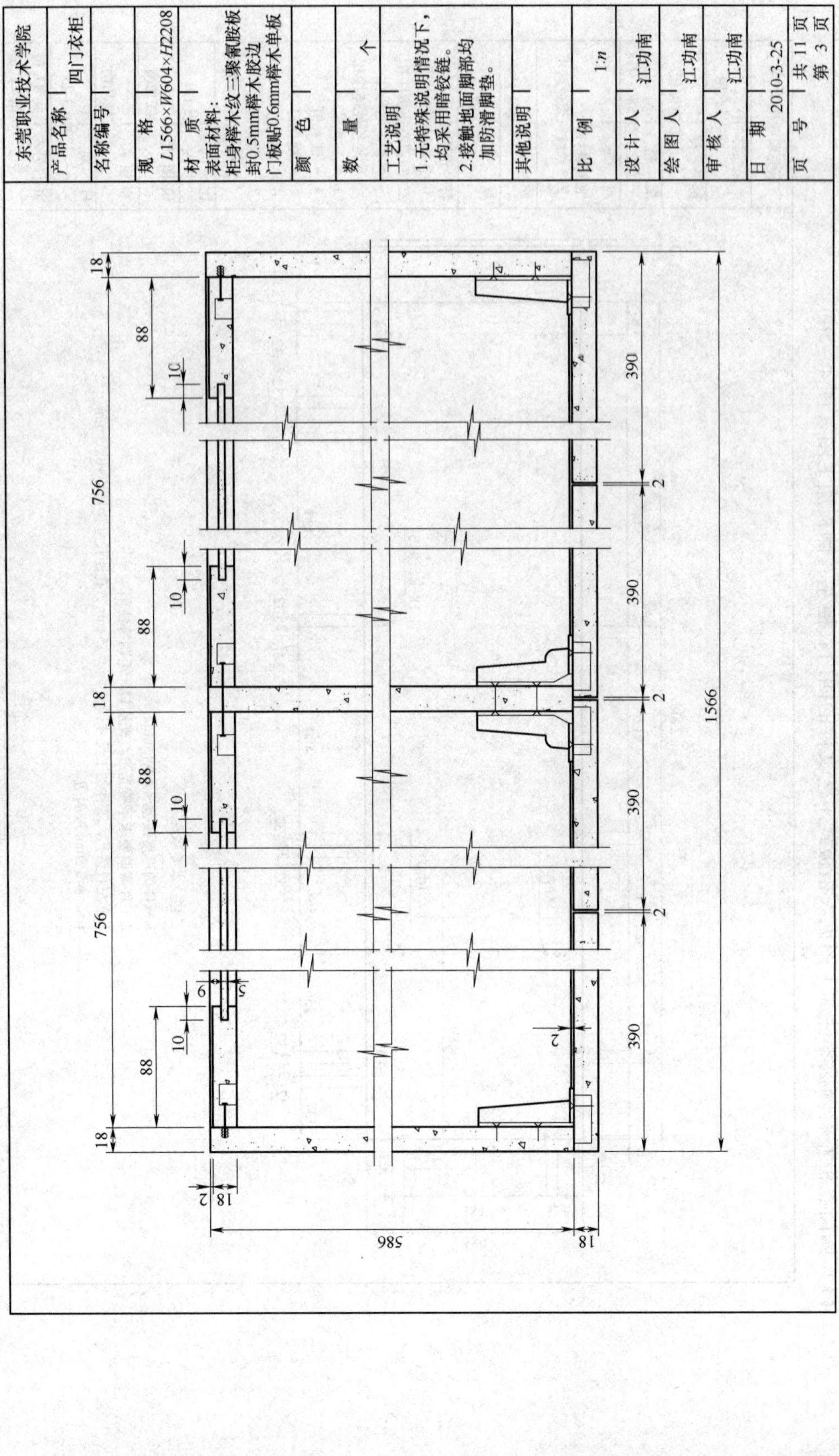

图 4－53　四门衣柜结构装配图

8. 产品零部件加工图

（1）四门衣柜左右侧板零件加工图见衣柜板式工艺文件的四门衣柜左右侧板加工图（图 4－54）。

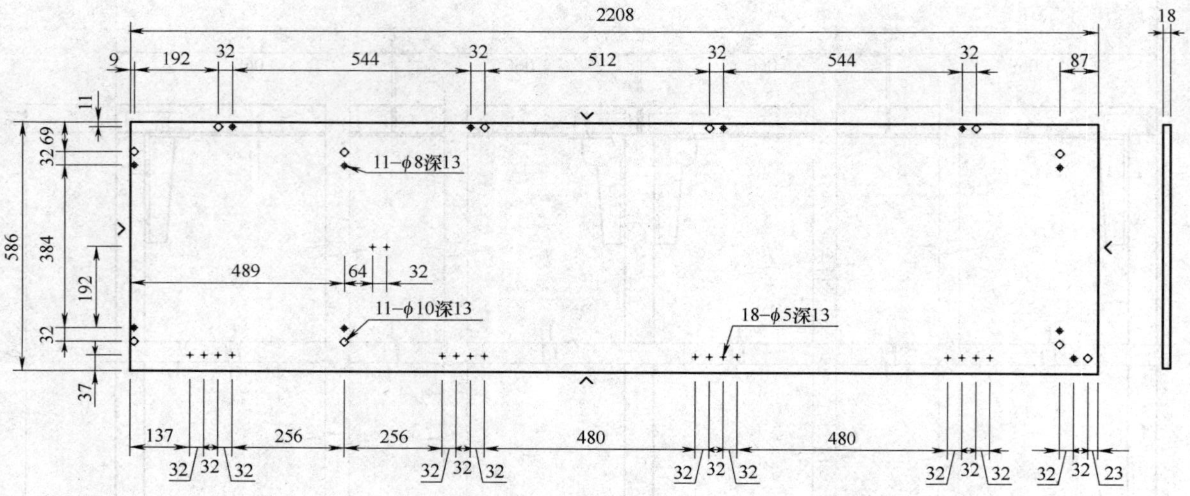

工艺技术要求：

1.板件的厚度误差＜± 0.1 mm。

2.工件截面要求平整光滑，无崩口、毛刺等缺陷。

3.分左右钻孔。工件加工尺寸误差≤±0.25 mm，孔距尺寸误差≤±0.25 mm。

4.∨ 封0.5mm 胶封边。

东莞职业技术学院	
产品名称	四门衣柜
部件名称	左右侧板
规　格	$L2208\times W586\times H18$
材　质	表面材料：榉木纹三聚氰胺板
颜　色	榉木纹
数　量	2个
符号说明 1. ⊕ 暗铰链 2. ⊕ 偏心连接件孔 ◇ 预埋螺母孔 ○ 连接件连接孔 3. ◎ 层板粒 4. ◆ 圆木销 5. ＋ 螺丝钉 6. 一木纹方向 7. ∨ 封边 其他符号,如图说明。	
比　例	1:n
绘 图 人	江功南
审 核 人	江功南
日　期	2010-3-25
页　号	共 11 页 第 4 页

图 4－54　四门衣柜左右侧板加工图

（2）四门衣柜中隔侧板零件加工图，见衣柜板式工艺文件的四门衣柜中隔侧板加工图（图4－55）。

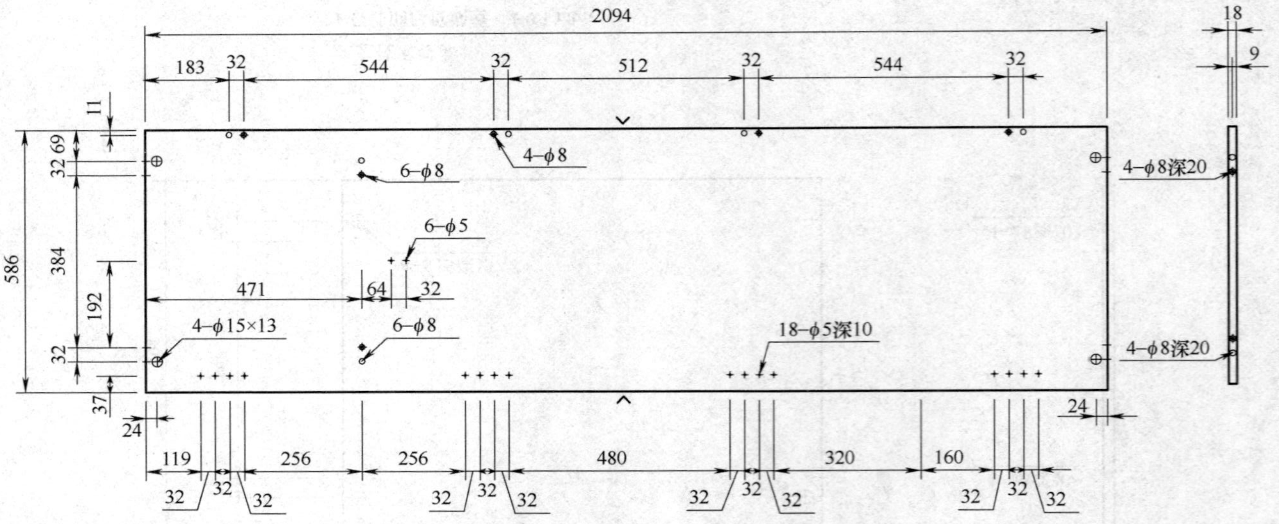

工艺技术要求：

1.板件的厚度误差＜± 0.1 mm。

2.工件截面要求平整光滑，无崩口、毛刺等缺陷。

3.分左右钻孔。工件加工尺寸误差≤±0.25 mm，孔距尺寸误差≤±0.25 mm。

4.∨封0.5mm 胶封边。

东莞职业技术学院	
产品名称	四门衣柜
部件名称	中隔板
规　格	$L2094 \times W586 \times H18$
材　质	
表面材料：榉木纹三聚氰胺板	
颜　色	榉木纹
数　量	1个
符号说明 1. ⊕ 暗铰链 2. ⊕ 偏心连接件孔 ◇ 预埋螺母孔 ○ 连接件连接孔 3. ⊚ 层板粒 4. ◆ 圆木销 5. ＋ 螺丝钉 6. 一木纹方向 7. ∨ 封边 其他符号,如图说明。	
比　例	1:n
绘 图 人	江功南
审 核 人	江功南
日　期	2010-3-25
页　号	共 11 页 第 5 页

图4－55　四门衣柜中隔侧板加工图

（3）四门衣柜层板零件加工图，见衣柜板式工艺文件的四门衣柜层板加工图（图 4－56）。

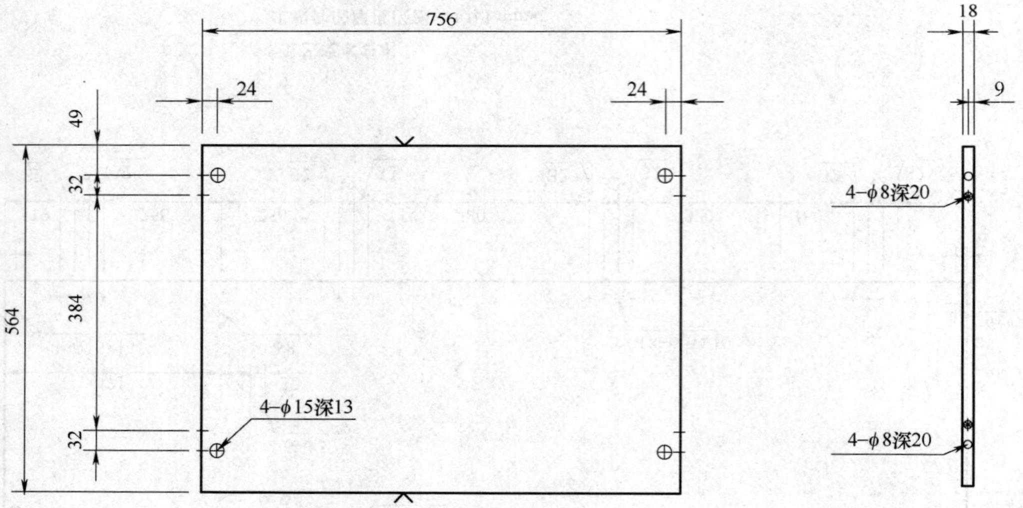

工艺技术要求：

1.板件的厚度误差＜± 0.1 mm。

2.工件截面要求平整光滑，无崩口、毛刺等缺陷。

3.分左右钻孔。工件加工尺寸误差≤±0.25 mm，孔距尺寸误差≤±0.25 mm。

4.∨ 封0.5mm 胶封边。

东莞职业技术学院	
产品名称	四门衣柜
部件名称	层板
规　格	$L756\times W564\times H18$
材　质	
表面材料：榉木纹三聚氰胺板	
颜　色	榉木纹
数　量	3个
符号说明 1. ⊕ 暗铰链 2. ⊕ 偏心连接件孔 ◇ 预埋螺母孔 ○ 连接件连接孔 3. ◎ 层板粒 4. ◈ 圆木销 5. ＋ 螺丝钉 6. 一木纹方向 7. ∨ 封边 其他符号,如图说明。	
比　例	1:n
绘 图 人	江功南
审 核 人	江功南
日　期	2010-3-25
页　号	共 11 页 第 6 页

图 4－56　四门衣柜层板加工图

（4）四门衣柜门板零件加工图，见衣柜板式工艺文件的四门衣柜门板加工图（图 4－57）。

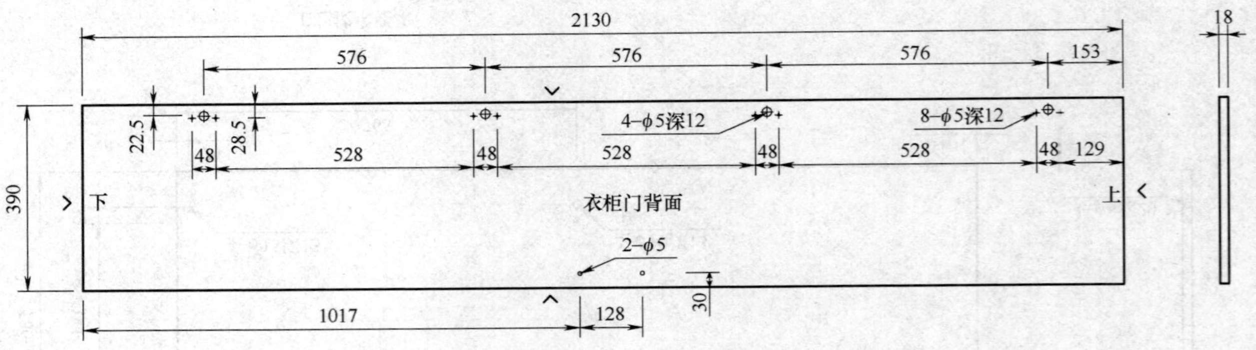

东莞职业技术学院	
产品名称	四门衣柜
部件名称	门板
规　格	$L2130 \times W390 \times H18$
材　质	
表面材料：门板贴0.6mm榉木单板	
颜　色	榉木纹
数　量	4个
符号说明 1. ⊕ 暗铰链 2. ⊕ 偏心连接件孔 ◇ 预埋螺母孔 ○ 连接件连接孔 3. ◎ 层板粒 4. ◆ 圆木销 5. ＋ 螺丝钉 6. 一木纹方向 7. ∨ 封边 其他符号，如图说明。	
比　例	1:n
绘图人	江功南
审核人	江功南
日　期	2010-3-25
页　号	共 11 页　第 7 页

工艺技术要求：

1.板件的厚度误差＜± 0.1 mm。

2.工件截面要求平整光滑，无崩口、毛刺等缺陷。

3.分左右钻孔。工件加工尺寸误差≤±0.25 mm，孔距尺寸误差≤±0.25 mm。

4.∨ 封5mm 榉木封边。

图 4－57　衣柜门板加工图

（5）四门衣柜顶板零部件加工图，见衣柜板式工艺文件的四门衣柜顶板加工图（图4－58）。

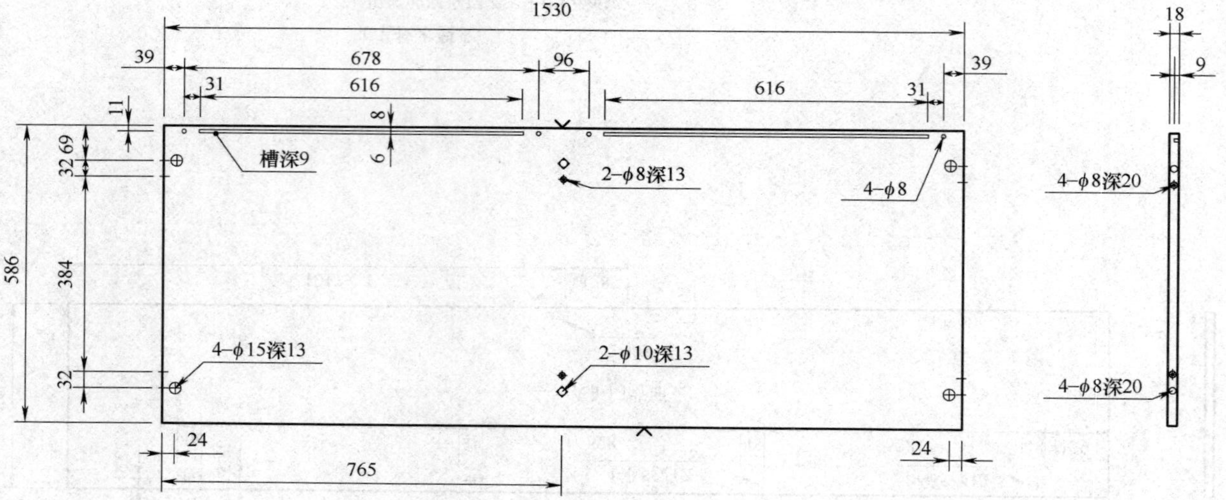

工艺技术要求：

1.板件的厚度误差＜±0.1 mm。

2.工件截面要求平整光滑，无崩口、毛刺等缺陷。

3.分左右钻孔、加工凹槽。工件加工尺寸误差≤±0.25 mm，孔距尺寸误差≤±0.25 mm。

4.∨ 封5mm 胶封边。

东莞职业技术学院	
产品名称	四门衣柜
部件名称	顶板
规　格	L1530×W586×H18
材　质	
表面材料：榉木纹三聚氰胺板	
颜　色	榉木纹
数　量	1个
符号说明 1. ⊕ 暗铰链 2. ⊕ 偏心连接件孔 ◇ 预埋螺母孔 ○ 连接件连接孔 3. ◎ 层板粒 4. ◆ 圆木销 5. ＋ 螺丝钉 6. 一木纹方向 7. ∨ 封边 其他符号,如图说明。	
比　例	1:n
绘图人	江功南
审核人	江功南
日　期	2010-3-25
页　号	共 11 页 第 8 页

图4－58　四门衣柜顶板加工图

（6）四门衣柜底板零件加工图，见衣柜板式工艺文件的四门衣柜底板加工图（图 4－59）。

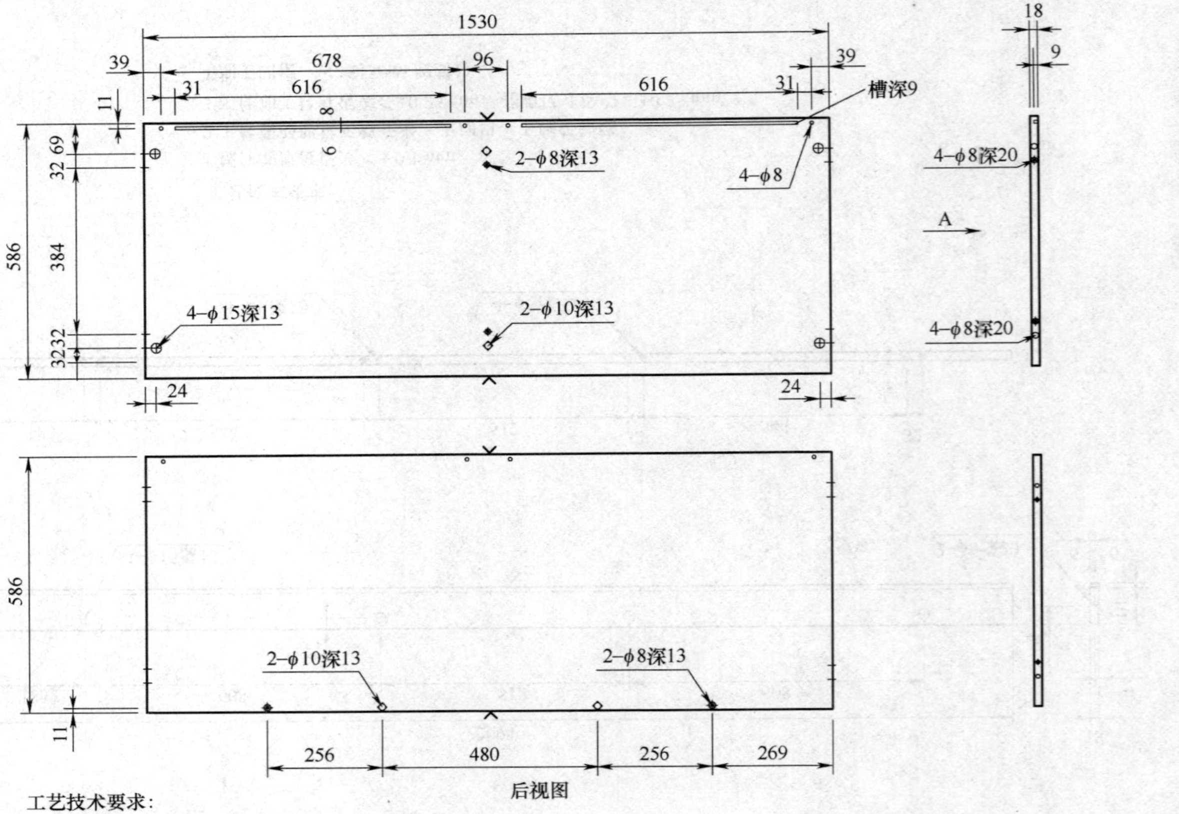

工艺技术要求：

1.板件的厚度误差＜± 0.1 mm。

2.工件加工尺寸误差≤±0.25 mm，孔距尺寸误差≤±0.25 mm。

3.工件截面要求平整光滑，无崩口、毛刺等缺陷。

4.分左右钻孔、加工凹槽。

5.✓ 封0.5mm 胶封边。

东莞职业技术学院	
产品名称	四门衣柜
部件名称	底板
规　格	$L1530\times W586\times H18$
材　质	
表面材料：榉木纹三聚氰胺板	
颜　色	榉木纹
数　量	1个
符号说明 1. ⊕ 暗铰链 2. ⊕ 偏心连接件孔 ◇ 预埋螺母孔 ○ 连接件连接孔 3. ◎ 层板粒 4. ◆ 圆木销 5. ＋ 螺丝钉 6. 一木纹方向 7. ✓ 封边 其他符号,如图说明。	
比　例	1∶n
绘图人	江功南
审核人	江功南
日　期	2010-3-25
页　号	共 11 页 第 9 页

图 4－59　四门衣柜底板加工图

（7）四门衣柜小背板零件加工图，见衣柜板式工艺文件的四门衣柜小背板加工图（图 4-60）。

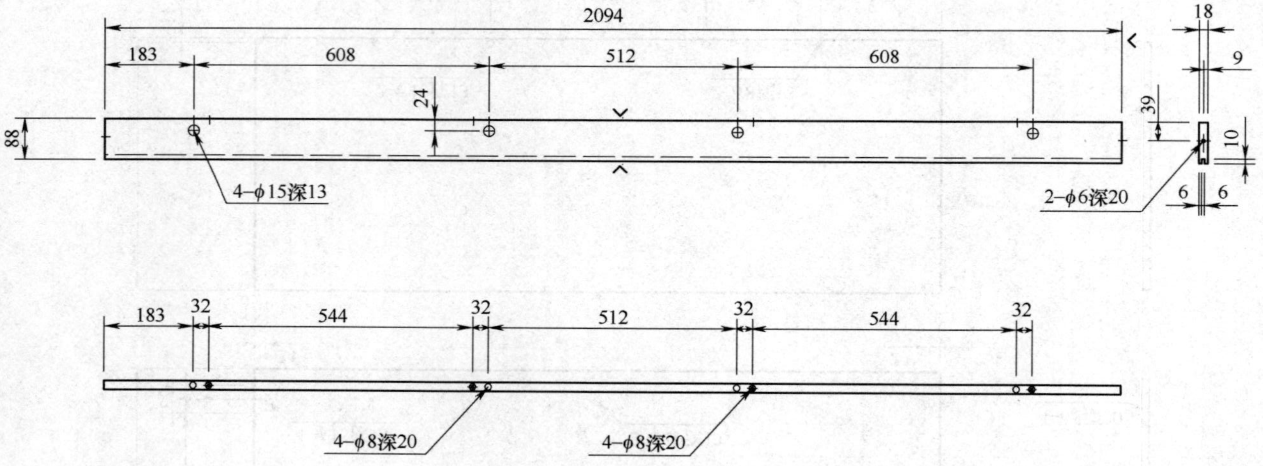

工艺技术要求：

1.板件的厚度误差＜±0.1 mm。

2.工件截面要求平整光滑，无崩口、毛刺等缺陷。

3.工件加工尺寸误差≤±0.25 mm，孔距尺寸误差≤±0.25 mm。

4.加工凹槽。✓封5mm 胶封边 。

东莞职业技术学院	
产品名称	四门衣柜
部件名称	小背板
规 格	L2094×W88×H18
材 质	
表面材料：榉木纹三聚氰胺板	
颜 色	榉木纹
数 量	4个
符号说明 1. ⊕ 暗铰链 2. ⊕ 偏心连接件孔 ◇ 预埋螺母孔 ○ 连接件连接孔 3. ◎ 层板粒 4. ◆ 圆木销 5. ✛ 螺丝钉 6. 一木纹方向 7. ✓ 封边 其他符号,如图说明。	
比 例	1:n
绘 图 人	江功南
审 核 人	江功南
日 期	2010-3-25
页 号	共 11 页 第 10 页

图 4-60 四门衣柜小背板加工图

（8）四门衣柜踢脚板零件加工图，见衣柜板式工艺文件的四门衣柜踢脚板加工图（图 4 – 61）。

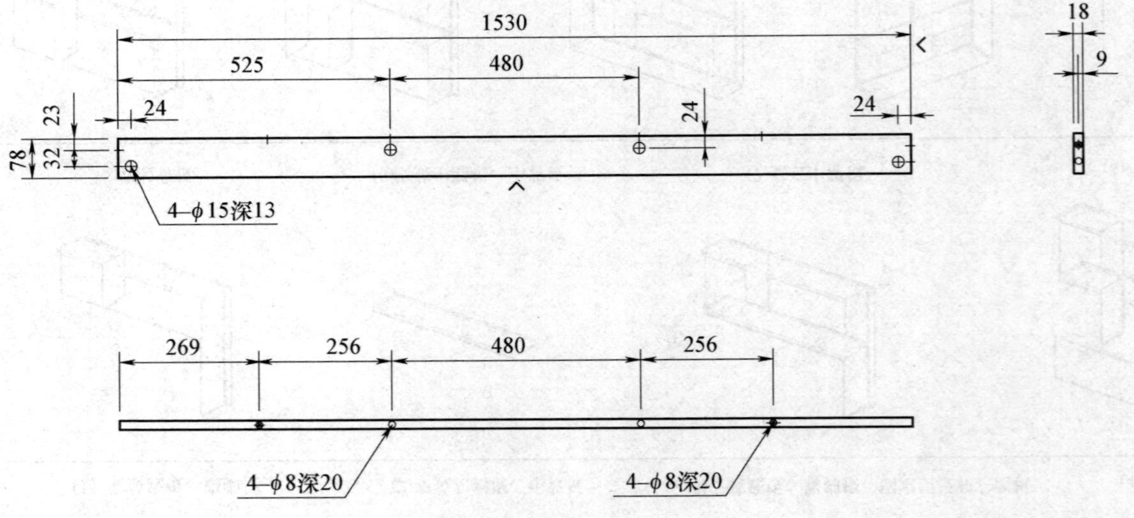

工艺技术要求：

1.板件的厚度误差 < ± 0.1 mm。

2.工件截面要求平整光滑，无崩口、毛刺等缺陷。

3.工件加工尺寸误差≤±0.25 mm，孔距尺寸误差≤±0.25 mm。

4.∨封5mm 胶封边。

东莞职业技术学院	
产品名称	四门衣柜
部件名称	踢脚板
规 格	L1530×W78×H18
材 质	表面材料：榉木纹三聚氰胺板
颜 色	榉木纹
数 量	2个
符号说明	1. ⊕ 暗铰链 2. ⊕ 偏心连接件孔 ◇ 预埋螺母孔 ○ 连接件连接孔 3. ◎ 层板粒 4. ◆ 圆木销 5. + 螺丝钉 6. 一木纹方向 7. ∨ 封边 其他符号,如图说明。
比 例	1:n
绘 图 人	江功南
审 核 人	江功南
日 期	2010-3-25
页 号	共 11 页 第 11 页

图 4 – 61 四门衣柜踢脚板加工图

9. 产品安装示意图

见衣柜板式工艺文件的四门衣柜安装示意图（图4-62）。

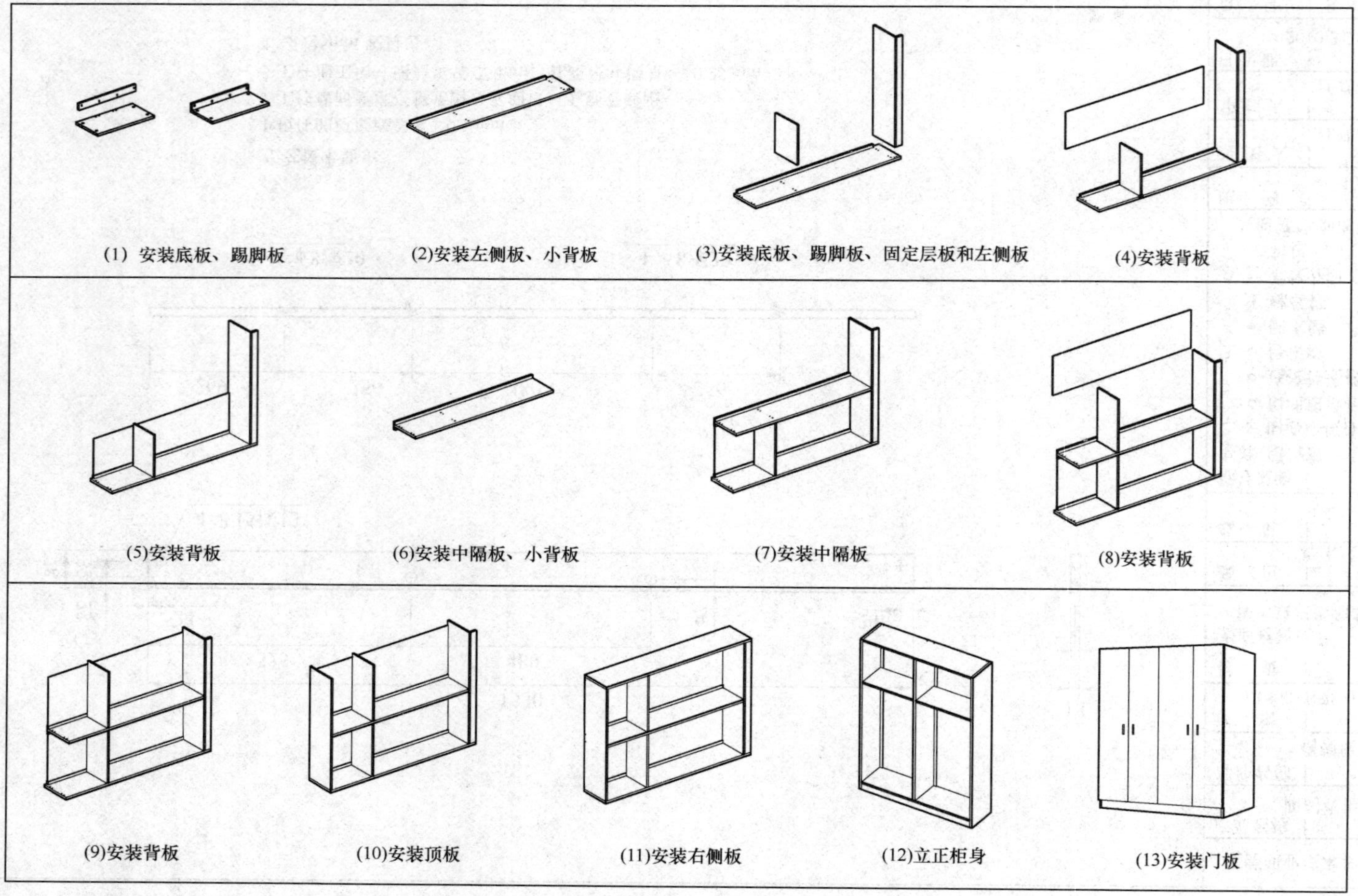

图4-62 四门衣柜安装示意图

复习思考题

1. 板式家具企业生产的工艺文件包括哪些内容？板式家具进行工艺设计的依据有哪些？

2. 分析总结现代板式家具柜类、床类、柜桶类、背板类等常用的结构设计、五金材料及加工参数？

3. 板式配料时为了提高原材料利用率，应采用哪些措施？

4. 如何制作板式家具的工艺文件？

5. 如何做好板式家具成本核算？

6. 如何解决板件在生产中容易变形的质量问题，同时在制作工艺文件时应如何制定合理、正确的工艺设计？

参 考 文 献

[1] 周雅南. 家具制图 [M]. 北京：中国轻工业出版社，2006.
[2] 刘忠传. 木制品生产工艺学 [M]. 北京：中国林业出版社，2000.
[3] 梅启毅. 木制品生产工艺学 [M]. 北京：高等教育出版社，2006.
[4] 宋魁彦. 现代家具生产工艺与设备 [M]. 哈尔滨：黑龙江科学技术出版社，2001.
[5] 彭亮. 家具设计与制造 [M]. 北京：高等教育出版社，2001.
[6] 曾东东. 家具设计与制造 [M]. 北京：高等教育出版社，2002.
[7] 邓背阶，陶涛，王双科编著 [M]. 家具制造工艺. 北京：化学工业出版社，2006.
[8] 徐永吉主编. 家具材料 [M]. 北京：中国轻工业出版社，2000.
[9] 王晓纯，孙世良编. 木制品生产工艺 [M]. 第2版. 北京：中国林业出版社，1997.
[10] 许柏鸣编著. 家具设计 [M]. 北京：中国轻工业出版社，2000.
[11] 吴智慧. 木质家具制造工艺学 [M]. 北京：中国林业出版社，2004.
[12] 张屹著. 板式家具 [M]. 广州：暨南大学出版社，2006.
[13] 李军，吴智慧编著. 家具及木制品制作 [M]. 北京：中国林业出版社，2005.
[14] 强明礼，袁哲. 家具设计入门 [M]. 北京：化学工业出版社，2006.
[15] 张绍明. 木制品装饰工艺 [M]. 北京：高等教育出版社，2002.